U0812781

降低卷烟烟气有害成分的功能材料

聂 聪
孙学辉 主编

中国轻工业出版社

图书在版编目（CIP）数据

降低卷烟烟气有害成分的功能材料／聂聪，孙学辉主编. — 北京：中国轻工业出版社，2024.9
ISBN 978-7-5184-4455-7

Ⅰ. ①降… Ⅱ. ①聂… ②孙… Ⅲ. ①烟气分析（烟草）—有害物质—研究 Ⅳ. ①TS41

中国国家版本馆 CIP 数据核字（2023）第 103312 号

责任编辑：刘逸飞
策划编辑：张 靓　　责任终审：高惠京　　封面设计：锋尚设计
版式设计：砚祥志远　　责任校对：吴大朋　　责任监印：张 可

出版发行：中国轻工业出版社（北京鲁谷东街 5 号，邮编：100040）
印　　刷：三河市万龙印装有限公司
经　　销：各地新华书店
版　　次：2024 年 9 月第 1 版第 1 次印刷
开　　本：710×1000　1/16　印张：16.25
字　　数：309 千字
书　　号：ISBN 978-7-5184-4455-7　定价：98.00 元
邮购电话：010-85119873
发行电话：010-85119832　010-85119912
网　　址：http://www.chlip.com.cn
Email：club@chlip.com.cn

190207K4X101ZBW

本书编写人员

主　　编　聂　聪　孙学辉

副 主 编　杨　松　孙培健　王宜鹏　张　伟　朱怀远

参　　编　颜权平　杨乾栩　潘立宁　尚平平　彭　斌　贾云祯　郭吉兆　赵　乐　崔华鹏　秦亚琼　董卉林

前言

PREFACE

随着社会对吸烟与健康问题的关注和对卷烟降焦减害要求的不断提高，滤嘴功能材料一直是烟草行业的研究热点，其在改善卷烟品质、降低烟气有害成分释放量等方面的作用日益受到重视。国外早在20世纪50年代滤嘴卷烟应用之初就开始了降焦减害功能材料的研究，国内则主要是通过卷烟减害技术重大专项的实施，在材料制备、结构与性能关系、材料安全性、卷烟应用方式等方面开展了大量工作，研发出一批具有显著降焦减害效果的功能材料。目前报道的降焦减害功能材料，按材料种类分，主要有多孔炭材料、分子筛、催化类材料、高分子材料、天然动植物及提取物类材料等；按功能分，有降低一种有害成分和同时降低多种有害成分的功能材料，还有既降低有害成分又具增香作用的功能材料。

近年来，为了践行“国家利益、消费者利益至上”的价值观，关注消费者的安全与健康，烟草行业大力推行“降焦减害”工程，切实降低卷烟有害成分释放量。应用滤嘴功能材料是卷烟降焦减害的重要手段之一，是开发低焦油、低有害成分释放量卷烟产品的重要途径。为了满足产品开发人员、功能材料生产企业以及物资管理人员的技术需求，编写人员对近十余年开展的烟用材料对有害成分的影响相关研究成果进行总结提炼，结合长期从事功能材料研究积累的经验，编写了此书。

本书从材料类别的角度，对国内外降低卷烟烟气有害成分的功能材料进行了梳理，从以下几个方面进行阐述：卷烟烟气有害成分及其形成机理，多孔炭材料结构、性能及其在卷烟降焦减害中的作用，分子筛结构、性能及其在卷烟降焦减害中的作用，催化类材料结构、性能及其在卷烟降焦减害中的作用，高分子材料结构、性能及其在卷烟降焦减害中的作用，天然植物及提取物类材料在卷烟降焦减害中的作用，降低卷烟烟气有害成分的功能材料应用实例。

本书由中国烟草总公司郑州烟草研究院、云南中烟工业有限责任公司、江苏中烟工业有限责任公司合作编写。全书由聂聪统筹策划，孙学辉、杨松、孙培健统稿。

由于编写人员学识有限，书中难免存在不妥之处。恳请专家、读者批评指正，使其渐臻完善，共同推动功能材料在卷烟降焦减害中发挥更大的作用。

目录

CONTENTS

第一章　卷烟烟气有害成分及其形成机理 / 1
- 第一节　卷烟烟气化学成分 / 1
- 第二节　烟气主要有害成分 / 8
- 第三节　ZTRI 卷烟危害性指标评价体系 / 24
- 第四节　烟气 7 种主要有害成分的形成机理 / 29
- 参考文献 / 56

第二章　多孔炭材料 / 59
- 第一节　活性炭简介 / 59
- 第二节　活性炭的结构与性能 / 61
- 第三节　活性炭的制备 / 65
- 第四节　活性炭的改性 / 71
- 第五节　活性炭纤维 / 74
- 第六节　石墨烯和氧化石墨烯 / 79
- 第七节　多孔炭材料在卷烟降焦减害中的应用 / 85
- 参考文献 / 87

第三章　分子筛 / 90
- 第一节　分子筛简介 / 90
- 第二节　分子筛的结构与性能 / 91
- 第三节　分子筛的制备 / 100
- 第四节　分子筛的改性 / 107
- 第五节　分子筛在卷烟降焦减害中的应用 / 117

参考文献 / 118

第四章　催化类材料 / 120
第一节　催化类材料概述 / 120
第二节　固体催化剂的组成、结构及制备方法 / 126
第三节　催化类材料在卷烟降焦减害中的应用 / 136
参考文献 / 137

第五章　高分子材料 / 139
第一节　高分子材料概述 / 139
第二节　天然高分子材料在卷烟降焦减害中的应用 / 141
第三节　合成高分子材料在卷烟降焦减害中的应用 / 161
参考文献 / 185

第六章　天然植物及提取物类材料 / 191
第一节　天然植物及提取物类材料概述 / 191
第二节　天然植物及提取物类材料在卷烟降焦减害中的应用 / 205
参考文献 / 208

第七章　降低卷烟烟气有害成分的功能材料应用实例 / 211
第一节　滤棒添加剂减害性能模拟评价方法 / 211
第二节　碱性及络合材料降低烟气 HCN 技术 / 215
第三节　亲核功能化材料降低烟气挥发性羰基化合物技术 / 232
第四节　氢键功能基多孔材料降低烟气苯酚技术 / 243
参考文献 / 249

第一章
卷烟烟气有害成分及其形成机理

1950年，美国和英国进行的两项大规模流行病学研究表明，抽吸卷烟与肺癌的发生有密切的联系。英国皇家医学会和美国医政总署分别于1954年和1964年发表“吸烟与健康”报告，确认吸烟与肺癌的发生有密切联系，自此吸烟与健康问题引起全世界的关注。

卷烟烟气是由数千种化学物质组成的复杂化学体系，烟气有害成分是危害性的物质基础，且烟气危害性是以剂量响应为基础的。卷烟烟气中有害物质相当一部分存在于焦油中，20世纪五六十年代，世界各国一致把卷烟烟气焦油量作为衡量卷烟危害性的指标，并一直沿用至今。自1954年Cooper等从卷烟烟气中分离鉴定出苯并［a］芘后，不断有新的有害成分被鉴定出来。随着烟草管制措施的不断推进，国际上不再仅仅关注降焦，而是在关注降焦的同时，开始关注有害成分乃至烟草制品整体风险的降低，这已经成为一种趋势。

第一节　卷烟烟气化学成分

卷烟烟气是一种由悬浮于气态系统中的无数个液滴组成的气溶胶。其中，烟气的液滴部分被定义为粒相，气体部分被定义为气相。卷烟抽吸期间，燃烧着的烟草暴露于从常温至高达约950℃的温度下和不断变化的氧浓度中，致使烟草中数以千计的化学成分裂解或直接转移进入烟气中，这些成分分布于烟气气溶胶的气相和粒相之中，形成由数千种化学物质组成的复杂化学体系——卷烟烟气。

根据形成特征，卷烟烟气可分为主流烟气、侧流烟气以及环境烟气。主流烟气是卷烟抽吸时，从烟支端或烟蒂端吸出的烟气。侧流烟气是指从烟支端尤其是两次抽吸之间阴燃产生的烟气和在抽吸期间经过卷烟纸扩散出来的烟气。除此之外，还有由侧流烟气、呼出的主流烟气以及周围空气混合而成的环境烟气。

一、卷烟烟气形成

卷烟燃烧被认为是世界上最复杂的化学体系之一。许多研究者对卷烟燃烧过程进行了研究，Richard R. Baker[1-3]对此作了总结（图 1-1）。烟支燃烧时分为两个区域：①放热反应的燃烧区，温度在 700～950℃，升温速率为 500℃/s，氧气含量几乎为零。卷烟抽吸时，氧气进入炭化体，炭化体放热反应产生 CO、CO_2 和水。②吸热反应的热解/蒸馏区，温度在 100～600℃，升温速率为 10～50℃/s，氧气含量 5%～20%（体积比），烟气中大量物质通过不同的机制在这一区域产生。

烟草燃烧为放热过程，为卷烟的抽吸持续进行提供了热能。主流烟气中，烟气产物（包括烟草燃烧产物、烟丝迁移物、烟丝裂解产物）的质量占总质量的 30%（60%为 CO 和 CO_2），空气占 70%。烟气产物的形成主要有热解、蒸馏、升华。

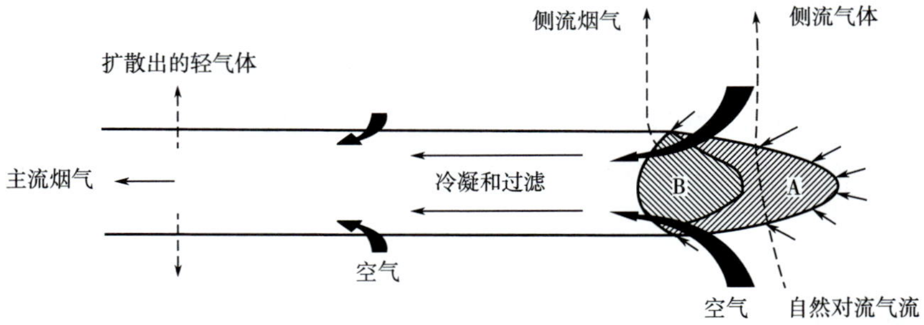

（a）抽吸

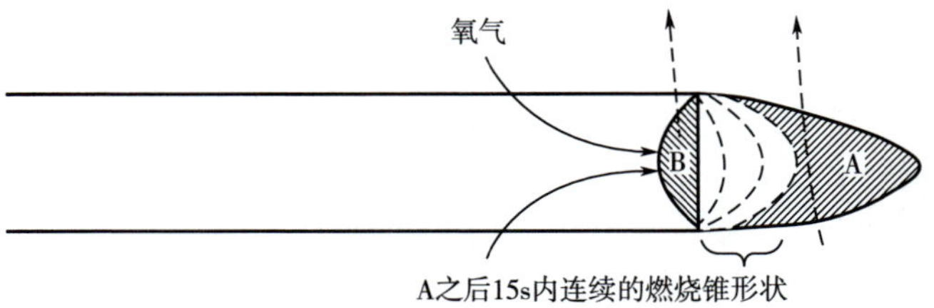

（b）阴燃

A—燃烧区　B—热解/蒸馏区

图 1-1　烟气产生过程模拟图

烟气产物的形成区域如下：①CO 和 CO_2 既可以在放热的燃烧区产生，也可以在吸热的热解/蒸馏区产生；既存在于主流烟气，也存在于侧流烟气。

②在燃烧锥后部的热解/蒸馏区，烟丝热解和烟丝成分直接转移（蒸馏、升华）两种机制均产生烟气产物，该区域的环境条件缺乏氧气。数据表明，以化合物数量计，烟丝成分直接转移的数量占烟气成分总数的1/3，如内酯、酯、羰基化合物、醇、甾醇、植物碱、氨基酸、脂肪胺。③化合物直接转移与否以及转移效率高低，取决于化合物的挥发性、功能基团种类和化合物的热稳定性。对于一些极不易挥发和高相对分子质量的化合物，尽管烟气转移效率不高，但确实能够转移至烟气中，如甾醇、碳水化合物、色素等。同时，一些热不稳定化合物也可以转移，如氨基酸。这些现象意味着，热作用下的细胞喷发使物质中的一部分在热解之前被喷射至烟气中。这些固体颗粒构成气溶胶的凝聚核，挥发性物质可在其表面冷凝。④不挥发物质更易于发生热降解，降解产物既包括高沸点化合物，也包括吡啶类、吲哚类、腈类、芳香胺类、呋喃类、酚类和羰基化合物。同时，碳水化合物与蛋白质及其降解产物间可以相互作用，产生许多种化合物。由于热解/蒸馏区缺乏氧气，燃烧锥产生的烟气产物不会再发生次级氧化反应。

二、烟气的化学组成

烟草烟气是一个不断变化着的化学体系，其化学成分极为复杂，多数化学成分含量甚微。卷烟烟气成分取决于烟支抽吸时的两个主要过程：烟草中易挥发性成分蒸发直接转移到烟气中以及烟草成分的热裂解。热裂解涉及氧化、还原、芳构化、水化、脱水、缩合、环化、聚合、解聚等多种反应。

采用国际标准化组织烟草技术委员会制定的标准抽吸条件（ISO/TC 126），一美式混合型卷烟（质量1000mg、烟支长度85mm，滤嘴长度20mm）主流烟气总量约为500mg，其卷烟主流烟气化学成分的大致组成如图1-2所示（数据来自美国雷诺烟草公司）。可见，剑桥滤片（一种玻璃纤维制成的滤片，能滤除直径大于0.3μm的微粒99.5%以上）捕集的含水粒相物在总主流烟气中占比小于5%，通过剑桥滤片的气相在95%以上，主要是抽吸时通过卷烟的空气组分。

卷烟主流烟气化学组分含量分布范围差异大，从pg到mg量级。随着研究的深入和分析仪器的发展，鉴定成分数量不断增加（图1-3）。

20世纪50年代—常规分析法—80种

20世纪70年代初—气相色谱（GC）法—2000种

20世纪70年代末—气相色谱-质谱（GC-MS）法—4000种

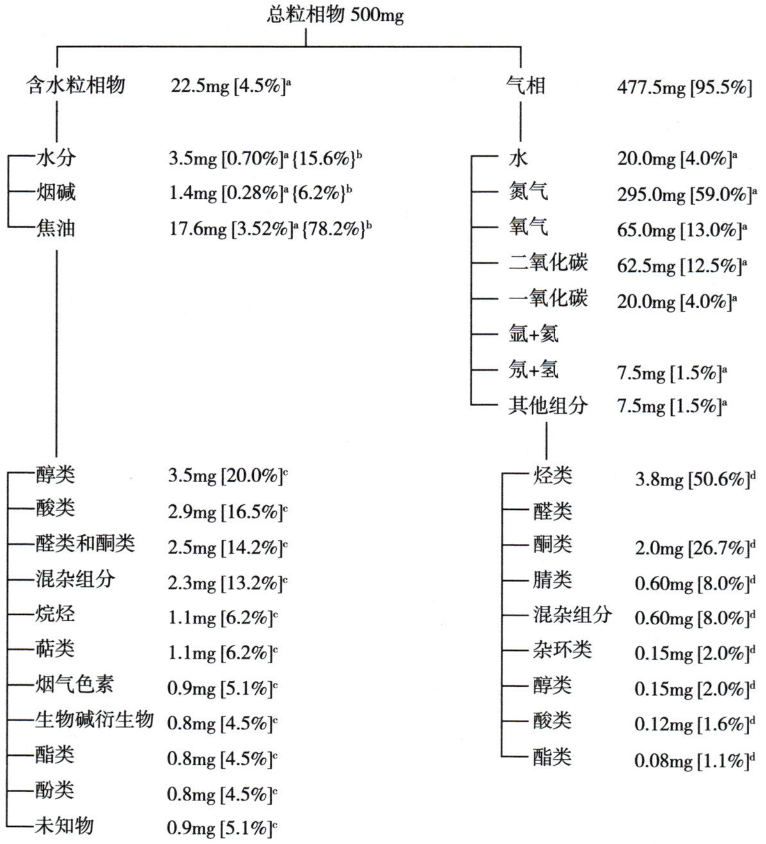

注：[a]为相应化合物占总粒相物的质量百分比；[b]为相应化合物占含水粒相物的质量百分比；
[c]为相应化合物占焦油的质量百分比；[d]为相应化合物占其他组分的质量百分比。

图 1-2　卷烟主流烟气化学成分的大致组成

20 世纪 80 年代初—高分辨 GC-MS、高效液相色谱-质谱（HPLC-MS）法—5000 余种

2008 年—8430 种

2011 年，鉴定出的烟叶化学成分 4994 种，烟气化学成分 5315 种，烟草及烟气中共有的化学成分 1879 种。

三、烟气中化学成分的分布

卷烟烟气是由气态、蒸汽态和固态物质组成的复杂气溶胶，在室温下能通过剑桥滤片的烟气部分称为气相物质，被截留的烟气部分称为粒相物质。烟气成分分布于烟气气溶胶的粒相和气相中。表 1-1、表 1-2 为主要的卷烟

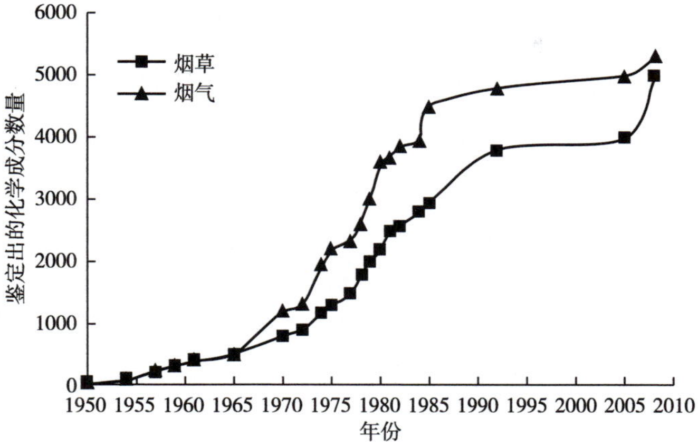

图 1-3　不同年代鉴定出的烟草和烟气成分数量

烟气气相成分和粒相成分的释放量。

表 1-1　　卷烟烟气气相成分及其释放量

化合物	释放量/支	化合物	释放量/支
氮气/mg	280~320	甲醛/μg	20~100
氧气/mg	50~70	乙醛/μg	400~1400
二氧化碳/mg	45~65	丙烯醛/μg	60~240
一氧化碳/mg	14~23	其他挥发性醛/μg	80~140
水/mg	7~12	丙酮/μg	100~650
氩/mg	5	其他挥发性酮/μg	50~100
氢/mg	0.5~1.0	甲醇/μg	80~180
氨/μg	10~130	其他挥发性醇/μg	10~30
氮氧化物/μg	100~600	乙腈/μg	100~150
氢氰酸/μg	400~500	其他挥发性腈/μg	50~80
硫化氢/μg	20~90	呋喃/μg	20~40
甲烷/mg	1.0~2.0	其他挥发性呋喃/μg	45~125
其他挥发性烷烃/mg	1.0~1.6	吡啶/μg	20~200
挥发性烯烃/mg	0.4~0.5	甲基吡啶/μg	15~80

续表

化合物	释放量/支	化合物	释放量/支
异戊二烯/mg	0. 2~0. 4	3-乙烯基吡啶/μg	7~30
丁二烯/μg	25~40	其他挥发性吡啶/μg	20~50
乙炔/μg	20~35	吡咯/μg	0. 1~10
苯/μg	6~70	吡咯烷/μg	10~18
甲苯/μg	5~90	*N*-甲基吡咯烷/μg	2. 0~3. 0
苯乙烯/μg	10	挥发性吡嗪/μg	3. 0~8. 0
其他挥发性芳烃/μg	15~30	甲胺/μg	4~10
甲酸/μg	200~600	其他脂肪胺/μg	3~10
乙酸/μg	300~1700	甲酸酯/μg	20~30
丙酸/μg	100~300	其他挥发酸/μg	5~10

表 1-2　　卷烟烟气粒相成分及其释放量

化合物	释放量/(μg/支)	化合物	释放量/(μg/支)
烟碱	100~3000	其他二羟基苯	15~30
降烟碱	5~150	莨菪亭	—
新烟草碱	5~15	其他多酚	40~70
假木贼碱	5~12	甲基环戊烯醇酮	0. 5
其他烟草生物碱	—	醌	600~1000
二吡啶基化合物	10~30	茄尼醇	200~350
n-31 碳烷（n-$C_{31}H_{64}$）	100	新植二烯	30~60
总难挥发性烃	300~400	柠檬烯	—
萘	2~4	其他萜烯	100~150
萘衍生物	3~6	棕榈酸	50~75
菲衍生物	0. 2~0. 4	油酸	40~110
蒽衍生物	0. 05~0. 1	亚油酸	150~250
芴衍生物	0. 3~0. 5	亚麻酸	150~250
芘衍生物	0. 3~0. 45	乳酸	60~80

续表

化合物	释放量/(μg/支)	化合物	释放量/(μg/支)
荧蒽衍生物	0.1~0.25	吲哚	10~15
致癌多环芳烃	80~160	3-甲基吲哚	12~16
酚	60~180	其他吲哚	—
其他取代酚类化合物	200~400	喹啉	2~4
儿茶酚	100~200	其他氮杂芳烃	—
其他取代儿茶酚化合物	200~400	苯并呋喃	200~300

一些主流烟气化学成分在气相和粒相中分布的情况如表1-3所示。一般而言，相对分子质量低于60的物质主要分布在气相，相对分子质量超过200的物质主要分布在粒相，而介于两者之间的大多数物质以及水分则同时分布在气相与粒相。当化合物蒸气压增大时，该物质在气相中的分配比例会增加。同时，分配比例还与物质的极性有关，如，非极性的间二甲苯（相对分子质量106）主要在气相中，而极性较强的甲酚（相对分子质量108）主要分布在粒相中。

表1-3　某些主流烟气化学成分在气相和粒相中的分布

成分	气相比例/%	粒相比例/%
乙醛	98	2
丙烯醛	93	7
丙醛	85	15
苯	78	22
甲醛	68	32
间二甲苯	59	41
氰化氢	50	50
丙酮	34	66
柠檬烯	31	69
甲酚	0	100
烟碱	0	100

烟气成分在气相和粒相之间的分配随外界条件变化有所改变，粒相成分可能会进入气相，气相成分也有可能凝结到粒相中去。因为剑桥滤片的捕集效率受许多因素的影响，如被收集物质的性质和含量、流经剑桥滤片的气流量、滤片的温度与含水率以及吸烟时卷烟的状态等，采用剑桥滤片捕集粒相物来研究烟气成分在卷烟烟气中的分布情况可能并非最恰当的手段，但现在还没有一种完美清晰地分离粒相物和气相物的方法。同时，烟气是一个不断变化着的化学体系，有些烟气成分在两相之间的分配随时间、温度和烟气的稀释而变化。将其一分为二地进行分析研究，可能会割裂气相和粒相化学成分之间的某些化学反应，从而不能真实地反映烟气的化学特征。采用剑桥滤片将烟气分为气相和粒相是目前通用的分析手段，大量关于烟气成分在气相和粒相中分布的研究数据建立在此基础上。

四、烟气的特性

卷烟烟气气溶胶是一个含有上千种化合物的亚微米级粒子大小液滴的动态系统，气溶胶中的微粒有自动凝结的倾向，所以，从本质上说，烟气气溶胶是热力学不稳定体系。

烟气气溶胶具有四个方面的特征：①粒子大小，烟气中的粒子直径一般在 0.1~1.0μm。②粒数浓度，粒数浓度是指在一定体积的气溶胶中的粒子数。烟气是高浓度的气溶胶，卷烟烟气的平均粒数浓度为 1.33×10^{10} 个/cm^3。③粒子电荷，烟气气溶胶中的粒子采用 Millikan 的油滴实验进行测定，大约有 40%的粒子是不带电荷的，40%~50%的粒子带 1~10 个单位电荷，10%~20%的粒子带有 10 个以上的电荷。在带电荷的粒子中，约一半的粒子带正电荷，一半的粒子带负电荷，因此，烟气整体来讲是呈电中性的。④烟气的酸碱性，一般来说，卷烟主流烟气的 pH 为 5.6~6.5，雪茄烟主流烟气的 pH 为 7.5~10.0，而侧流烟气基本上呈碱性。

第二节　烟气主要有害成分

卷烟烟气是极其复杂的混合物，在 20 世纪中期，人们对其组成缺乏足够了解。1973 年 Wynder 等研究发现烟气焦油涂抹老鼠皮肤后会导致老鼠产生肿瘤，因此卫生界和烟草行业普遍采用卷烟焦油对卷烟进行危害性评价，各国政府纷纷提出对卷烟焦油的最高限量。卷烟焦油是卷烟燃吸过程中烟草中的有机化合物经过高温燃烧、干馏、热解等物理化学反应以及凝聚后产生的，被剑桥滤片截留的部分扣除水分和烟碱后就是焦油。焦油主要包括半挥发性和低挥发性物质，含量约为主流烟气总量的4.5%。根据烟草专家左天觉的研究，卷烟焦油中99.4%的物质无害，有害成分约占0.6%。

一、烟草和烟气中的有害成分

在烟草和烟气中鉴定出的5000多种化合物中，有害和致癌成分仅仅占极小的一部分。1954年，Cooper等从卷烟烟气中分离鉴定出苯并［a］芘，这是烟草、烟气中鉴定出的第一种致癌成分。自此烟草烟气中有害成分的分析鉴定研究得到了广泛的开展，不断有新的有害成分被鉴定出来。但到目前为止，烟草、烟气有害成分的认定仍然是一件非常困难的工作，一方面，烟草、烟气成分的鉴定经常会有一些相互矛盾的文献报道；另一方面化合物的毒性确定比较困难，目前仅有不足5%的物质具有分级意义毒性数据。因此，一种化学成分被列为烟气有害成分通常需要符合以下4点要求。

（1）烟气成分的鉴别需经一个以上的研究者或研究组确认。

（2）具有国际癌症研究中心、美国国家环境保护局等权威机构发布的致癌性证明。

（3）具有适当机构和科学研究的其他毒性证明。

（4）经过定量方法和定性分析结果的评估。

第一份卷烟烟气有害成分名单收录在1964年美国医政总署发布的“吸烟与健康”报告中，之后不断有新的主流烟气有害成分名单发布，主要名单如下。

（1）Hoffmann名单　43种成分（1990年），69种成分（2001年）；

（2）加拿大卫生部有害成分名单　46种成分（1998年）；

（3）Rodgman名单　149种成分（2002年）；

（4）世界卫生组织（WHO）　9+9种成分（2008年）。

二、国外主要的烟气有害成分名单

1. Hoffmann名单

1990年，Hoffmann和Hecht公布了卷烟烟气43种成分名单（表1-4），包括多环芳烃、杂环烃、无机化合物、亚硝胺、芳香胺、醛、其他有机化合物共七个大类，是较为权威的烟气有害成分名单。随着烟气化学成分与吸烟相关疾病关系研究的不断开展，烟气有害成分在不断补充，2001 年 Hoffmann 等发表了修订后的 69 种有害成分名单（表 1-5），增加了杂环胺、酚、挥发烃、硝基烃四个大类共 18 种成分，同时对其他七类的成分进行了调整。Hoffmann 等对烟草和烟气有害成分的研究比较详尽，但名单仍然存在争议，如所采用的烟气数据均为无滤嘴卷烟，一些分析方法也可能存在人为生成物的问题。

表 1-4　Hoffmann 烟气有害成分名单（1990 年）

类别	化合物	类别	化合物
多环芳烃（11）	苯并［a］蒽	亚硝胺（9）	*N*-二甲基亚硝胺
	苯并［b］荧蒽		*N*-甲基乙基亚硝胺
	苯并［j］荧蒽		*N*-二乙基亚硝胺
	苯并［k］荧蒽		*N*-亚硝基吡咯烷
	苯并［a］芘		*N*-亚硝基二乙醇胺
	䓛		*N′*-亚硝基降烟碱
	二苯并［a,h］蒽		4-（*N*-甲基亚硝胺基）-1-（3-吡啶基）-1-丁酮
	二苯并［a,i］芘		*N′*-亚硝基假木贼碱
	二苯并［a,l］芘		*N*-亚硝基吗啉
	茚并［1,2,3-cd］芘	芳香胺（3）	1-甲基苯胺
	5-甲基䓛		2-氨基萘
杂环烃（4）	喹啉		4-氨基联苯
	二苯并［a,h］吖啶	醛（3）	甲醛
	二苯并［a,j］吖啶		乙醛
	7H-二苯并［c,g］咔唑		巴豆醛

续表

类别	化合物	类别	化合物
无机化合物（7）	肼	其他有机化合物（6）	苯
	砷		丙烯腈
	镍		1,1-二甲肼
	铬		2-硝基丙烷
	镉		氨基甲酸乙酯
	铅		氯乙烯
	钋-210		

表 1-5　　Hoffmann 烟气有害成分名单（2001 年）

类别	化合物	类别	化合物
多环芳烃（10）	苯并［a］蒽	芳香胺（4）	2-甲基苯胺
	苯并［b］荧蒽		2,6-二甲基苯胺
	苯并［j］荧蒽		2-氨基萘
	苯并［k］荧蒽		4-氨基联苯
	苯并［a］芘	醛（2）	甲醛
	二苯并［a,h］蒽		乙醛
	二苯并［a,i］芘	酚（3）	儿茶酚
	二苯并［a,l］芘		咖啡酸
	茚并［1,2,3-cd］芘		甲基丁香酚
	5-甲基䓛	挥发烃（4）	1,3-丁二烯
杂环烃（6）	呋喃		异戊二烯
	喹啉		苯
	二苯并［a,h］吖啶		苯乙烯
	二苯并［a,j］吖啶	硝基烃（3）	硝基甲烷
	7H-二苯并［c,g］咔唑		硝基丙烷
	苯并［b］呋喃		硝基苯

续表

类别	化合物	类别	化合物
亚硝胺（10）	*N*–二甲基亚硝胺	其他有机化合物（10）	乙酰胺
	N–甲基乙基亚硝胺		丙烯酰胺
	N–二乙基亚硝胺		丙烯腈
	N–二正丙基亚硝胺		氯乙烯
	N–二正丁基亚硝胺		滴滴涕（DDT）
	N–亚硝基吡咯烷		滴滴伊（DDE）
	N–亚硝基吡哌啶		1,1–二甲肼
	N–亚硝基二乙醇胺		氨基甲酸乙酯
	N′–亚硝基降烟碱		环氧乙烷
	4–（*N*–甲基亚硝胺基）–1–（3–吡啶基）–1–丁酮		环氧丙烷
杂环胺（8）	2–氨基–9H–吡啶并［2,3–b］吲哚	无机化合物（9）	肼
	2–氨基–3–甲基–9H–吡啶并［2,3–b］吲哚		砷
	2–氨基–3–甲基–3 氢–咪唑并［4,5–f］喹啉		铍
	3–氨基–1,4–二甲基–5H–吡啶并［4,3–b］吲哚		镍
	3–氨基–1–甲基–5H–吡啶并［4,3–b］吲哚		铬
	2–氨基–6–甲基二吡啶并［1,2–α：3′2′–d］咪唑		镉
	2–氨基–吡啶并［1,2–α：3′2′–d］咪唑		钴
	2–氨基–3–甲基–6–苯基咪唑并［4,5–f］吡啶		铅
			钋–210

2. 加拿大卫生部有害成分名单

1998 年，加拿大卫生部要求烟草生产商报告卷烟主流烟气中 46 种有害成分（表 1–6），并将结果向社会公布。这一名单实际是一个修正的 Hoffmann 名单，在世界范围内产生了很大的影响，名单中的有害成分得到了医学界和烟草行业的普遍认可。

表 1-6　　加拿大卫生部烟气有害成分名单

类别	化合物	类别	化合物
芳香胺（4）	3-氨基联苯	无机化合物（4）	氰化氢
	4-氨基联苯		氨
	1-氨基萘		NO
	2-氨基萘		NO_x
挥发性有机化合物（5）	1,3-丁二烯	有害元素（7）	汞
	异戊二烯		镍
	丙烯腈		铅
	苯		镉
	甲苯		铬
半挥发性有机化合物（3）	吡啶		砷
	喹啉		硒
	苯乙烯	挥发性酚类成分（7）	对苯二酚
常规有害成分（3）	焦油		间苯二酚
	烟碱		邻苯二酚
	CO		苯酚
羰基化合物（8）	甲醛		间甲基苯酚
	乙醛		对甲基苯酚
	丙酮		邻甲基苯酚
	丙烯醛	亚硝胺（4）	*N*-亚硝基降烟碱（NNN）
	丙醛		*N*-亚硝基新烟草碱（NAT）
	巴豆醛		*N*-亚硝基假木贼碱（NAB）
	2-丁酮		4-（甲基亚硝胺）-1-（3-吡啶基）-1-丁酮（NNK）
	丁醛	多环芳烃（1）	苯并［a］芘

与Hoffmann名单相比，加拿大卫生部有害成分名单中只有1种多环芳烃，以苯并［a］芘作为多环芳烃的代表，亚硝胺类化合物包括4种烟草特有亚硝胺，此外还有4种无机化合物、8种羰基化合物、7种有害元素、4种芳香胺、5种挥发性有机化合物、3种半挥发性有机化合物、7种挥发性酚类成分以及3种常规有害成分。

这46种有害成分的来源和产生有很大的区别，主要可分为3种类型：①苯并［a］芘、无机化合物、羰基化合物、挥发性有机化合物、挥发性酚类成分以及焦油、CO，主要在烟草燃烧过程中由一些大分子化合物燃烧和热裂解生成；②芳香胺和半挥发性有机化合物，一部分由烟草直接转移到烟气中，另一部分由一些大分子化合物燃烧和热裂解生成；③烟草特有的亚硝胺和有害元素主要是由烟草直接转移到烟气中。

表1-7为肯塔基2R4F参考卷烟主流烟气46种烟气有害成分的释放量。由表可知，不同有害成分在主流烟气中的释放量有很大差异，常规有害成分（焦油、烟碱、CO）释放量在mg/支水平，无机化合物、羰基化合物、挥发性酚类成分、半挥发性有机化合物和挥发性有机化合物的释放量在μg/支水平，而多环芳烃、亚硝胺、芳香胺和有害元素的释放量非常低，仅在ng/支水平。

3. Rodgman名单

2002年，Rodgman等对烟气中已报道的有害成分进行了总结，并与以下文献对比，认为卷烟烟气中共存在149种有害成分（表1-8）。这些成分认定的主要依据是将已知烟气成分与以下4个方面法规规定的有害成分进行比较，凡是出现的成分均为烟气中的有害成分，这份名单中还包括其他文献研究认为比较重要的有害物质。法规及文献包括：①1993年美国消费产品毒性测试名单（CPSC）（19种），②加拿大卫生部（HA）（46种），③国际癌症研究中心（IARC）致癌性物质名单（83种），④美国国家环境保护局（EPA）化学毒性发布清单（92种），⑤其他文献研究认为比较重要的有害物质。

表1-7　肯塔基2R4F参考卷烟主流烟气有害成分的释放量

类别	化合物	释放量	类别	化合物	释放量
芳香胺/（ng/支）	3-氨基联苯	2.97	无机化合物/（μg/支）	氰化氢	109.20
	4-氨基联苯	1.73		氨	11.02
	1-氨基萘	15.06		NO	223.41
	2-氨基萘	10.32		NO_x	251.56

续表

类别	化合物	释放量
挥发性有机化合物/(μg/支)	1,3-丁二烯	29.94
	异戊二烯	297.68
	丙烯腈	8.28
	苯	43.39
	甲苯	64.91
半挥发性有机化合物/(μg/支)	吡啶	7.02
	喹啉	0.23
	苯乙烯	5.11
常规有害成分/(mg/支)	焦油	8.91
	烟碱	0.75
	CO	11.96
羰基化合物/(μg/支)	甲醛	21.61
	乙醛	560.48
	丙酮	264.74
	丙烯醛	58.77
	丙醛	43.92
	巴豆醛	16.18
	2-丁酮	62.72
	丁醛	29.58

类别	化合物	释放量
有害元素/(ng/支)	汞	3.82
	镍	5.12
	铅	32.95
	镉	47.82
	铬	73.01
	砷	10.39
	硒	34.85
挥发性酚类成分/(μg/支)	对苯二酚	32.40
	间苯二酚	0.91
	邻苯二酚	37.90
	苯酚	7.32
	间甲基苯酚	5.84
	对甲基苯酚	1.89
	邻甲基苯酚	32.40
亚硝胺/(ng/支)	NNN	146.01
	NAT	143.38
	NAB	16.60
	NNK	141.39
多环芳烃/(ng/支)	苯并 [a] 芘	6.96

表 1-8　Rodgman 烟气有害成分名单

类别	成分	CAS	CPSC	加拿大卫生部	IARC	EPA	其他
多环芳烃(26)	二氢苊	83-32-9	—	—	—	—	X
	苊	208-96-8	—	—	—	—	X
	蒽	120-12-7	—	—	—	X	—
	苯并 [a] 蒽	56-55-3	—	—	2A	X	—
	苯并 [b] 荧蒽	205-99-2	—	—	2B	X	—
	苯并 [a] 芘	50-32-8	X	X	1	X	—

续表

类别	成分	CAS	CPSC	加拿大卫生部	IARC	EPA	其他
多环芳烃（26）	苯并［c］菲	195-19-7	—	—	3	—	—
	苯并［e］芘	192-97-2	—	—	3	—	—
	苯并［g,h,i］苝	191-24-2	—	—	—	X	—
	苯并［j］荧蒽	205-82-3	—	—	2B	X	—
	苯并［k］荧蒽	207-08-9	—	—	2B	X	—
	二苯并［a,i］芘	189-55-9	—	—	2B	X	—
	䓛	218-01-9	—	—	3	X	—
	5-甲基䓛	3697-24-3	—	—	2B	X	—
	二苯并［a,h］蒽	53-70-3	—	—	2A	X	—
	二苯并［a］芘	189-64-0	—	—	2B	X	—
	二苯并［a,l］芘	191-30-0	—	—	2B	X	—
	荧蒽	206-44-0	—	—	—	—	X
	芴	86-73-7	—	—	—	—	X
	茚并［1,2,3-cd］芘	193-39-5	—	—	2B	X	—
	萘	91-20-3	—	—	—	X	—
	1-甲基萘	90-12-0	—	—	—	—	X
	2-甲基萘	91-57-6	—	—	—	—	X
	二苯并［a,e］芘	192-65-4	—	—	2B	X	—
	菲	85-01-8	—	—	—	X	—
	芘	129-00-0	—	—	—	X	—
氮杂芳烃（14）	7H-二苯并［c,g］咔唑	194-59-2	—	—	2B	X	—
	假木贼碱	494-52-0	—	—	—	—	X
	咔唑	86-74-8	—	—	—	—	X
	9-甲基咔唑	1484-12-4	—	—	—	—	X
	二苯并［a,h］吖啶	226-36-8	—	—	2B	X	—
	二苯并［a,j］吖啶	224-42-0	—	—	2B	X	—
	吲哚	120-72-9	—	—	—	—	X

续表

类别	成分	CAS	CPSC	加拿大卫生部	IARC	EPA	其他
氮杂芳烃（14）	1-甲基吲哚	603-76-9	—	—	—	—	X
	吡啶	110-86-1	—	X	—	X	—
	3-乙烯基吡啶	1121-55-7	—	—	—	—	X
	2-甲基吡啶	109-06-8	—	—	—	X	—
	3-甲基吡啶	108-99-6	—	—	—	—	X
	4-甲基吡啶	108-89-4	—	—	—	—	X
	喹啉	91-22-5	—	X	—	X	—
芳香胺（7）	苯胺	62-53-3	—	—	3	X	—
	2,6-二甲基苯胺	87-62-7	—	—	2B	X	—
	2-甲基苯胺	95-53-4	—	—	2B	X	—
	3-氨基联苯	2243-47-2	—	X	—	—	—
	4-氨基联苯	92-67-1	—	X	1	X	—
	1-氨基萘	134-32-7	—	X	—	X	—
	2-氨基萘	91-59-8	—	X	1	X	—
N-杂环胺（23）	AαC	26148-68-5	—	—	2B	—	—
	Glu-p-1	67730-11-4	—	—	2B	—	—
	Glu-p-2	67730-10-3	—	—	2B	—	—
	IQ	76180-96-6	—	—	2A	—	—
	Me AαC	68006-83-7	—	—	2B	—	—
	Me IQ	77094-11-2	—	—	2B	—	—
	PhIP	105650-23-5	—	—	2B	—	—
	Trp-p-1	62450-06-0	—	—	2B	—	—
	Trp-p-2	62450-07-1	—	—	2B	—	—
	N-亚硝胺	—	—	—	—	—	—
	4-（*N*-甲基亚硝胺基）-1-（3-吡啶基）-1-丁酮	64091-91-4	X	X	1	—	—
	N'-亚硝基假木贼碱	37620-20-5	—	X	3	—	—
	N'-亚硝基新烟草碱	71267-22-6	—	X	3	—	—
	N'-亚硝基降烟碱	16543-55-8	X	X	1	X	—

续表

类别	成分	CAS	CPSC	加拿大卫生部	IARC	EPA	其他
N-杂环胺(23)	N-亚硝基二乙醇胺	1116-54-7	—	—	2B	—	—
	N-二乙基亚硝胺	55-18-5	X	—	2A	X	—
	N-二甲基亚硝胺	62-75-9	X	X	2A	X	—
	N-二正丁基亚硝胺	924-16-3	—	—	2B	X	—
	N-二正丙基亚硝胺	621-64-7	—	—	2B	X	—
	N-甲基乙基亚硝胺	10595-95-6	—	—	2B	—	—
	N-甲基正丁基亚硝胺	7068-83-9	—	—	—	X	—
	N-亚硝基哌啶	100-75-4	—	—	2B	X	—
	N-亚硝基吡咯烷	930-55-2	X	X	2B	—	—
醛类(7)	乙醛	75-07-0	X	X	2B	X	—
	丙烯醛	107-02-8	X	X	3	X	—
	丁醛	123-72-8	—	X	—	X	—
	巴豆醛	123-73-9	—	X	3	X	—
	甲醛	50-0-0	—	X	2A	X	—
	糠醛	98-01-1	—	—	—	—	X
	丙醛	123-38-6	X	X	—	X	—
酸类(3)	乙酸	64-19-7	—	—	—	—	X
	甲酸	64-18-6	—	—	—	X	—
	丙酸	79-09-4	—	—	—	—	X
酮类(3)	2,3-丁二酮	57-71-6	—	—	—	—	X
	2-丁酮	78-93-3	—	X	—	X	—
	丙酮	67-64-1	—	X	—	—	—
酚类(9)	咖啡酸	331-39-5	—	—	2B	—	—
	儿茶酚	120-80-9	X	X	2B	X	—
	甲基丁香酚	93-15-2	—	—	—	—	X
	对苯二酚	123-31-9	—	X	—	X	—
	苯酚	108-95-2	X	X	—	X	—
	2-甲基苯酚	95-48-7	—	X	—	X	—
	3-甲基苯酚	108-39-4	—	X	—	X	—

续表

类别	成分	CAS	CPSC	加拿大卫生部	IARC	EPA	其他
酚类（9）	4-甲基苯酚	106-44-5	—	X	—	X	—
	间苯二酚	108-46-3	—	X	—	X	—
挥发性碳氢化合物（6）	苯	71-43-2	X	X	1	X	—
	1,3-丁二烯	106-99-0	X	X	2A	X	—
	D-苧烯	5989-27-5	—	—	—	—	—
	异戊二烯	78-79-5	X	X	2B	X	—
	苯乙烯	100-42-4	—	X	2B	—	—
	甲苯	108-88-3	X	X	—	X	—
多氯杂环化合物（2）	多氯二苯并-p-二噁英	—	—	—	1	X	—
	多氯二苯并呋喃	—	—	—	3	X	—
硝基化合物（3）	硝基苯	98-95-3	—	—	2B	X	—
	硝基甲烷	75-52-5	—	—	2B	—	—
	2-硝基丙烷	79-46-9	—	—	2B	X	—
其他有机化合物（26）	乙酰胺	60-35-5	—	—	2B	X	—
	丙烯酰胺	79-06-1	—	—	2A	X	—
	乙腈	75-05-8	—	—	—	X	—
	丙烯腈	107-13-1	—	X	2B	X	—
	苯并［b］呋喃	271-89-6	—	—	2B	—	—
	滴滴伊（DDE）	72-55-9	—	—	2B	—	—
	滴滴涕（DDT）	50-29-3	—	—	2B	—	—
	二甲胺	124-40-3	—	—	—	X	—
	氨基甲酸乙酯	51-79-6	—	—	2B	X	—
	环氧乙烷	75-21-8	—	—	1	X	—
	亚乙基硫脲	96-45-7	—	—	2B	X	—
	呋喃	110-00-9	—	—	2B	—	—
	γ-丁内酯	96-48-0	—	—	—	—	X
	1,1-二甲基肼	57-14-7	—	—	2B	X	—
	氰氢酸	74-90-8	X	X	—	X	—
	羰基镍	13463-39-3	—	—	—	—	X

续表

类别	成分	CAS	CPSC	加拿大卫生部	IARC	EPA	其他
其他有机化合物（26）	马来酰肼	123-33-1	—	—	—	—	X
	甲醇	67-56-1	—	—	—	X	—
	甲酸甲酯	107-31-3	—	—	—	—	X
	异氰酸甲酯	624-83-9	—	—	—	X	—
	甲胺	74-89-5	—	—	—	—	X
	邻苯二甲酸二（2-乙基己基）酯	117-81-7	—	—	—	X	—
	环氧丙烷	75-56-9	—	—	2B	X	—
	醌	106-51-4	—	—	—	X	—
	乙酸乙烯酯	108-05-4	—	—	2B	X	—
	氯乙烯	75-01-4	—	—	1	X	—
无机化合物（9）	氨	7664-41-7	—	X	—	X	—
	肼	302-01-2	—	—	2B	X	—
	氧化氮	10102-43-9	X	X	—	—	—
	二氧化硫	7446-09-5	—	—	—	—	—
	二硫化碳	75-15-0	—	—	—	X	—
	一氧化碳	630-08-0	X	X	—	—	—
	四硫化碳	463-58-1	—	—	—	X	—
	氰	460-19-5	—	—	—	—	X
	硫化氢	7783-06-4	—	—	—	—	X
金属（11）	砷	7440-38-2	—	X	1	X	—
	铍	7440-41-7	—	—	1	X	—
	镉	7440-43-9	—	X	1	X	—
	铬	7440-47-3	—	X	1	X	—
	铬 VI	1333-82-0	—	—	1	X	—
	钴	7440-48-4	—	—	2B	X	—
	铅	7439-92-1	—	X	2B	X	—
	汞	7439-97-6	—	X	—	X	—
	镍	7440-02-0	—	X	1	X	—

续表

类别	成分	CAS	CPSC	加拿大卫生部	IARC	EPA	其他
金属	钋-210	7440-08-6	—	—	1	—	—
(11)	硒	7782-49-2	—	X	—	X	—

注：IARC 分级为 Group 1（人体致癌物质），Group 2A（很可能的人体致癌成分），Group 2B（可能的人体致癌成分），Group 3（致癌性不明确的化合物）；X 表明此成分为所列名单中的化合物。

在上述 149 种有害成分中，种类最多的为多环芳烃类化合物（26 种），氮杂芳烃、*N*-杂环胺和金属类的化学成分也比较多，其余的有害成分还包括芳香胺、醛类、酮类、酸类、酚类、挥发性碳氢化合物、多氯杂环化合物、硝基化合物、无机化合物和一些其他有机化合物，分类如表 1-9 所示。

表 1-9　　烟气中的有害成分分类

化合物类别	数量	化合物类别	数量
多环芳烃	26	挥发性碳氢化合物	6
氮杂芳烃	14	多氯杂环化合物	2
醛类	7	硝基化合物	3
酸类	3	其他有机化合物	26
酮类	3	芳香胺	7
酚类	9	无机化合物	9
N-杂环胺	23	金属	11
总计		149	

4. 世界卫生组织优先管控名单

《世界卫生组织烟草控制框架公约》（*World Health Organization Framework Convention on Tobacco Control*，WHO FCTC）于 2003 年 5 月 21 日获得世界卫生大会通过，并于 2005 年 2 月 27 日生效。该公约呼吁所有国家尽可能开展广泛的国际合作，控制烟草的广泛流行，现成为联合国历史上获得最广泛接受的条约之一，迄今已有 166 个缔约方。中国于 2003 年 11 月 10 日签署该公约，

2005 年 10 月 11 日经全国人民代表大会常务委员会批准，2006 年 1 月公约正式在我国生效。

WHO FCTC 的第 9 条和第 10 条对烟草成分、释放物检测和披露的要求如下。

第 9 条：烟草制品成分管制。缔约方会议应与有关国际机构协商提出检测和测量烟草制品成分和燃烧释放物的指南以及对这些成分和释放物的管制指南。经有关国家当局批准，每一缔约方应对此类检测和测量以及此类管制采取和实行有效的立法、实施以及行政或其他措施。

第 10 条：烟草制品披露的规定。每一缔约方应根据其国家法律采取和实行有效的立法、行政或其他措施，要求烟草制品生产商和进口商向政府当局披露烟草制品成分和释放物的信息。每一缔约方应进一步采取和实行有效措施以公开披露烟草制品的有毒成分和它们可能产生的释放物的信息。

2002 年，世界卫生组织烟草管制科学咨询委员会（WHO Study Group on Tobacco Product Regulation，TobReg）发布报告，认为目前测定焦油、烟碱和一氧化碳的 ISO 方法对消费者和监管部门会产生误导，但在没有建立有效的生物标志物方法之前撤销现行方法会造成监管真空。基于此，WHO FCTC 建议发展新的、更适合的测定方法，发布了基于加拿大政府方法的“深度抽吸方案”。

WHO FCTC 提出对烟草制品进行调控的要求，认为以往的烟碱、焦油评价方法不能真实反映其危害性，需要建立更加科学的危害性评价方法。WHO 的调控措施控制卷烟烟气单位烟碱中有害成分的释放量水平，禁止销售和进口超过限量水平的卷烟品牌。根据以下原则选择控制的有害成分：有害成分的动物试验和人群暴露的毒性数据，危害性指数，不同卷烟品牌之间有害成分的变异性，有害成分被降低的可能性。依据这一原则，2008 年 WHO 发布报告 *The Scientific Basis of Tobacco Product Regulation*（烟草管制的科学基础）[4]，对卷烟烟气中有害成分进行优先分级，筛选出了需要管控的有害成分（表 1-10）。

表 1-10　　WHO 管控的有害成分

有害成分	有害成分
NNK	丙烯腈

续表

有害成分	有害成分
NNN	4-氨基联苯
乙醛	2-萘胺
丙烯醛	镉
苯	邻苯二酚
苯并［a］芘	巴豆醛
1,3-丁二烯	氰化氢
一氧化碳	对苯二酚
甲醛	氮氧化物

综合考虑以上 18 种化合物的毒性、降低的可能性以及在卷烟烟气中的分布特性，WHO 确定了需要优先管控的 9 种有害成分建议名单，包括：NNK、NNN、乙醛、丙烯醛、苯、苯并［a］芘、1,3-丁二烯、一氧化碳和甲醛。

对于以上 9 种有害成分，WHO 推荐的限量管控措施如下。

（1）对单位烟碱有害成分释放量进行管控。

（2）对 9 种限量有害成分同时进行管控。

（3）针对每种有害成分设定限量，超过限量的卷烟品牌不能销售。

推荐的烟气有害成分限量水平如下。

（1）NNN、NNK 限量水平：释放量的中位值。

（2）其他有害成分限量水平：释放量中位值的 125%。

（3）限量水平可根据 WHO FCTC 提供的数据进行设定，也可使用自己卷烟销售市场的统计数据进行设定。

WHO FCTC 提出的管控措施非常严格。根据 Haussmann 等的分析，按此限量要求，菲莫美国和菲莫国际的 50 种主要卷烟品牌，只有 11 种符合管控要求，另外 39 种卷烟品牌都需要退出市场。由此可见，此项管控措施的可行性存在较大争议。

第三节　ZTRI 卷烟危害性指标评价体系

一、ZTRI 卷烟危害性指数技术原理

中国烟草总公司郑州烟草研究院（ZTRI）牵头完成的“卷烟危害性指标体系研究”项目[5]，以美国国家环境保护局混合物风险度评价导则为依据，从分析卷烟主流烟气有害成分释放量与毒理学指标入手，研究了烟气基质下的有害成分与毒理学指标之间的相关关系。采用烟气复杂基质条件下得到的试验数据，避免了以往研究中使用有害成分纯品毒理学数据不能真实反映卷烟烟气基质下毒理学指标的缺陷，创新性地解决了以往卷烟危害性指标数据来源众多、差异较大、缺乏试验验证的问题。采用多种数理统计方法研究有害成分与毒理学指标之间的相关关系，建立有害成分与毒理学指标之间的量化数学模型，确定卷烟主流烟气代表性有害成分，提出卷烟主流烟气危害性定量评价方法，设立卷烟产品危害性指数，并对中国市场最重要的 163 种卷烟产品的危害性进行评价。

二、卷烟烟气主要有害成分的确定

烟气有害成分指标：从加拿大卫生部有害成分名单 Hoffmann 名单、Rodgman 名单等，综合选取毒性较强、主流烟气释放量较大、具有稳定测试方法的 29 种主要有害成分（表 1-11）作为目标化合物。

表 1-11　　烟气中主要有害成分指标

类别	具体指标
常规有害成分	焦油、烟碱、CO
无机化合物	氰化氢、氨、NO、NO_x
多环芳烃	苯并［a］芘、苯并［a］蒽、䓛
亚硝胺	NNN、NAT、NAB、NNK
羰基化合物	甲醛、乙醛、丙酮、丙烯醛、丙醛、巴豆醛、2-丁酮、丁醛
挥发性酚类成分	对苯二酚、间苯二酚、邻苯二酚、苯酚、对甲基苯酚、间甲基苯酚、邻甲基苯酚

注：在实际分析中，对甲基苯酚和间甲基苯酚很难分离，计算时将两者合并，因此实际测试的是 28 种成分。

毒理学指标：采用国际烟草研究合作中心（Cooperation Centre for Scientific Research Relative to Tobacco，CORESTA）推荐的 3 项毒理学指标，即致突变性试验、微核分析和细胞毒性试验，并增加卷烟烟气动物急性毒性试验，以全面、合理评价卷烟烟气毒理学。

1. 指标筛选

选取中国市场上最具有代表性的 163 种国内外卷烟产品，焦油量分布在 1~15mg。以 163 种卷烟样品主流烟气中的 28 种主要有害成分和 4 项毒理学指标为基础，应用各种数理统计方法，考察烟气中 28 种主要有害成分与 4 项毒理学指标之间的关系，并对 28 种有害成分进行筛选，找到影响卷烟主流烟气危害性最主要的化学成分指标。化学成分的筛选分别采用了无信息变量消除法、遗传算法和改良遗传算法，通过考察变量（即主要有害成分）对定量模型稳定性或预测能力的影响，分别对 28 种主要有害成分进行评价和筛选。

为了保证模型的可靠性，在研究过程中对建立的模型均进行了统计检验，并采用留一法交叉验证对模型的预测能力进行了考察。综合考察 3 种统计方法得到的变量筛选结果，并结合毒理学指标与有害成分之间以及 28 种有害成分之间的相关关系，得到对烟气毒理学指标影响最大的有害化学成分（表 1-12），可以看出三种方法得到的结果基本一致。

表 1-12　三种统计方法筛选结果总结

方法	样本	筛选结果
无信息变量消除法	烤烟	CO、HCN、NNK、苯并[a]芘、NO、丙酮、丙醛、巴豆醛、邻苯二酚
	全部	CO、HCN、氨、NNK、䓛/苯并[a]芘、邻苯二酚、对/间甲基苯酚、丙酮、丙醛、巴豆醛
遗传算法	烤烟	CO、HCN、NAT、氨、䓛、苯酚、丙醛、巴豆醛
	全部	CO、HCN、NNK、氨、苯并[a]芘、苯酚、对苯二酚、巴豆醛
改良遗传算法	全部	HCN、䓛、NO、NO_x、苯酚、邻甲基苯酚、对/间甲基苯酚、丙醛、巴豆醛、2-丁酮

三种方法筛选结果出现频次如图 1-4 所示，可以看到出现频次最高的化学成分为 CO、HCN、NNK、氨、苯并[a]芘、苯酚、巴豆醛、䓛和丙醛。结合相关性分析的结果，并重点考虑全部样本的筛选结果，对筛选的化学成分进一步简化，删除䓛和丙醛，对烟气毒理学指标影响最为重要的有害化学成

分是 CO、HCN、NNK、氨、苯并[a]芘、苯酚、巴豆醛。

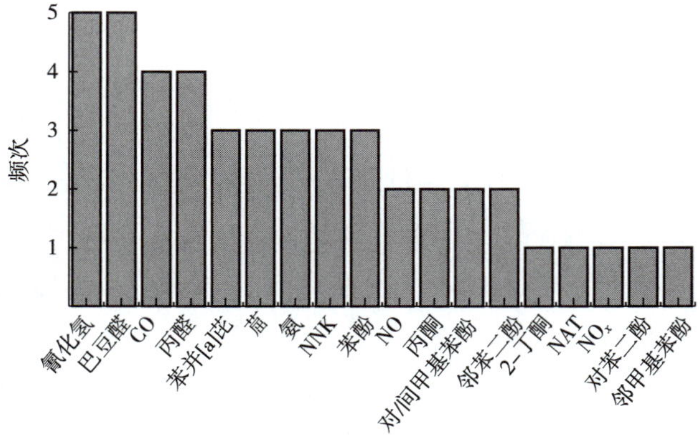

图 1-4　三种方法筛选结果出现频次

2. 结果验证

为了进一步验证所得结论的可靠性，采用遗传算法对所选择的 7 种有害化学成分以及它们的倒数项、平方项、立方项、交叉项进行了模型验证。验证结果表明，所有的预测结果误差都小于 40%。4 项毒理学指标预测模型的 R^2 分别为 0.524、0.595、0.504、0.571。

（1）吸入急性毒性

$Y=5.38\times10\times\text{苯并[a]芘}-1.93\times10^{-2}\times\text{HCN}\times\text{NNK}-1.75\times10^{-1}\times\text{NNK}\times\text{苯并[a]芘}+1.42\times10^{-1}\times\text{NNK}\times\text{苯酚}+5.12\times10^{-2}\times\text{苯酚}\times\text{巴豆醛}-6.46\times\text{苯并[a]芘}^2-4.26\times10^{-2}\times\text{苯酚}^2-6.47\times10^{-3}\times\text{CO}^3+7.23\times10^{-4}\times\text{NNK}^3+2.38\times10^{-1}\times\text{苯并[a]芘}^3+3.20\times10^2\times\text{巴豆醛}^{-1}-4.53$

$R^2=0.524$，$R_{\text{CV}}{}^2=0.660$，$RMSE_{\text{CV}}=11.98$

（2）细胞毒性

$Y=7.31\times10^{-5}\times\text{巴豆醛}-2.28\times10^{-4}\times\text{氨}+5.05\times10^{-7}\times\text{HCN}\times\text{苯酚}-6.15\times10^{-7}\times\text{HCN}\times\text{巴豆醛}-7.74\times10^{-6}\times\text{NNK}\times\text{苯并[a]芘}+8.73\times10^{-6}\times\text{NNK}\times\text{氨}+2.15\times10^{-5}\times\text{苯并[a]芘}\times\text{氨}+1.63\times10^{-6}\times\text{NNK}^2-4.41\times10^{-8}\times\text{NNK}^3-2.68\times10^{-8}\times\text{苯酚}^3+7.46\times10^{-3}\times\text{苯并[a]芘}^{-1}+1.12\times10^{-2}\times\text{苯酚}^{-1}-2.84\times10^{-4}$

$R^2=0.595$，$R_{\text{CV}}{}^2=0.702$，$RMSE_{\text{CV}}=3.25\times10^{-4}$

（3）致突变性

$Y=-3.33\times10^{-3}\times\text{NNK}+4.60\times10^{-3}\times\text{苯并[a]芘}-6.73\times10^{-6}\times\text{HCN}\times\text{NNK}-$

$1.20\times10^{-5}\times HCN\times$巴豆醛$-8.60\times10^{-5}\times NNK\times$苯并[a]芘$+1.91\times10^{-4}\times NNK\times$苯酚$-1.64\times10^{-4}\times$苯并[a]芘$\times$苯酚$+7.82\times10^{-5}\times$苯酚$\times$巴豆醛$+3.43\times10^{-5}\times NNK^2-1.78\times HCN^{-1}+6.49\times10^{-1}\times$苯$^{-1}+2.16\times10^{-2}$

$R^2=0.504$，$R_{CV}{}^2=0.582$，$RMSE_{CV}=6.72\times10^{-3}$

（4）微核率

$Y=-3.05\times10\times$苯并[a]芘$-3.72\times10^{-3}\times NNK\times$苯酚$+3.33\times10^{-3}\times$苯酚$\times$巴豆醛$+1.64\times10^{-2}\times CO^2+2.70\times$苯并[a]芘$^2+3.74\times10^{-2}\times$氨$^2-8.18\times10^{-2}\times$苯并[a]芘$^3-5.37\times NNK^{-1}-2.35\times10^{2}\times$苯并[a]芘$^{-1}+1.55\times10^2$

$R^2=0.571$，$R_{CV}{}^2=0.711$，$RMSE_{CV}=1.58$

三、卷烟危害性定量评价方案

1. 卷烟主流烟气危害性指数的提出

根据以上的数据分析，确定了影响卷烟危害性最重要的 7 种有害成分：CO、HCN、NNK、氨、苯并[a]芘、苯酚、巴豆醛。

为综合评价卷烟的危害性，有必要研究确定一种评价指数来表征卷烟烟气对人体的危害性大小。由于 4 项毒理学指标分别代表了卷烟烟气生物学效应不同的评价方面，因此评价方案必须综合考虑 4 项毒理学指标。同时，7 种有害成分对 4 项毒理学指标的影响各不相同，各成分之间很难设定权重；7 种有害成分纯品的毒理学数据并不完整，而且由于含量差异大，即使完整也难于设定权重。

为了综合考察 7 种有害成分释放量排序和 4 项毒理学指标排序的相关性，将 163 种卷烟在每一种有害成分释放量上进行排序，某样品 7 种有害成分的得分相加即为该样品的排序和。4 项毒理学指标也按同样方法计算排序和。有害成分释放量排序和与毒理学指标排序和的相关关系如图 1-5 所示。

结果表明，7 种有害成分释放量排序和与 4 项毒理学指标排序和存在显著相关关系，说明 7 种指标等权相加的结果可以反映 4 项毒理学指标的综合结果。基于以上结果，提出式（1-1）表示卷烟危害性指数（H）：

$$H=\frac{Y_{CO}}{C_1}+\frac{Y_{HCN}}{C_2}+\frac{Y_{NNK}}{C_3}+\frac{Y_{氨}}{C_4}+\frac{Y_{苯并[a]芘}}{C_5}+\frac{Y_{苯酚}}{C_6}+\frac{Y_{巴豆醛}}{C_7} \tag{1-1}$$

式中　Y——卷烟主流烟气有害成分释放量；

$C_1\sim C_7$——有害成分释放量参考值。

卷烟危害性指数由 CO、HCN、NNK、氨、苯并[a]芘、苯酚、巴豆醛 7

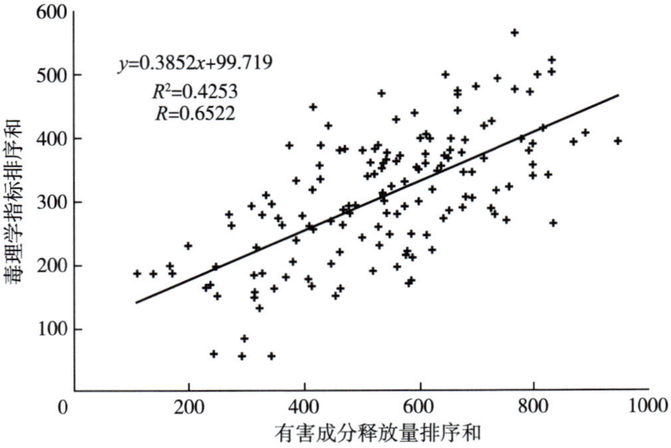

图 1-5　4 项毒理学指标排序和与 7 项有害成分释放量排序和的关系

个分项组成，每个分项值为某一卷烟的实测值与参考值之比，7 个分项值之和即为该卷烟的危害性指数。值越大，则危害性越大，值越小，则危害性越小。每项有害成分指标的参考值即本研究测定的 163 种卷烟样品的平均值。

2. 163 种卷烟危害性评价结果

卷烟焦油量是比较常用的卷烟烟气危害性评价指标，但焦油是一种复杂的混合物，绝大部分成分不具有生物活性，因此采用焦油作为危害性评价指标有比较大的缺陷。图 1-6 为危害性指数和主流烟气焦油的相关性分析图，图 1-7 为 163 种卷烟焦油排序和危害性指数排序结果的比较。

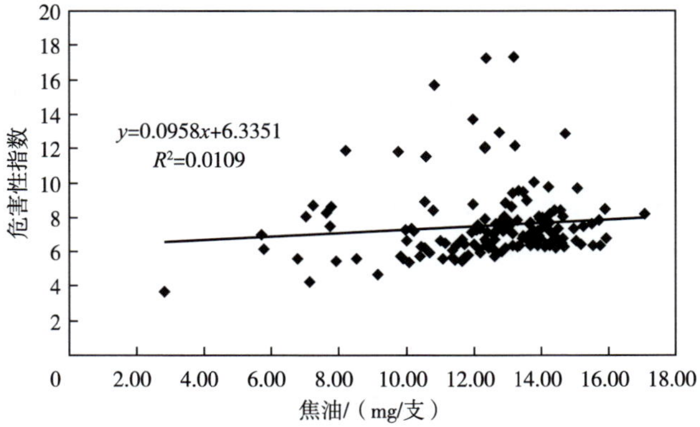

图 1-6　危害性指数和主流烟气焦油相关性分析

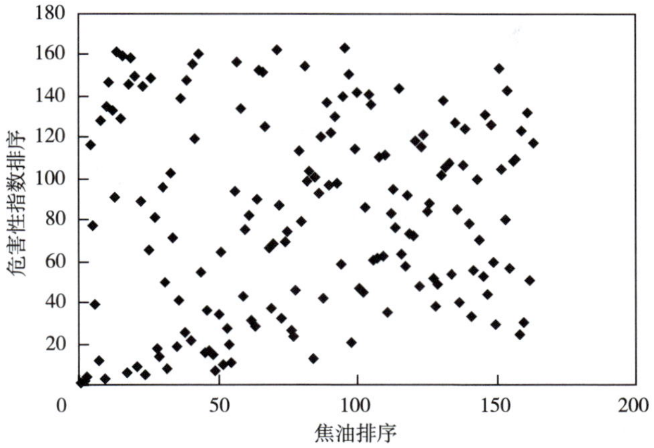

图 1-7　163 种卷烟焦油排序和危害性指数排序结果的比较

结果表明，卷烟主流烟气的危害性指数和焦油基本没有线性相关性，从 163 种卷烟排序来看，同一种卷烟的焦油排序和危害性指数排序结果也有较大差异。

通过卷烟主流烟气有害成分与毒理学指标之间的相关性研究，ZTRI 率先提出以 CO、HCN、NNK、氨、苯并［a］芘、苯酚、巴豆醛 7 种主要有害成分综合表征卷烟主流烟气的危害性。

第四节　烟气 7 种主要有害成分的形成机理

一、CO

1. 基本性质

CO 为无色、无嗅气体，沸点-191.5℃，近似于一般永久性气体。CO 广泛存在于汽车尾气、工业废气、煤气等气体中，易与人体的血红蛋白结合，造成血液输氧量下降。高浓度的 CO 还能与细胞色素氧化酶中的二价铁结合，直接抑制细胞内呼吸。CO 中毒容易导致人体缺氧，是心血管疾病的重要诱发因素之一。

卷烟主流烟气中 CO 均分布于气相中，其释放量在烟气有害成分中最高，为毫克级。侧流烟气中的 CO 释放量比较高，为主流烟气中 CO 释放量的 2.5~4.7 倍。

2. 卷烟烟气 CO 的形成机理

CO 是许多烟草组分通过热分解和燃烧形成的。烟草物质的化学成分是卷烟烟气 CO 产生的物质基础，包括纤维素、果胶和淀粉，占烟草整体的 20%~40%，其燃烧行为对烟草整体的燃烧规律和燃烧产物有重要影响。CO 的释放主要是羰基、羧基和醚基等断裂和重整所致，烟草中淀粉、纤维素、糖、羧酸、酯、氨基酸等[6]，在卷烟燃吸时大部分氧化成 CO_2 和 CO，小部分热解合成醛类、酮类、呋喃、芳烃、多环芳烃等化合物。在 300~370℃，纤维素主要裂解生成糖类单体，其中，左旋葡聚糖是纤维素燃烧裂解的主体产物；随着裂解温度的进一步提高，纤维素解聚形成的单体，进一步裂解成为其他小分子的醛酮类化合物、CO_2 和 CO。Newell 通过在卷烟的烟草中加入带有 ^{14}C 标记的淀粉、纤维素、果胶，测试主流烟气和侧流烟气中 CO_2 和 CO 数据，结果表明多糖类的淀粉、纤维素、果胶是热解区产生碳氧化物的主要来源，有助于 CO 热解合成的是蛋白质、羧酸类、羰基化合物以及以盐类形式存在的碱类物质。

在过去几十年中，国内外烟草企业以及研究机构开展了大量工作研究卷烟烟气 CO 产生机理。大量文献研究表明卷烟所产生 CO 由三个综合性的反应形成。根据 Baker 的报道[7]，卷烟烟气中的 CO 大约 30%来源于卷烟烟草组分热解，36%来源于烟草不完全燃烧，约 23%来源于烟气中 CO_2 经碳还原反应。

（1）烟草组分的热解反应　烟草中的有机物在干馏热解情况下，内部化学键断裂，生成 CO、CO_2、H_2O 等小分子物质。一般认为，多糖是在热解区产生 CO、CO_2 等碳氧化合物的主要物质来源。热解反应的形式主要为：

$$C_xH_yO_zN_n \xrightarrow{\text{加热}} mCO+hCO_2+kH_2O+dC_aH_bO_cN_e$$

（2）烟草组分的燃烧反应　卷烟的燃烧反应主要在贫氧环境中，某些烟草含碳化学成分在贫氧高温区的不完全燃烧反应大量生产 CO：

$$C + O_2 \longrightarrow CO_2$$

$$2C + O_2 \longrightarrow 2CO$$

（3）烟草中含碳物质和烟气中其他物质的反应　如 CO_2 与烟草裂解产生的碳反应，产生 CO：

$$C + CO_2 \longrightarrow 2CO$$

由于烟草化学组成非常复杂，上述反应只能简单描述烟气 CO 产生过程。

国外研究机构采用同位素 ^{18}O、^{13}C 标记烟草物质，研究卷烟烟气 CO 产生过程。结果表明，同位素^{18}O标记的烟草物质加热到180℃，开始有CO_2和H_2O产生，继续加热到400~460℃时，开始产生CO。在220℃以上$C^{18}O$与烟草物质经氧化反应产生CO_2。同位素标记的$^{13}CO_2$和$^{18}O_2$的显示在450℃以上还原反应开始生产CO，在550~600℃，H_2O和CO_2的化学反应产生CO和H_2。利用同位素标记化学物质推测得到烟草物质热解燃烧产生CO的可能机理如图1-8所示。

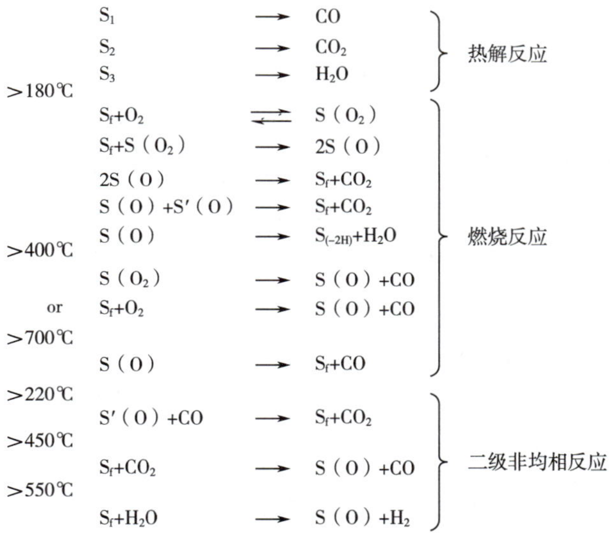

图1-8　CO可能生成机理

卷烟烟气中CO的主要前体成分为纤维素、葡萄糖、淀粉、木质素、果胶、蛋白质等。CO释放量与卷烟燃烧过程温度积分值呈负线性相关；随着烟丝中钾含量增加，主流烟气中CO释放量逐渐降低。

二、HCN

1. 基本性质

HCN是一种无色伴有轻微苦杏气味的液体，沸点26℃，常温下以气体的形式存在，是一种剧毒物质，可通过口鼻吸入使人中毒，是人的几种呼吸酶的抑制剂。其中毒机理主要表现为氰离子与氧化型细胞色素氧化酶中的三价铁离子结合，阻断了氧化过程中三价铁离子的电子传递，使组织细胞不能利用氧，形成内窒息。

HCN是一种低沸点的弱酸性亲水化合物，卷烟主流烟气中HCN释放量一般为20~200μg/支，在气相与粒相中都有存在，且一般在气相中分布较多，这些特性使得HCN选择性过滤成为可能。HCN是卷烟烟气中最具纤毛毒性的物质，烟气中的HCN经呼吸道吸收后迅速进入机体，对人的身体健康产生危害。

2. 卷烟烟气HCN的形成机理

HCN主要来源于氨基酸、蛋白质[8]。由于蛋白质结构复杂，文献报道中对蛋白质裂解研究较少，对氨基酸裂解形成HCN的研究较多。不同结构的氨基酸被裂解后释放HCN的产率差异显著，为8%~45%；直链和支链氨基酸，HCN释放量为$\gamma \gg \beta > \alpha$，环状氨基酸中脯氨酸和4-羟脯氨酸的释放量最高；氨基酸在裂解过程中生成的环状中间产物有助于形成HCN[9]。

为全面了解烟气中HCN的来源，谢复炜等[10]在烟丝基质中分别添加不同含量的HCN潜在前体成分进行离线裂解，结合前体成分HCN裂解率、烟丝前体成分含量以及基质烟丝HCN裂解产量，计算各前体成分对HCN的贡献率（表1-13）。结果表明，所选择的前体成分对烟丝裂解释放HCN的贡献率之和达烟丝裂解量的85.5%，表明这些前体成分能够代表烟丝中HCN的前体化合物；蛋白质、脯氨酸、天冬酰胺对烟丝裂解释放HCN的贡献较大。

表1-13　HCN的前体成分对HCN贡献率

前体成分	前体成分含量/(μg/g烟丝)	前体成分HCN裂解率/(μg/g)	前体成分对HCN贡献量/μg	烟丝HCN裂解量/(μg/g)	前体成分对HCN贡献率/%
蛋白质	7.89×10^{4}	3.23×10^{4}	2.54×10^{3}		82.57
脯氨酸	3.90×10^{3}	2.81×10^{4}	1.09×10^{2}		3.55
天冬酰胺	1.14×10^{3}	4.31×10^{4}	4.91×10^{1}		1.59
铵盐	1.58×10^{2}	3.22×10^{4}	5.07×10^{0}		0.16
硝酸根	6.84×10^{2}	5.79×10^{3}	3.96×10^{0}	3.08×10^{3}	0.13
丝氨酸	1.89×10^{2}	1.53×10^{4}	2.89×10^{0}		0.09
丙氨酸	1.75×10^{2}	1.42×10^{4}	2.49×10^{0}		0.08
天冬氨酸	7.47×10^{1}	1.94×10^{4}	1.45×10^{0}		0.05
亮氨酸	8.51×10^{1}	1.24×10^{4}	1.05×10^{0}		0.03

续表

前体成分	前体成分含量/（μg/g 烟丝）	前体成分 HCN 裂解率/（μg/g）	前体成分对 HCN 贡献量/μg	烟丝 HCN 裂解量/（μg/g）	前体成分对 HCN 贡献率/%
甘氨酸	7.61×10^{0}	4.41×10^{4}	3.40×10^{-1}		0.01
异亮氨酸	8.65×10^{0}	1.51×10^{4}	1.30×10^{-1}		0.00
烟碱	2.42×10^{4}	6.78×10^{1}	1.64×10^{-1}		0.00
降烟碱	7.74×10^{2}	3.28×10^{2}	2.54×10^{-2}	3.08×10^{3}	0.00
假木贼碱	1.80×10^{2}	4.47×10^{2}	8.05×10^{3}		0.00
纤维素	1.02×10^{5}	-8.86×10^{2}	-9.04×10^{1}		-2.94
木质素	1.18×10^{4}	4.80×10^{2}	5.66×10^{0}		0.18
总和	2.00×10^{5}	—	2.63×10^{3}	—	85.5

对选定的蛋白质、脯氨酸、天冬酰胺三种 HCN 的重要前体成分，采用在线裂解-气质联用、热重红外联用、同位素标记等技术，结合文献研究，初步提出三种前体成分裂解生成 HCN 的机理。

（1）天冬酰胺裂解生成 HCN 的机理　天冬酰胺分子中的氨基和酰胺基都能裂解产生 HCN，且天冬酰胺的主要裂解产物马来酰亚胺和琥珀酰亚胺进一步裂解也会产生 HCN，机理如图 1-9 所示。

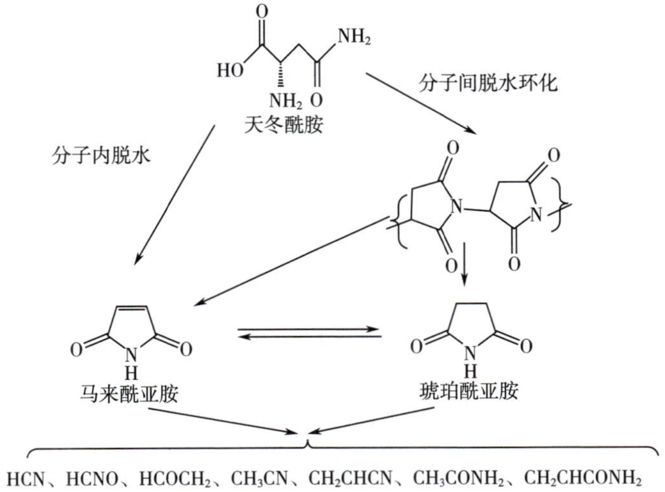

图 1-9　天冬酰胺裂解生成 HCN 的机理

（2）脯氨酸裂解生成 HCN 的机理　脯氨酸分子结构简单，在裂解过程中容易脱羧形成四氢吡咯，四氢吡咯进一步产生 HCN，其机理如图 1-10 所示。

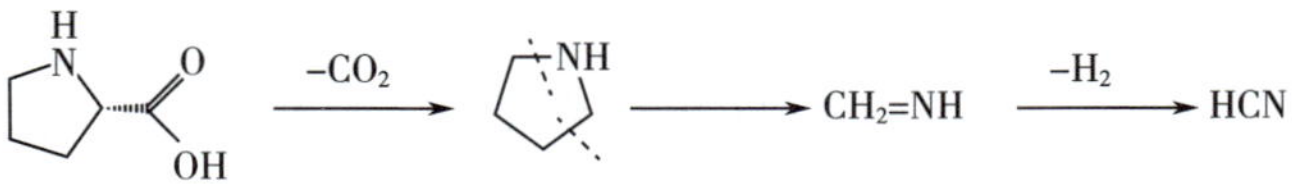

图 1-10　脯氨酸裂解生成 HCN 的机理

（3）蛋白质裂解生成 HCN 的机理　组成蛋白质的氨基酸中的氮原子有多种存在形态，包括肽键氮、氨基氮、酰胺氮、吲哚氮、亚胺氮、吡咯氮和咪唑氮，这些碳和氮之间的不同连接形式与 HCN 的形成有密切关系。

①肽键氮生成 HCN 的机理。肽键断裂时，同时生成羰基自由基、氨基自由基、一氧化碳和不稳定的亚胺 RCH = NH。RCH = NH 分解产生腈（RCN）和氢气。当 R 为氢原子时，RCH = NH 分解产生 HCN（图 1-11）。另外，生成的 RCN 会进一步裂解产生乙腈。氢自由基与腈发生自由基交换，可以进一步产生 HCN，即：

$$RCN+H\cdot \longrightarrow R\cdot +HCN$$

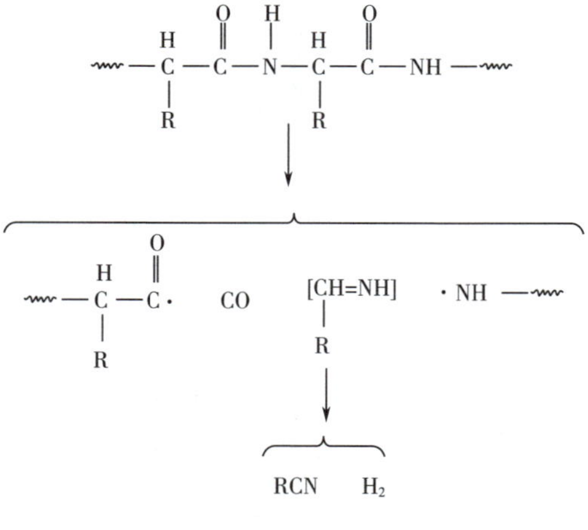

图 1-11　肽键氮生成 HCN 的机理

②氨基氮形成 HCN 的机理。脂肪胺的氨基与邻近碳原子上的氢一起脱去两分子的氢气，形成腈类化合物。形成的腈类化合物可以与氢自由基反应进一步生成 HCN（图 1-12）。

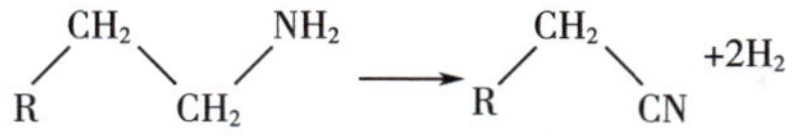

图 1-12　氨基氮生成 HCN 的机理

③酰胺氮生成 HCN 的机理。酰胺在裂解时容易发生脱水反应，生成腈。生成的腈进一步裂解，产生 CHN（图 1-13）。

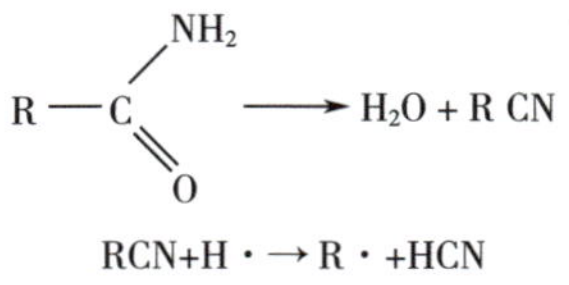

图 1-13　酰胺氮生成 HCN 的机理

④亚胺氮生成 HCN 的机理如图 1-14 所示。

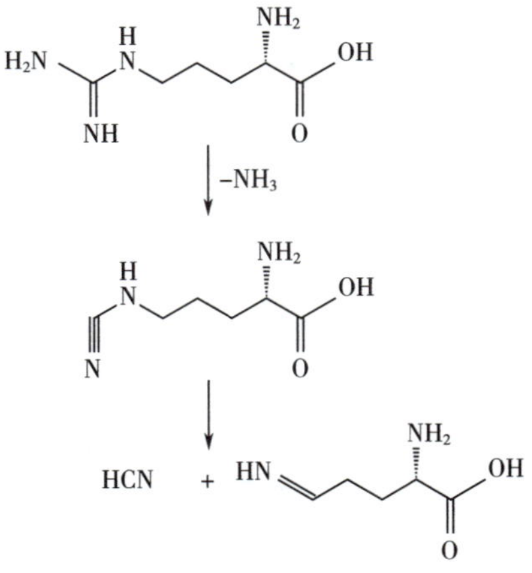

图 1-14　亚胺氮生成 HCN 的机理

⑤吲哚氮、吡咯氮和咪唑氮生成 HCN 的机理。吲哚氮、吡咯氮和咪唑氮含有氮杂环，而氮杂环容易发生环的断裂，形成亚胺中间体，进一步脱氢形成 HCN，吲哚氮、吡咯氮和咪唑氮生成 HCN 的机理如图 1-15 所示。

卷烟烟气中 HCN 的主要前体成分为蛋白质、脯氨酸和天冬酰胺。脯氨酸主要通过脱羧反应和碳键断裂生成 HCN；天冬酰胺主要通过分子内脱水形成亚胺，然后再进一步分解生成 HCN；蛋白质主要通过肽键断裂形成氨基氮、

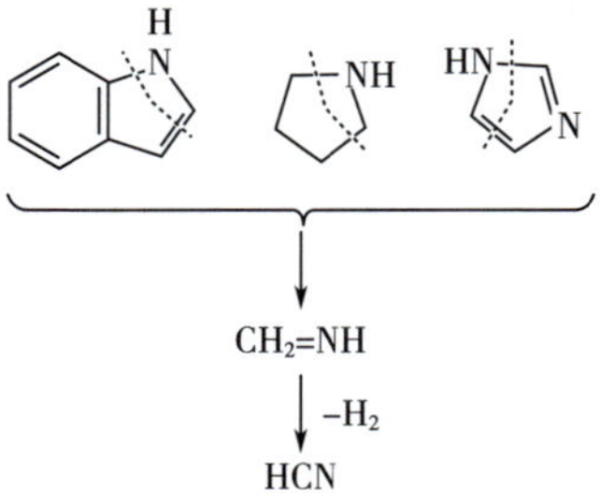

图 1-15　吲哚氮、吡咯氮和咪唑氮生成 HCN 的机理

酰胺氮、亚胺氮等含氮中间体，然后进一步裂解生成 HCN。富氧、低速升温、低温裂解条件下，前体成分裂解生成 HCN 的量较低。

三、NNK

1. 基本性质

4-（甲基亚硝氨）-1-（3-吡啶基）-1-丁酮（NNK）是烟草特有的一种亚硝胺，是烟碱的亚硝化产物（图 1-16）。NNK 具有致癌性，是烟气主要有害成分之一。沸点为 424℃（1 bar，计算值），主要分布于卷烟主流烟气的粒相中，烤烟型卷烟主流烟气中 NNK 释放量约为 5ng/支。

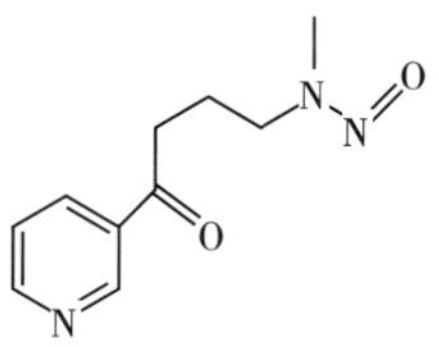

图 1-16　NNK 分子结构

2. 卷烟烟气 NNK 的形成机理

目前已鉴定出 8 种烟草特有的亚硝胺（Tobacco-Specific Nitrosamines，TSNAs），但普遍关注的有 4 种：*N*-亚硝基降烟碱（NNN）、NNK、*N*-亚硝基新烟草碱（NAT）、*N*-亚硝基假木贼碱（NAB），其中 NNN 和 NNK 已被证明具有动物致癌性。烟草特有亚硝胺的合成前体物是生物碱和亚硝酸，其中最主要的生物碱烟碱为叔胺，其他较为重要的生物碱如降烟碱、新烟碱和假木贼碱等为仲胺。同时烟草中含有超过 5%的硝酸盐和痕量的亚硝酸盐，为烟草亚硝胺的生成提供了必要的条件。降烟碱、新烟碱和假木贼碱可以分别被

亚硝化为 NNN、NAT 和 NAB，烟碱在水溶液条件下可以亚硝化生成 NNK 和 NNN。

(1) 晾烟中烟草特有亚硝胺的形成机理　烟草特有亚硝胺是由仲胺类生物碱和亚硝酸反应生成的。图 1-17 是烟叶中 4 种主要烟草特有亚硝胺的形成途径。

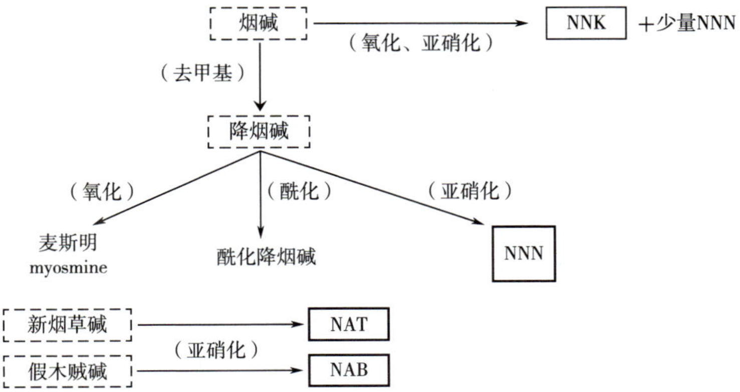

图 1-17　4 种主要烟草特有亚硝胺的形成途径

烟草中的亚硝酸盐对 *N*-亚硝胺的形成有重要影响，它主要来源于硝酸盐的还原，在烟草生成过程中，该反应在硝酸盐还原酶的催化下在烟草细胞液中进行。反应生成的亚硝酸盐在细胞内并不积累，而是迅速转移到叶绿体或前质体中，然后在植物亚硝酸盐还原酶的作用下，还原为氨，这就是同化作用。另外一种硝酸盐的还原过程是异化过程，由一些蛋白酶和细菌在缺氧的条件下生成。在这一条件下，硝酸盐代替氧气被还原，该反应在亚硝酸盐阶段就停止了，而一些细菌和蛋白酶可以继续将其还原为氮气或一氧化氮。

研究发现，在高温高湿条件（32℃，相对湿度 83%）下调制的烟叶叶片中亚硝酸盐的含量显著高于在普通环境下调制的烟叶叶片，过熟烟叶中亚硝酸盐的含量最高。烟叶中烟草特有亚硝胺的含量与亚硝酸盐的含量有着显著的相关性。亚硝酸盐和烟草特有亚硝胺的累积在调制进行后的第 3 周达到最高峰。黑色烟草调制过程中完整烟叶和除梗烟叶亚硝酸盐的含量对比发现，叶片中亚硝酸盐的含量都很低，叶脉中亚硝酸盐含量在第 3 周开始增加，完整烟叶为 700μg/g，除梗烟叶为 80μg/g。整个调制过程中，烟草特有亚硝胺在叶片中的含量都很低（0.1~0.4μg/g），叶脉中含量稍高，在调制的第3周为0.3~2.7μg/g，其最高含量（2.7μg/g）与亚硝酸盐的最高含量（700μg/g）是对应的。

（2）烤烟中烟草特有亚硝胺的形成机理　明火调制所产生的燃烧副产物（即氮氧化物）对烟叶烤制中烟草特有亚硝胺的形成起重要作用。与明火调制相比，微生物在烤烟烟草特有亚硝胺形成中所起的作用可以忽略不计。

David等[11]采用不同烤房对弗吉尼亚烟K326品种的中上部烟叶进行了研究，结果表明，电烤房中烟草特有亚硝胺含量较低，商业直接熏制烤房中烟草特有亚硝胺含量显著升高。向烤房加入氮氧化物的试验也证实氮氧化物对烟草特有亚硝胺生成的作用：加入1.8kg氮氧化物的处理致使烟草特有亚硝胺的含量大大高于用0.45kg氮氧化物的处理，在加入氮氧化物处理的24h内，烟草特有亚硝胺的含量快速增加，在此之后，虽然增加得较慢，但是整个调制期间都在增加。这也表明烟叶吸收和吸附的氮氧化物能持续与天然生物碱发生反应形成烟草特有亚硝胺。

上述结果证明，直接熏制中提供的氮氧化物，明显有助于烟草调制期间烟草特有亚硝胺形成。

（3）卷烟主流烟气中烟草特有亚硝胺的形成　既然*N*-亚硝胺类物质（包括*N*-亚硝胺和烟草特有亚硝胺）存在于烟草之中，很明显卷烟主流烟气中一部分*N*-亚硝胺是从烟草直接转移到烟气中，其余部分是在吸烟过程中形成的。文献显示，从烟草转移到烟气中的NNK占烟草总量的6.9%~11.0%，约为主流烟气中NNK的30%；主流烟气中NNN总量的40%来自烟草转移。Sandrine等[12]对原型卷烟烟丝和主流烟气中烟草特有亚硝胺的关系进行了研究，该原型卷烟处理配方不同，其他参数完全相同，结果发现，烤烟和白肋烟烟丝中烟草特有亚硝胺的含量和卷烟主流烟气释放量有着明显的相关性（表1-14）。卷烟主流烟气烟草特有亚硝胺的释放量一部分来自卷烟烟丝中的直接转移，不同类型的烟丝转移率基本是一致的，白肋烟转移率（20%）显著高于烤烟转移率（约10%），白肋烟中烟草特有亚硝胺前体物的含量也显著高于烤烟，说明在卷烟燃烧过程中，配方烟草直接反应以及烟草特有亚硝胺的热合成所起的作用很显著。

表 1-14　　卷烟主流烟气与烟丝中烟草特有亚硝胺的相关性结果

亚硝胺	烤烟		白肋烟	
	转移率	R^2	转移率	R^2
NNN	0. 10	0. 996	0. 23	0. 987
NAT	0. 09	0. 997	0. 27	0. 967
NAB	0. 18	0. 841	1. 73	0. 841
NNK	0. 10	0. 993	0. 37	0. 974

卷烟烟气中 NNK 主要来源于烟草中含有的 NNK，其次来源于卷烟燃烧时的热合成。烟草中 NNK 的形成主要为调制过程中烟碱的亚硝化反应。烟草品种选择、栽培、调制以及贮藏过程中，控制烟草中亚硝酸盐和烟碱的含量能够降低 NNK 的形成。

四、氨

1. 基本性质

氨是一种无色且具有强烈刺激性臭味的气体。氨在水中的溶解度极高，对动物或人体的上呼吸道有刺激和腐蚀作用，减弱人体对疾病的抵抗力。氨是一种碱性物质，可与酸发生反应。

氨在烟草和烟气中均存在。烟草中的氨以天然羧酸铵盐形式存在，其在烟叶中含量为 0. 1%~0. 4%。氨主要存在于烟气的粒相中，国产烤烟型卷烟主流烟气中氨释放量一般为 5~10μg/支，侧流烟气中的氨释放量远高于主流烟气（40~170 倍）。氨不仅影响卷烟的吃味，还会刺激人体的视觉及呼吸系统，长期吸入会对人体造成严重的危害。

2. 卷烟烟气氨的形成机理

卷烟烟气中的氨来源于烟草及其他辅助材料中的含氮化合物，包括蛋白质、氨基酸、硝酸盐、铵盐、生物碱及含氮杂环化合物。适宜的含氮化合物含量可以保持烟气适当的生理强度和浓度，但过高的含氮化合物含量不仅使烟气粗糙，产生焦煳味，而且会产生大量有害成分，在卷烟抽吸过程中，这种含氮化合物会不同程度地产生氨。Haidar[13] 等采用离线裂解方法在 850℃氦气气氛下裂解了不同结构的 α-氨基酸（丙氨酸、α-氨基丁酸、谷氨酸、亮氨酸、赖氨酸、苯丙氨酸、脯氨酸、丝氨酸、色氨酸、缬氨酸），比较其生成氨的含量。结果显示，这几种氨基酸中，赖氨酸生成氨的量最大，达 0.1mol/mol，明显高于其他氨基酸，这归因于赖氨酸分子中含有两个氨基。Patterson[14] 等考察了 650℃ 和 850℃ 氮气气氛下苯丙氨酸及其低温裂解中间产物 3, 6-二甲基-2,5-哌嗪二酮和苯乙胺的裂解，其中苯丙氨酸和苯乙胺在 650℃ 裂解生成氨均比在 850℃ 高。此外，铵盐、烟碱、马来酰肼和 *N*,*N*-二甲基十二烷基胺也是氨的前体成分。

为全面了解烟气中氨的来源，谢复炜等[10] 采用不同溶剂对烟丝进行依次提取，得到不同溶剂的提取物，开展提取物与氨的释放量量效关系研究，为进一步确定氨的前体成分提供可靠信息，结果如表 1-15 所示。

表 1-15　　烟叶各组分与氨的释放量量效关系

组分	质量比例/%	氨裂解量比例/%
石油醚提取物	3.44	1.27
丙酮提取物	11.00	3.73
乙醇提取物	25.90	5.41
甲醇提取物	7.74	4.97
水提取物	6.68	8.13
剩余残渣	39.20	63.20
总　和	93.96	86.71

可知，从各提取物裂解氨的裂解量比例来看，各提取物裂解产生氨的总量占烟丝裂解产生氨的量的 86.71%。剩余残渣对裂解产生氨的贡献最大，占烟丝裂解产生氨的量的 63.2%，其次是水提取物，占烟丝裂解产生氨的量的 8.13%，剩余残渣和水提取物裂解产生氨占提取物总量的 82%。因此，不溶性残渣是烟丝裂解氨的主要来源，其主要包含纤维素、木质素、蛋白质等不溶性大分子化合物，其次是水提取物，主要包含水溶性氨基酸和铵盐等。

在烤烟参比卷烟烟丝基质中分别添加不同量氨的潜在前体成分，进行离线裂解，分析裂解产物中的氨含量，与空白对照比较，考察氨增加量与前体成分添加量之间的关系。以裂解产物中氨增加量为 *Y*，前体成分添加量为 *X* 对结果进行线性拟合，线性方程的斜率即单位重量前体成分产生氨的裂解率。

对基质烟丝中各前体成分含量进行测试，结合前体成分氨裂解率、烟丝前体成分含量以及基质烟丝氨裂解量，计算各前体成分对氨裂解量的贡献率。从表 1-16 结果可以看出，单位重量铵盐产生的氨最多，每克铵产生氨达到 530mg。其次是甘氨酸和天冬酰胺，而纤维素抑制氨的生成。

依据烟叶中氨前体成分的含量及这些前体成分在烟草基质下氨的裂解量，可以估算出各前体成分对烟气中氨裂解量的贡献率。表 1-16 显示，所选择的前体成分对烟丝裂解释放氨的贡献率之和与烟丝裂解量相当，表明这些前体成分能够代表烟丝中氨的前体化合物。蛋白质、铵盐、脯氨酸、天冬酰胺对烟丝裂解释放氨的贡献较大。

表 1-16　　烤烟参比卷烟烟丝氨前体成分对氨裂解量贡献率

前体成分	前体成分含量/（μg/g 烟丝）	前体成分氨裂解率/（μg/g）	前体成分对氨贡献量/μg	烟丝氨裂解量/（μg/g）	前体成分对氨贡献率/%
蛋白质	7.89×10^{4}	5.17×10^{3}	4.07×10^{2}		65.3
天冬酰胺	1.14×10^{3}	5.66×10^{4}	9.93×10^{1}		15.9
铵盐	1.58×10^{2}	5.30×10^{5}	8.37×10^{1}		13.4
脯氨酸	3.90×10^{3}	1.80×10^{4}	7.01×10^{1}		11.3
烟碱	2.42×10^{4}	6.83×10^{2}	1.65×10^{1}		2.65
丝氨酸	1.89×10^{2}	4.81×10^{4}	9.08×10^{0}		1.46
丙氨酸	1.75×10^{2}	4.76×10^{4}	8.34×10^{0}		1.34
硝酸根	6.84×10^{2}	2.06×10^{3}	1.41×10^{0}	6.23×10^{2}	0.226
天冬氨酸	7.47×10^{1}	1.79×10^{4}	1.34×10^{0}		0.215
亮氨酸	8.51×10^{1}	1.18×10^{4}	1.00×10^{0}		0.161
降烟碱	7.74×10^{2}	1.24×10^{3}	9.60×10^{-1}		0.154
甘氨酸	7.61×10^{0}	5.97×10^{4}	4.50×10^{-1}		0.0722
假木贼碱	1.8×10^{2}	1.49×10^{3}	2.68×10^{-1}		0.043
异亮氨酸	8.65×10^{0}	1.97×10^{4}	1.70×10^{-1}		0.0273
纤维素	1.02×10^{5}	-2.83×10^{2}	-2.88×10^{1}		-4.6
木质素	1.18×10^{4}	6.25×10^{1}	7.40×10^{-1}		0.119
总和	2.00×10^{5}	—	6.54×10^{2}	—	107.8

考虑到不同烟叶原料中各前体成分含量有较大差异，仅采用单一样品计

算前体成分对烟气氨贡献率代表性差。为了进一步了解前体成分在不同烟叶样品中对烟气中氨的贡献率，对制备的 9 种烤烟卷烟样品进行测试，测定各样品中前体成分的含量和基质氨裂解量，计算各前体成分对烟气氨贡献率（表 1-17）。

表 1-17　　其他烟叶前体成分对氨的贡献率　　单位：%

化合物	烤烟	白肋烟	香料烟
蛋白质	38.8~71.4	15.1	22.3
天冬酰胺	15.2~35.8	12.0	30.7
铵盐	3.9~24.0	71.5	32.4
脯氨酸	3.5~13.5	0.3	9.5
烟碱	1.2~2.6	3.8	1.4
丝氨酸	0.4~1.5	0.2	1.2
丙氨酸	1.1~1.8	0.3	1.6
硝酸根	0.1~0.4	0.5	0.4
天冬氨酸	0.2~0.8	0.2	0.1
亮氨酸	0.1~0.2	0	0.1
降烟碱	0.1~0.4	0.6	0.1
甘氨酸	0.1~0.7	0.1	0.2
假木贼碱	0~0.1	0.2	0
异亮氨酸	0	0	0
纤维素	-5.5~-1.7	-0.4	-1.5
木质素	0~0.2	0	0

采用在线裂解质谱联用、热重分析、热重红外、热重质谱联用等技术，重点开展蛋白质、铵盐、脯氨酸和天冬酰胺 4 种氨和 HCN 重要前体成分的裂解机理研究。用同位素标记的铵盐、脯氨酸和天冬酰胺进行了卷烟烟气的验证。

（1）铵盐裂解生成氨的机理　铵盐的分解直接产生氨和对应的酸。多元有机酸铵裂解时除了生成氨外，自身也容易分解；且由于有大量的氨存在，多元酸裂解时会有氨的参与生成含氮化合物。草酸铵的裂解机理如图 1-18 所示。

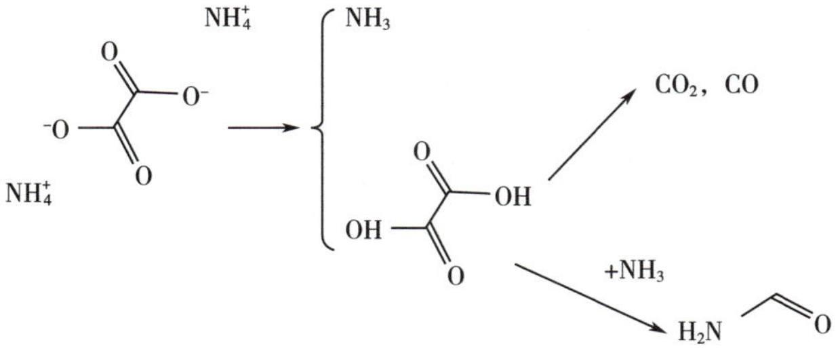

图 1-18　草酸铵的裂解机理

（2）天冬酰胺裂解生成氨的机理　天冬酰胺分子中的氨基和酰胺基都能裂解产生氨，天冬酰胺裂解生成氨的机理如图 1-19 所示。

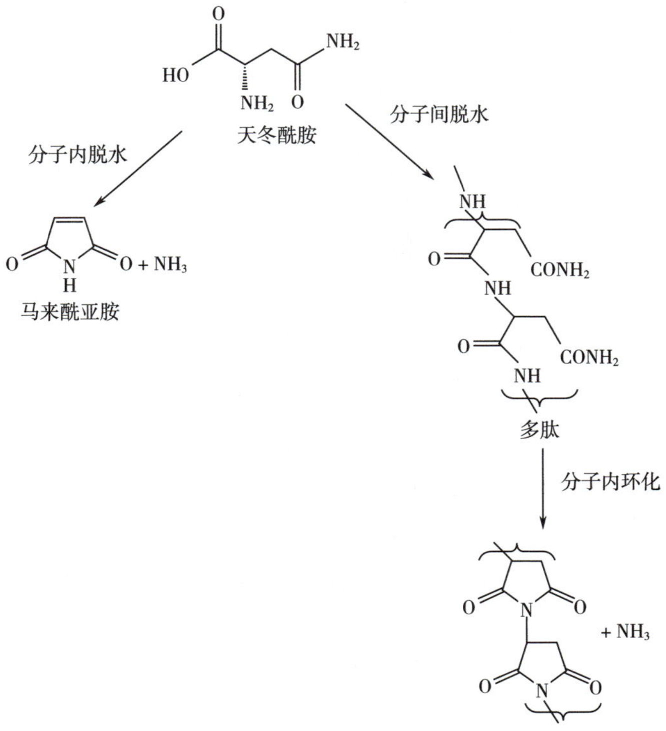

图 1-19　天冬酰胺裂解生成氨的机理

（3）脯氨酸裂解生成氨的机理　脯氨酸中的氨为仲胺，要生成氨需要至少两次键断裂，通过自由基反应才能形成 N—H 键，反应过程比较复杂。

（4）蛋白质裂解生成氨的机理　氨分子中的一个、两个或三个氢原子被烃基取代分别形成伯胺、仲胺和叔胺。蛋白质中这三种类型的胺都存在。其中，伯胺裂解产生氨最为容易（图 1-20）。仲胺和叔胺裂解产生氨的过程相对比较复杂，一般通过多步裂解反应，才能将氮原子上的取代基置换为氢原子得到氨。

图 1-20　伯胺裂解生成氨的机理

卷烟烟气中氨的重要前体成分为蛋白质、天冬酰胺、铵盐和脯氨酸。蛋白质和天冬酰胺主要通过脱氨反应生成氨，铵盐直接分解生成氨。贫氧、快速升温、400~500℃的裂解条件下，前体成分裂解生成氨的量较低。

五、苯并［a］芘

1. 基本性质

苯并［a］芘（Benzopyrene，B[a]P）是一种稠环芳香烃，结晶为黄色固体，熔点 179℃，沸点 475℃，化学性质稳定，不溶于水，微溶于乙醇、甲醇，溶于苯、甲苯、二甲苯、氯仿、乙醚、丙酮等。

根据国际癌症研究中心化学物质致癌性分类，卷烟烟气中的苯并［a］芘属于对人致癌的 Group 1 类物质。卷烟主流烟气中苯并［a］芘释放量较低，国产烤烟型卷烟苯并［a］芘释放量一般为 10 ng/支左右，且都几乎存在于主流烟气粒相物中。

2. 卷烟烟气苯并［a］芘的形成机理

关于卷烟烟气中苯并芘的前体成分研究较多，植物甾醇、饱和烃、萜类、纤维素、木质素、果胶、羧酸、氨基酸等均对苯并［a］芘的形成有一定贡献。缪明明[15] 通过量效关系研究，建立起 41 种烟草化学组分（9 类化合物）含量与卷烟烟气苯并［a］芘释放量的关系。数据显示，41 种烟草化学组分的含量在正常范围内变化，不会导致苯并［a］芘释放量的大幅度改变（基本在 10 %以内）。这说明，未发现对烟气苯并［a］芘有突出贡献的烟草化学组分，即烟草中不存在常规意义上的苯并［a］芘“前体化合物”。

量效关系研究发现，不同的烟草化学组分的含量与烟气苯并［a］芘释放量的关系确有不同，同一类化合物与苯并［a］芘的关系具有相似性；同时，某一烟草化学组分的含量与单位总粒相物苯并［a］芘释放量的关系相似于上述关系。据此可以判断出烟草化学组分形成苯并［a］芘的难易程度，总结如下。

（1）容易形成苯并［a］芘的烟草化学组分

①甾醇类化合物，烟草中甾醇类化合物含量与卷烟主流烟气中苯并［a］芘释放量呈显著正相关，属于非常容易形成苯并［a］芘的烟草化学组分。

②多酚类化合物，烟草中多酚类化合物含量与卷烟主流烟气中苯并［a］芘释放量呈正相关，属于容易形成苯并［a］芘的烟草化学组分。

（2）不易形成苯并［a］芘的烟草化学组分

①糖类、脂肪酸和异戊二烯类化合物属于不易形成苯并［a］芘的烟草化学组分，而且少量添加会微弱抑制苯并［a］芘的形成。

②烟草中氨基酸、生物碱和简单酚类化合物的含量与卷烟主流烟气中苯并［a］芘释放量无明显相关性，可看作“不相关”组分。

苯并［a］芘的形成机理：在燃烧过程中，苯并［a］芘的形成既有普遍性又有复杂性。绝大部分有机物在不完全燃烧时都有苯并［a］芘的生成，形成机理复杂，尚无成熟的理论解释。广泛认可的苯并［a］芘形成机理主要有两种：①周环反应机理，由烟草热解出来的小分子共轭烯烃反复发生周环反应、脱氢（脂基）芳构化形成。②自由基机理，有两种途径，一种是卷烟燃烧中烟草有机物裂解为简单分子，这些简单分子重新组合生成了多环芳烃（降解-组合机理）；另一种是高相对分子质量的烟草组分经过单分子环化、脱氢、芳构化、扩环形成（芳构化反应）。

茄尼醇、烃类和甾醇热解都具有生成多环芳烃的可能，其中苯并［a］芘是碳原子数相对比较多的一种。这些反应物首先经热解成短链分子或自由基，然后经过不同方式的聚合逐渐增加碳原子数并关环。由于反应物都比较大，受热分解的方式也多种多样，热解产物十分复杂。

相关计算表明，单纯由一种反应物出发，生成苯并［a］芘是比较困难的。例如，异戊二烯是茄尼醇的主要裂解产物，柠檬烯是异戊二烯聚合首先生成的单环产物，也很有可能是生成多环芳烃的开端，这与质谱数据中柠檬烯及其衍生物占有相当比例是比较吻合的。但由柠檬烯出发进一步延伸碳链并环化的结果是会有越来越多的侧链产生，与苯并［a］芘的碳骨架相差甚远。据推测，如果从柠檬烯开始，或者由更早期的异戊二烯开始，加入其他化合物（烷烃、烯烃、酚类、甾类等）的裂解产物（如乙炔、乙烯、炔丙基等）或异戊二烯本身裂解成的丁二烯等，则反应生成苯并［a］芘碳骨架的可能性更大。

试验证明，外源异戊二烯的加入可以增加苯并［a］芘的产率。这说明，异戊二烯是一种非常重要的前体物质。但这并不意味着异戊二烯仅仅是本身直接参加反应，其不同的裂解产物也可能会降低反应难度，同时增加反应的复杂性。而其他前体物质热解生成的乙炔等物质与异戊二烯及其衍生物反应，也使多环芳烃形成的通道更加多样化。因此，烟草中多种成分在热解条件下，互相作用，反应通道彼此交叉，共同促进了多环芳烃的快速生成。

针对茄尼醇（异戊二烯）、脂肪烃和甾醇形成苯并［a］芘的可能性及途径进行量子化学计算，得出以下结论。

（1）苯并［a］芘的形成过程存在自由基机理和 Diels-Alder 机理的相互竞争。

（2）异戊二烯片段经 Diels-Alder 机理形成苯并［a］芘是难以进行的。

（3）单独的异戊二烯片段难以直接形成苯并［a］芘，真实情况下的苯并［a］芘形成依赖于协同效应，即需要其他烟草组分的热解中间体参与。

（4）小分子片段直接聚合为苯并［a］芘，在热力学上是可行的，存在 $C_2 \sim C_5$ 小分子聚合形成苯并［a］芘的反应途径。

（5）脂肪烃热解易产生乙炔等小分子自由基，高温下易形成丁二烯、丁基苯、四氢萘、苯甲基等自由基，这些中间体对苯并［a］芘的形成有一定促进作用。

（6）甾醇侧链（脂肪链、羟基）的脱去所需能量很小，容易形成多环芳烃骨架。

（7）异戊二烯容易形成 1~2 环的多环芳烃；脂肪烃热解出的丁二烯、丁基苯、四氢萘等中间体可以通过参与扩环反应来增加多环芳烃的环数；甾醇容易形成 2~3 环的多环芳烃。

由以上结论可知，卷烟燃烧过程中，苯并［a］芘的形成是高温热解和高温热合成的共同作用，反应途径多样，反应过程复杂；由于卷烟燃烧产生多种多样的小分子自由基，因此苯并［a］芘的产生是不可避免的；简化芳环的形成和简化芳香烃的扩环是加快苯并［a］芘形成的有效途径。

六、苯酚

1. 基本性质

苯酚是最简单的酚类，为无色固体，熔点 41℃，沸点 182℃，具有刺激性气味，显酸性。有少量的水即可使其熔点降低，室温下成为液体。在空气中放置，很快被氧化变为粉红色，长时间放置变为深棕色。苯酚能与水形成氢键，因此在水中有一定的溶解度，在醇、醚中易溶。苯酚的化学反应能力较强，可与醛、酮反应生成酚醛树脂、双酚 A，与乙酸酐、水杨酸反应生成醋酸苯酯、水杨酸酯，还可进行卤代、加氢、氧化、烷基化、羧基化、酯化、醚化等反应。

苯酚存在于卷烟烟气的气相物和粒相物中，国产烤烟型卷烟主流烟气中苯酚释放量一般为 10~20μg/支。

2. 卷烟烟气苯酚的形成机理

文献表明，酚类的主要前体成分有三类：高度氧取代的烟草组分如糖、纤维素、果胶以及卷烟纸等碳水化合物类；富氧且含芳香环的化合物如多酚和木质素；调制和陈化过程中由酚、氨基酸和其他烟草组分形成的棕色化产物等。谢复炜[16] 首先采用不同溶剂对烟丝进行依次提取，得到不同溶剂的提取物，制备了烟叶的石油醚、丙酮、乙醇、甲醇、水提取物以及不溶性残渣等组分，开展量效关系研究，了解烟气中酚类化合物的来源。

烟叶各组分对酚类化合物生产量的贡献率如表 1-18 所示。从各组分对酚类化合物生产量的贡献率看，不溶性残渣是烟丝裂解产生苯酚等酚类化合物的主要来源，主要包含纤维素、木质素、蛋白质等不溶性大分子化合物，其次是乙醇提取物和丙酮提取物，主要包括各种多酚以及可溶性的碳水化合物，如糖等。

表 1-18　烟叶各组分对酚类化合物生产量的贡献率　单位：%

组分	对苯二酚	间苯二酚	邻苯二酚	苯酚	间/对甲基苯酚	邻甲基苯酚
石油醚提取物	0.62	0.01	0.01	1.74	2.73	2.44
丙酮提取物	12.9	16.3	13.1	8.43	12.1	10.7
乙醇提取物	26.3	20.7	25.1	20.7	15.0	25.3
甲醇提取物	2.25	2.65	5.32	4.85	2.84	3.86
水提取物	5.34	0.03	4.36	5.07	4.82	5.18
剩余残渣	40.5	44.5	45.0	56.8	60.4	52.0
总和	87.8	84.1	92.8	97.4	97.8	99.3

对可能产生酚类化合物的前体成分进行分析，结合前体成分苯酚裂解率、烟丝前体成分含量以及烟丝苯酚裂解产生总量，计算各前体成分对苯酚裂解量的贡献率。试验的化合物包括纤维素、绿原酸、芸香苷、莨菪亭、新绿原酸、隐绿原酸、莰菲醇-3-O-芸香苷、果糖、葡萄糖、蔗糖、麦芽糖、半乳糖、草酸、柠檬酸、苹果酸、蛋白质、半纤维素、果胶、木质素和淀粉。烤烟卷烟烟丝前体成分对苯酚裂解量贡献率结果表明（表1-19），单位重量的绿原酸产生苯酚的量最多，每克绿原酸裂解产生苯酚达到15.5mg，其次是两种绿原酸异构体隐绿原酸和新绿原酸。蛋白质、纤维素、木质素、葡萄糖、果胶等每克重量产生的苯酚也大于1mg；而草酸、柠檬酸和苹果酸对苯酚的生成起到了抑制作用。

表1-19　　前体成分对苯酚裂解量的贡献率

前体成分	前体成分含量/（μg/g烟丝）	前体成分苯酚裂解率/（μg/g）	前体成分对苯酚贡献量/μg	烟丝苯酚裂解量/（μg/g）	前体成分对苯酚贡献率/%
蛋白质	7.89×10^{4}	4.63×10^{3}	365		36.3
纤维素	1.02×10^{5}	1.95×10^{3}	198		19.7
葡萄糖	8.84×10^{4}	1.89×10^{3}	167		16.6
绿原酸	6.70×10^{3}	1.55×10^{4}	104		10.3
半纤维素	7.66×10^{4}	8.08×10^{2}	62		6.2
果胶	4.98×10^{4}	1.18×10^{3}	59		5.8
木质素	1.18×10^{4}	1.59×10^{3}	19		1.9
隐绿原酸	1.43×10^{3}	1.25×10^{4}	22		1.8
新绿原酸	1.24×10^{3}	1.38×10^{4}	21		1.7
蔗糖	2.77×10^{4}	2.61×10^{2}	7		0.7
果糖	1.01×10^{5}	4.00×10^{1}	4	1006	0.4
芸香苷	3.39×10^{3}	1.09×10^{3}	4		0.4
淀粉	5.49×10^{4}	6.50×10^{1}	4		0.4
莰菲醇-3-O-芸香苷	3.86×10^{2}	1.16×10^{3}	0.4		0
莨菪亭	1.34×10^{2}	1.53×10^{3}	0.2		0
麦芽糖	0	1.83×10^{2}	0		0
半乳糖	0	2.21×10^{2}	0		0
苹果酸	3.45×10^{4}	-7.71×10^{2}	-30		-3.0
草酸	1.64×10^{4}	-1.42×10^{3}	-23		-2.3
柠檬酸	1.68×10^{4}	-1.20×10^{3}	-20		-5.6
总和	—	—	964	—	95.8

根据不同前体成分在烟丝中的含量和单位前体成分酚类化合物释放量，可以得到不同前体成分对烟丝裂解产物中酚类化合物的贡献大小。由表 1-19 可以得出，蛋白质、纤维素、葡萄糖和绿原酸对苯酚的贡献较大，所选择的前体成分对烟丝裂解产物中苯酚的贡献总和在 90%以上，表明这些前体成分对烟丝裂解产物中酚类化合物具有较大贡献，能够代表烟丝中主要酚类前体成分。

为了进一步考察前体成分在不同烟叶样品中对烟气苯酚贡献率，对制备的 9 种烤烟样品进行测试，分析各样品中前体成分的含量和烟丝苯酚裂解量。依据这些数据，采用得到的各前体成分苯酚裂解率计算得到不同样品中各前体成分对苯酚裂解的贡献率，结果如表 1-20 所示。结果表明，由于烟叶中各种前体成分的含量存在一些差异，使得不同烟叶中各种前体成分对苯酚裂解的贡献率也存在差异，但整体上依然是蛋白质、纤维素、葡萄糖和绿原酸的贡献率最高。

表 1-20　　烟叶前体成分裂解生成苯酚贡献率　　单位：%

化合物	烤烟	白肋烟	香料烟
蛋白质	32.8~52.4	65.0	57.3
纤维素	14.5~29.0	31.2	18.0
葡萄糖	8.5~16.6	0	12.5
绿原酸	7.0~15.1	0.5	5.0
半纤维素	2.3~8.1	4.4	3.2
果胶	4.4~6.7	5.3	4.8
木质素	1.3~3.6	2.1	1.8
隐绿原酸	1.4~2.9	0	1.7
新绿原酸	1.2~2.4	0	1.1
蔗糖	0.1~0.7	0	0.2
果糖	0.3~0.4	0	0.1
芸香苷	0.2~0.6	0	0.3
淀粉	0.2~0.4	0	0
莰菲醇-3-O-芸香苷	0	0	0.1
莨菪亭	0	0	0

续表

化合物	烤烟	白肋烟	香料烟
苹果酸	-3.0~-1.8	-3.0	-4.8
草酸	-3.6~-1.4	-5.6	-4.8
柠檬酸	-1.7~-0.8	-7.1	-2.5

苯酚的形成机理：对蛋白质、纤维素、葡萄糖和绿原酸 4 种苯酚重要前体成分，使用在线裂解质谱联用、热重分析、热重质谱联用等分析技术，进行烟气苯酚形成机理的研究和推断。采用同位素标记葡萄糖和绿原酸对前体成分生产苯酚的机理进行验证和确认，得到了可能的苯酚生成机理。

(1) 绿原酸裂解生成苯酚的机理　绿原酸中奎宁酸单元进行脱水、脱羧形成苯酚，咖啡酸单元脱烷基、羟基形成苯酚（图 1-21）。

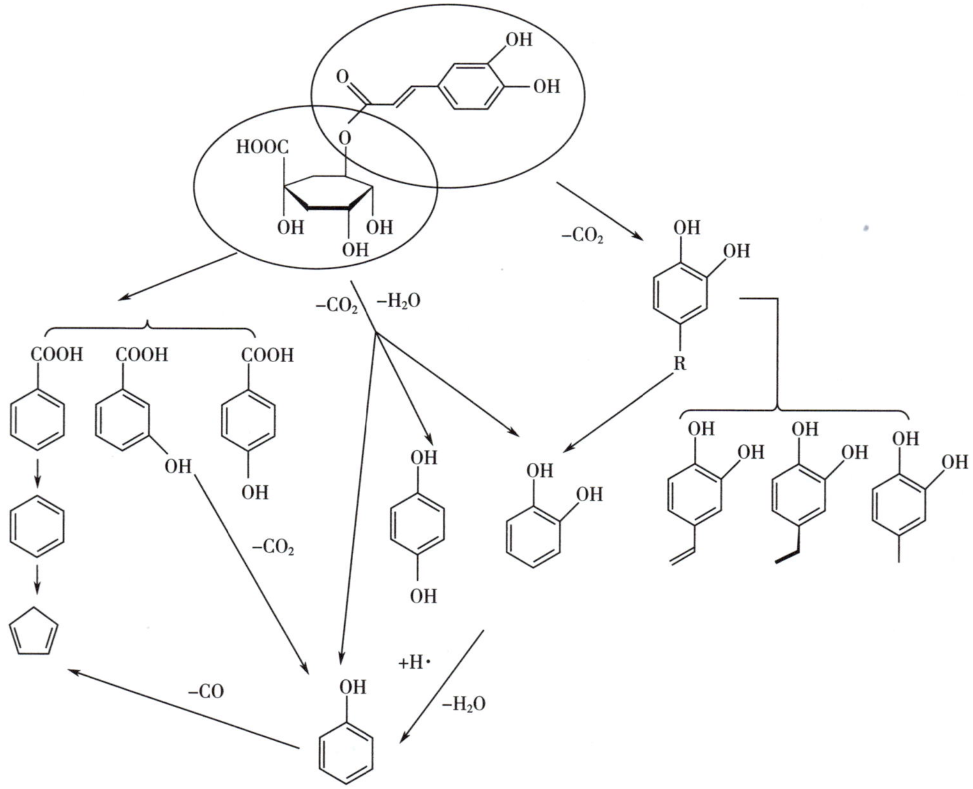

图 1-21　绿原酸裂解生成苯酚的机理

（2）葡萄糖裂解生成苯酚的机理　葡萄糖通过多次脱水、芳香化形成苯酚（图 1-22）。

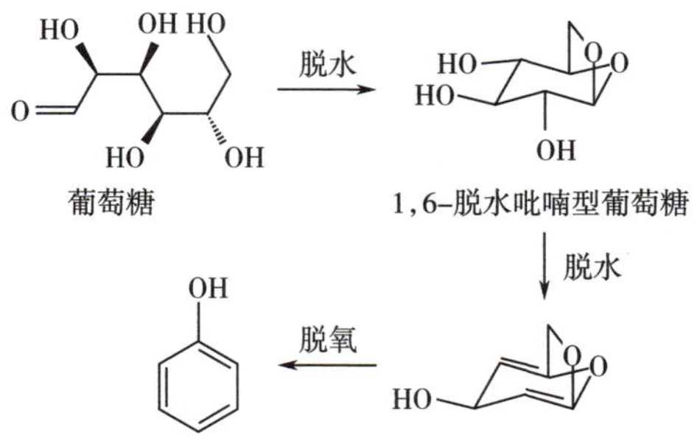

图 1-22　葡萄糖裂解生成苯酚的机理

（3）纤维素裂解生成苯酚的机理　纤维素通过葡萄糖单元多次脱水、芳香化形成苯酚（图 1-23）。

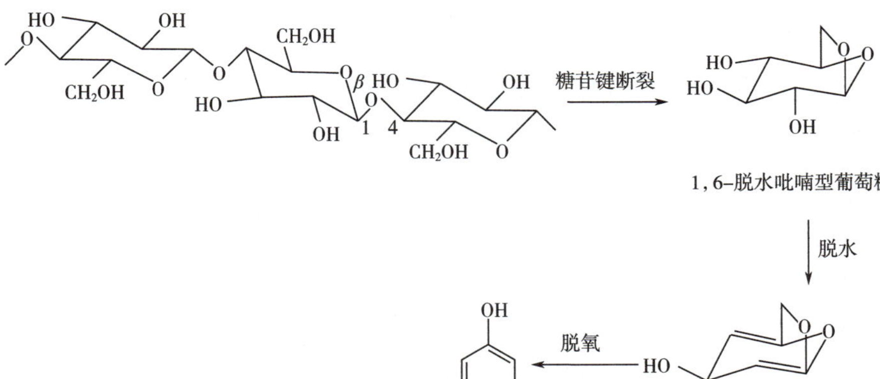

图 1-23　纤维素裂解生成苯酚的机理

（4）蛋白质裂解生成苯酚的机理　蛋白质中酪氨酸单元碳碳键断裂形成苯酚（图 1-24）。

综上，卷烟主流烟气中苯酚主要的前体成分为蛋白质、纤维素、葡萄糖和绿原酸。蛋白质中酪氨酸单元碳碳键断裂形成苯酚；纤维素和葡萄糖经过葡萄糖单元多次脱水、芳香化形成苯酚；绿原酸中奎宁酸单元进行脱水、脱羧形成苯酚，咖啡酸单元脱烷基、羟基形成苯酚。产生苯酚的峰值温度分别为：蛋白质 900℃，纤维素 600℃，葡萄糖 800℃，绿原酸 600℃。升温速率增

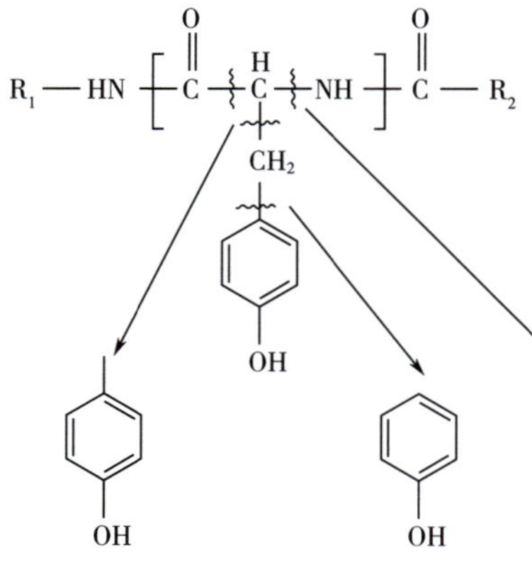

图 1-24　蛋白质裂解生成苯酚的机理

加有利于蛋白质和纤维素产生苯酚，不利于葡萄糖和绿原酸产生苯酚；裂解气氛含氧量增加，不利于前体成分产生苯酚。

七、巴豆醛

1. 基本性质

巴豆醛，结构式 $CH_3CH═CHCHO$，有顺式和反式两种异构体，顺式异构体不稳定，普通商品是反式异构体。巴豆醛为无色透明有窒息性刺激气味液体，沸点 102.2℃，露置于空气中或遇光时逐渐变为淡黄色液体，被氧化为巴豆酸；易溶于水，可与乙醇、乙醚、苯、甲苯、煤油和汽油等以任何比例互混；有毒，蒸气对呼吸道和眼部有刺激作用，皮肤接触时有灼烧痛感，且为很强的催泪剂。

根据国际癌症研究中心化学物质致癌性分类，巴豆醛属于致癌性不明确的 Group 3 类物质。卷烟烟气中巴豆醛同时存在于烟气的气相物和粒相物中，国产烤烟型卷烟主流烟气巴豆醛释放量一般为 10~20μg/支。

2. 卷烟烟气巴豆醛的形成机理

鉴于挥发性羰基化合物的危害性，国内外围绕卷烟烟气中挥发性羰基化合物的前体成分开展了大量研究。Burton 等[17] 将烟叶经不同有机溶剂（正己烷、氯仿、丙酮、乙腈和甲醇）提取后进行热解分析，考察不同溶剂对裂解产物中甲醛、乙醛、丙酮和 2-丁酮的影响。溶剂提取后烟叶干重降低近 40%，然而甲醛和乙醛的最大生成温度没有变化，且释放量增加，表明烟叶中甲醛和乙醛的主要前体物质为不溶性的大分子物质，且可溶性组分能够抑制甲醛和乙醛的形成；丙酮和2-丁酮的释放量随提取溶剂不同主要表现为不变或增加。纤维素、果胶、淀粉、半纤维素等多糖占烟叶干重的30%以上，这些多糖在裂解时会产生挥发性羰基化合物。如纤维素的裂解产物中发现烟气中的8种挥发性羰基化合物，果胶的裂解产物中发现丙酮，淀粉的裂解产物中发现乙醛、丙酮、丙烯醛、丁酮[18]。由于多糖由小分子糖聚合而成，因此葡萄糖、蔗糖和果糖等小分子糖类也被认为是挥发性羰基化合物可能的前体[19]。事实上，小分子糖类的裂解产物与多糖有较大差异。纤维素是烟气乙醛的主要前体，同位素标记试验却显示，卷烟中添加葡萄糖对乙醛的释放量贡献率小于0.07%[20]，在卷烟中添加高浓度的糖并未导致烟气乙醛的增加[21]。除了糖类化合物外，多酚的裂解如芸香苷[22]、绿原酸也可能产生甲醛、乙醛等挥发性羰基化合物。此外，卷烟生产过程中添加的丙三醇和丙二醇，富含纤维素的卷烟纸裂解也产生挥发性羰基化合物[23,24]。

谢复炜[25]和曹得坡等[26]选择了烟草中两类化合物进行裂解研究，一类是文献表明对醛类化合物有重要贡献的糖类化合物如纤维素、淀粉等，另一类是烟草中含量较高的化合物如蛋白质、木质素等。选择的前体物包括纤维素、淀粉、果胶、半纤维素、木质素、葡萄糖、果糖、蔗糖、麦芽糖、半乳糖、草酸、苹果酸、柠檬酸、蛋白质、脯氨酸、绿原酸、芸香苷17种物质。

前体成分确定方法：在100mg烟草基质中，分别添加10mg潜在前体物进行离线裂解，分析裂解产物中的巴豆醛释放量，将空白烟丝巴豆醛释放量扣除，得到单位重量前体成分裂解产生巴豆醛量。根据前体物在烟丝中的含量及单位前体物在烟草基质下的巴豆醛释放量，得到不同前体物对烟气巴豆醛释放量的贡献率（表1-21），进而筛选出巴豆醛的重要前体成分。

表1-21　　烤烟型烟丝中各前体物对巴豆醛释放量贡献率

化合物名称	巴豆醛产率/(μg/g)	烟丝中前体物百分含量/%	贡献率/%
纤维素	954.7	9.8	20.8
淀粉	526.3	5.5	6.4
果胶	166.5	5.0	1.8
半纤维素	177.2	6.5	2.6
木质素	0	3.0	0

续表

化合物名称	巴豆醛产率/(μg/g)	烟丝中前体物百分含量/%	贡献率/%
葡萄糖	299.7	7.7	5.1
果糖	1371.8	8.7	26.6
蔗糖	1221.6	2.0	5.4
麦芽糖	1226.9	0.3	0.9
半乳糖	1009.7	0.3	0.7
草酸	1468.1	1.6	5.4
苹果酸	953.6	4.7	9.9
柠檬酸	984.4	0.4	0.8
蛋白质	0	7.9	0
脯氨酸	0	0.4	0
绿原酸	226.2	0.7	0.3
芸香苷	555.5	0.3	0.4
总和	—	65.7	87.0

如表1-21所示，选择的17种化合物占烟丝质量的65.7%，对巴豆醛的贡献量占烟丝巴豆醛释放量的87%，这17种化合物基本覆盖烟草中主要的巴豆醛前体成分。对巴豆醛贡献率最高的是果糖和纤维素，两者的贡献率均超过20%，其次是苹果酸、淀粉、蔗糖、葡萄糖等前体物。

为了进一步验证以上结论，确定重要前体物与巴豆醛的量效关系，选择对羰基化合物生成贡献较大的纤维素、果糖、葡萄糖、苹果酸进行进一步的量效关系研究。在100mg烟丝中，以烟丝中实际含量为基准，分别加入1、2、3倍量的前体成分，考察裂解产物中巴豆醛的释放量。结果表明，在烟丝中添加纤维素、果糖、苹果酸和葡萄糖等前体成分，裂解产物中巴豆醛的产率呈线性增加。进一步证明，这些化合物是巴豆醛的主要前体成分。

(1) 葡萄糖裂解产生巴豆醛的机理　糖类化合物是卷烟烟气中挥发性羰基化合物的主要前体，葡萄糖是最重要的糖类成分。因此，Yamazaki A[27] 等对葡萄糖裂解过程挥发性羰基化合物的形成进行了研究，其中葡萄糖裂解产生巴豆醛的可能机理如图 1-25 所示。

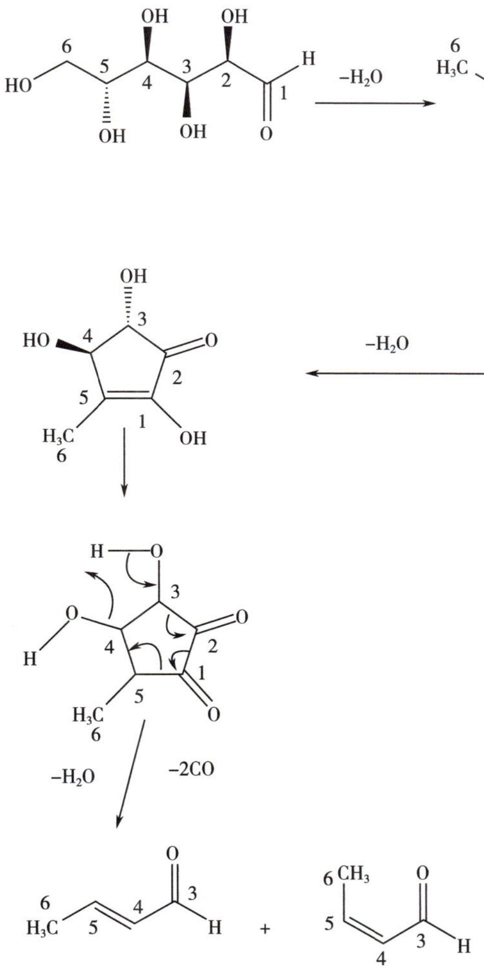

图 1-25　葡萄糖裂解产生巴豆醛的机理

（2）果糖裂解产生巴豆醛的机理　如图 1-26 所示。

卷烟主流烟气中巴豆醛的主要前体成分为果糖、葡萄糖、纤维素、苹果酸等。巴豆醛的形成主要来自糖类成分受热脱水、脱一氧化碳。烟丝裂解产生巴豆醛释放量在 400℃附近达到最大值，随着温度继续升高，巴豆醛释放量变化不大，随着裂解气氛中氧气含量增加，巴豆醛释放量呈增加趋势。

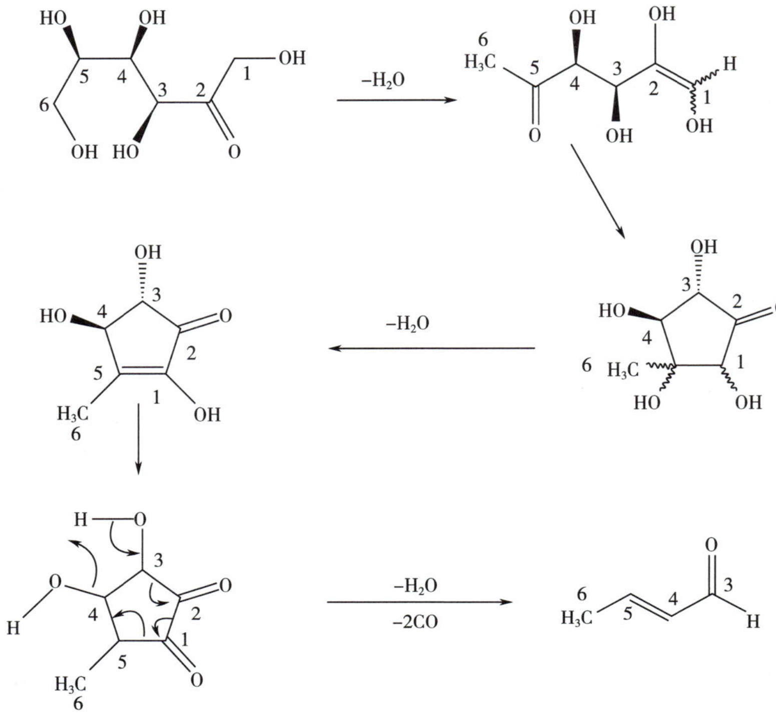

图 1-26　果糖裂解产生巴豆醛的机理

参考文献

[1] Richard R. Baker. Tobacco Production, Chemistry and Technology [M]. Oxford: Blackwell Science, 1999.

[2] Richard R. Baker. Mechanisms of Smoke Formation and Delivery [C]. Recent Advances in Tobacco Science, Vol. 6, 34th TCRC, 1980.

[3] Richard R. Baker. Tobacco Combustion-The Last Ten Years [C]. Recent Advances in Tobacco Science, Vol. 16, 44th TCRC, 1990.

[4] WHO Study Group on Tobacco Product Regulation. The scientific basis of tobacco product regulation [R]. World Health Organ Tech Rep Ser 951, 2008.

[5] 谢剑平. 卷烟危害性评价原理与方法卷烟危害性指标体系研究 [M]. 北京: 化学工业出版社, 2009.

[6] Baker R R, Pereira da Silva J R, Smith G. A review of pyrolysis studies to unravel reaction steps in burning tobacco [J]. Food and Chemical Toxicology, 2004, 42: 3-37.

［7］Baker R R, Formation of carbon oxides during tobacco combustion, pyrolysis studies in the presence of isotopic gases to elucidate reaction sequence ［J］. Journal of Analytical and Applied Pyrolysis, 1987, 11: 555-573.

［8］Norman V, Ibrig A M , Larson T M , et al. The effect of some nitrogenous blend components on NO/NOx and HCN levels in mainstream and sidestream smoke ［J］. Beitrage zur Tabakforschung international, 1983, 12: 55-62.

［9］Johnson W R, Kang J C. Mechanisms of hydrogen cyanide formation from the pyrolysis of amino acids and related compounds ［J］. Journal of Organic Chemistry, 1971, 36: 189-192.

［10］谢复炜．卷烟烟气中氨和 HCN 形成机理研究［R］．中国烟草总公司郑州烟草研究院, 2015.

［11］David M P, Marvin G. R ［C］．烟草科学研究合作中心农学与植病学组会议论文集, 2000.

［12］Sandrine A, Roxane B, Jean-Marc R, et al. TSNA Levels in the Mainstream Smoke of Simplified Blend Prototypes ［J］. Beitrage zur Tabakforschung International, 2003, 20 (5): 331-340.

［13］Haidar N F, Patterson J M, Moors M, et al. Effects of structure on pyrolysis gases from amino acids ［J］. Journal of Agriculture and Food Chemistry, 1981, 29: 163-165.

［14］Patterson J M, Papadopoulos E P, Haidar NF, et al. Pyrolysis of phenylalanine, 3,6-dibenzyl-2,5-piperazinedione, and phenethylamine ［J］. Journal of Organic Chemistry, 1973, 38: 663-666.

［15］缪明明．卷烟烟气中苯并［a］芘形成机理研究［R］．云南中烟工业有限责任公司, 2018.

［16］谢复炜．卷烟烟气中主要酚类化合物形成机理研究［R］．中国烟草总公司郑州烟草研究院, 2015.

［17］Burton H R, Childs Jr G. The thermal degradation of tobacco. Ⅵ. Influence of extraction on the formation of some major gas phase constituents ［J］. Beitraege zur Tabakforschung International, 1975, 8: 174-180.

［18］Moldovean S C. Analytical pyrolysis of natural organic polymers ［M］. Carbohydrate Palymers, 1998.

［19］Talhout R, Opperhuizen A, Amsterdam J G C. Sugars as tobacco ingredients: effects on mainstream smoke composition ［J］. Food and Chemical Toxicology, 2006, 44: 1789-1798.

［20］Gager F L, Nedlock J W, Martin W J. Tobacco additives and cigarette smoke. Part I. Transfer of D-glucose, sucrose and their degradation products to the smoke ［J］. Carbohydrate Research, 1971, 17: 327–333.

[21] Thornton R E, Spencer D, Westcott D T. The Effect of the Natural Sugar Content of Tobacco Upon the Acetaldehyde Concentration found in Cigarette Smoke [J]. Beitraege zur Tabakforschung International, 1975, 8: 7–10.

[22] Tarora W, Torikai K, Takahashi H. Studies on the generation of carbonyl compounds in tobacco smoke [C]. 57th Tobacco Science Research Conference, 2003.

[23] Bassilakis R, Carangelo R M, Wójtowicz M A, TG–FTIR analysis of biomass pyrolysis [J]. Fuel, 2001, 80: 1765–1786.

[24] 舒俊生，徐志强，瞿先中，等．丙三醇和丙二醇热裂解生成羰基化合物研究［J］．烟草科技，2010，2：23–27.

[25] 谢夏炜．卷烟烟气巴豆醛形成机理研究［R］．中国烟草总公司郑州烟草研究院，2021.

[26] 曹得坡，潘立宁，夏巧玲，等．模拟裂解条件对卷烟烟气挥发性羰基化合物的影响［J］．烟草科技，2013（10）：44–48.

[27] Yamazaki A, Maeda K. Thermal decomposition of cigarette paper, V, composition of the Low–boiling composition in pyrolysis products of cigarette paper made of flax, wood pulps and handmade cigarette paper composed of flax and wood pulps [J] Japan tappi journal, 1986, 40 (8): 749–756.

第二章 多孔炭材料

多孔炭材料具有高表面积、孔结构可调、化学及物理性能稳定、原料丰富易得等优点，在气体或液体的吸收、吸附、分离、催化等领域应用广泛。常见的多孔炭材料主要有活性炭、活性炭纤维、石墨烯、介孔碳、碳纳米管、碳分子筛等。本章重点介绍活性炭的结构性质、制备方法及其作为滤棒添加剂降低烟气有害成分的应用，同时也对活性炭纤维、石墨烯两类材料的结构性质、制备及应用前景做简要介绍。

第一节 活性炭简介

活性炭是由木质、果壳、煤质和石油焦炭等含碳原料经炭化、活化加工制备而成，具有发达的孔隙结构、较大的比表面积和丰富的表面化学基团，吸附能力较强的碳材料的统称。活性炭是应用最为广泛的吸附剂之一，在气体吸附、水处理领域得到广泛应用。

活性炭含碳量通常在90%~95%，比表面积在500~2000m^2/g（特殊的超级活性炭甚至可高达4000m^2/g），表观密度通常在0.08~0.45cm^3/g。

由于制备原料来源、外观形状、制造方法的不同，活性炭的种类以及分类方法很多，在此，对活性炭的分类做简要介绍。

一、按照制备原料来源分类

所有含碳物质都可以作为活性炭的原料，活性炭的制备原料多种多样[1-6]。考虑到活性炭的性能，工业上用来制备活性炭的原料主要为木材、果壳和煤，即工业上常用活性炭主要分为木质活性炭、果壳活性炭、煤质活性炭。

1. 木质活性炭

木质活性炭以优质木材等为原料，经高温炭化、活化及多种工序精制而成，也称木质炭。木质炭具有比表面积大、活性高、微孔发达等特点，广泛应用于水处理、食品、化工等分离工程。

2. 果壳活性炭

果壳活性炭以椰子壳、橄榄壳、核桃壳、杏核壳等为原料，经高温炭化、活化、精制加工而成，也称果壳炭。果壳炭具有比表面积大、强度高、粒度均匀、孔隙结构发达、吸附性能强、化学性能稳定等特点，被应用于水处理、食品等领域。

3. 煤质活性炭

煤质活性炭以褐煤、泥煤、烟煤、无烟煤等为原料精制而成，也称煤质炭。煤质炭外形通常为颗粒、柱状、球形等，也可为粉末状。煤质炭具有成本低、产量大、强度高、吸附速度快、吸附容量高、比表面积大、孔隙结构发达等特点。煤质炭主要用于废水处理、废气处理、空气净化等领域。

此外，活性炭按照原料来源还包括石油基活性炭（以石油焦炭、沥青等为原料制成的活性炭）、树脂基活性炭（以酚醛树脂等树脂为原料制成的活性炭）等。

二、按照外观形状分类

按照外观形状，活性炭可分为粉状活性炭、无定型颗料活性炭、圆柱形活性炭、球形活性炭等，其中无定型颗料活性炭、圆柱形活性炭、球形活性炭均属于颗粒活性炭（也称粒状炭）等。

1. 粉状活性炭

通常，将90%以上通过80目标准筛或粒度小于175μm的活性炭称为粉状活性炭或粉状炭；粒度大于175μm的活性炭称为颗粒活性炭。

活性炭炭粉越细，比表面积越大，吸附能力也越强。因此，常将活性炭产品进行高度的破碎和筛选，得到微细的粉末。粉状炭在使用时有吸附速度较快、吸附能力使用充分等优点。粉状炭的缺点是再生比较困难，通常不能再生使用。

2. 无定型颗料活性炭

无定型颗料活性炭一般由颗粒状原料经炭化、活化，然后破碎筛分至需要粒度制成；也可以用粉状活性炭加入适当的黏合剂经适当加工而成。

3. 圆柱形活性炭

圆柱形活性炭又称柱状炭，一般由粉状原料和黏合剂经混捏、挤压成型再经炭化、活化等工序制成；也可以用粉状活性炭加黏合剂挤压成型制成。

圆柱形活性炭有实心和空心之分，空心柱状炭是柱状炭内有人造的一个或若干个有规则形状的孔道。

4. 球形活性炭

球形活性炭是圆球形的活性炭，它的制取方法与柱状炭类似，但有成球过程。球形活性炭可以用含碳原料经造粒、炭化、活化制成，还可以用粉状活性炭加黏合剂成球加工而成。球形活性炭也有实心和空心之分。

在较早阶段，粒状炭产量与用量均少于粉状炭，糖和药品的脱色精制以及早期的水处理都以粉状炭为主。随着应用范围的扩大、使用工艺的改进，特别是再生方法与再生设备的解决，粒状炭的用量不断上升。同时，各种煤制粒状炭的开发，使成本大幅降低，粒状炭产量增大。当前，粒状炭的产量与用量均超过了粉状炭。

第二节　活性炭的结构与性能

一、活性炭的物理结构

活性炭的物理结构主要指活性炭的孔隙结构，它是影响活性炭吸附性能的重要因素之一，有时甚至起到决定性的影响。热解所得活性炭为无定型炭，它们没有宏观晶体结构，在极小的区域内存在类似石墨的基本微晶结构。活性炭的孔是制备过程中无定型炭基本微晶之间各种含碳化合物及无序炭去除后所产生的孔隙（有时也从基本微晶结构中去除部分炭形成孔）。研究发现，活性炭孔的形状多种多样，有些孔具有缩小的入口，呈现墨水瓶状；有些孔是两端敞开或一端封闭的毛细管状；还有些孔是两平面之间或多或少呈规则状的狭缝、V 形孔、锥形孔等。

活性炭孔的大小通常从几个 Å 到数千 Å。按孔隙的大小，Dubinin 于 1960 年提出把孔划分为大孔（孔径 >50nm）、中孔（孔径 2~50nm）和微孔（孔径< 2nm）三类，分类的依据是活性炭的孔径分布在这三个孔径范围内各自呈现出最大值，即活性炭的孔隙结构呈现三分散性。Dubinin 的分类方案后来被国际纯粹与应用化学联合会（IUPAC）采纳。

各种孔对活性炭吸附性能的贡献是不同的。活性炭的吸附作用绝大部分是在微孔内进行的，吸附量受微孔的数量支配。尽管如此，大孔和中孔的作用也不能忽视。活性炭中只有少数微孔直接通向外表面，在绝大多数情况下，活性炭的孔隙结构按下列方式排列：大孔直接通向活性炭的外表面，中孔是大孔的分支，微孔又是中孔的分支（图 2-1）。微孔的吸附作用以大孔的通道作用和中孔的过渡作用为基础。因此，吸附性能好的活性炭在孔隙结构上应有充分发育的微孔，同时又有一定数量及排列适宜的中孔和大孔。一般来说，活性炭中大孔容积 0.2~0.8cm^3/g，比表面积<0.5m^2/g；中孔容积 0.1~0.5cm^3/g，比表面积 20~70m^2/g，不超过总比表面积的 5%；微孔容积 0.2~0.6cm^3/g，比表面积 400~1000m^2/g 甚至更高，占总表面积的 95%以上。因此，活性炭的总比表面积由微孔的发达与否决定。通常活性炭的比表面积在 500~2000cm^2/g，特殊用途的活性炭比表面积甚至高达 4000m^2/g。活性炭孔隙结构和比表面积可采用氮吸附法、压汞法等方法测定。

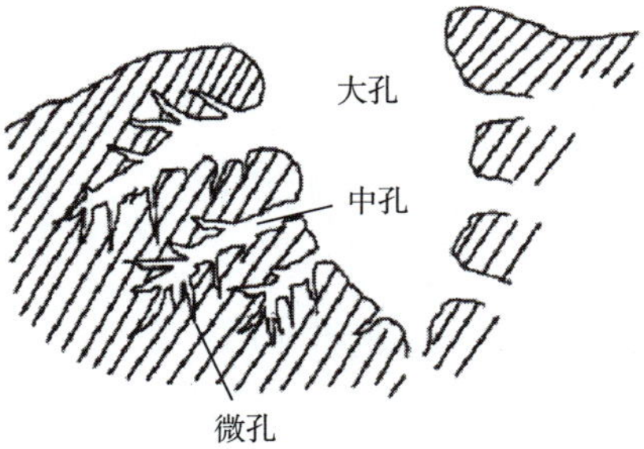

图 2-1　活性炭的孔隙结构示意图

二、活性炭的化学性质

从化学组成来说，活性炭所含主要元素是碳，一般含量在 90%~95%；其他元素主要有氧、氢、氮等，多数以化学键和碳原子相结合形成有机官能团，通常氧含量为 2%~5%，氢含量为 1%~1.5%。此外，由于制备原料不同，活性炭中还含有一定量的金属化合物等次要组分，这些次要组分有时对吸附和催化过程也起到重要作用。

活性炭的吸附特性不仅与其孔隙结构有关，而且与它的化学组成，特别是表面官能团也存在密切关系。在制备活性炭的活化反应中，微孔进一步扩大形成许多大小不同的孔隙，孔隙表面一部分被烧掉，化学结构中出现了缺陷或不完整。此外，灰分及其他杂原子的存在，使活性炭的基本结构产生缺陷和不饱和键，使氧和其他杂原子吸附于这些缺陷上，与层面和边缘上的碳反应形成各种化学键及各种表面功能基团，从而使活性炭产生各种各样的吸附性能。活性炭表面官能团主要包括含氧官能团和含氮官能团两大类。

1. 含氧官能团

活性炭表面含氧官能团主要有羧基、内酯基、酚羟基、酸酐基、羰基、醌基（醌型羰基）、醚基等（图 2-2），它们多数为酸性含氧官能团，如羧基、内酯基、酚羟基、醌型羰基均为代表性的酸性含氧官能团。此外，活性炭表面还可能有苯并吡喃、吡喃酮类的含氧结构基团，它们具有一定的碱性，为碱性含氧官能团。通常，活性炭表面表现出酸性，这主要是表面酸性含氧官能团，特别是羧基、酚羟基的贡献。

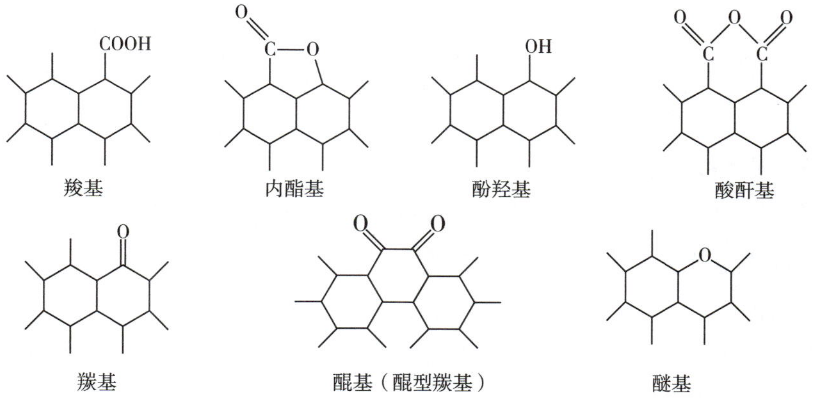

图 2-2 活性炭表面主要含氧官能团

采用 Boehm 滴定法，可以对活性炭的表面含氧官能团进行定量分析。Boehm 滴定法是 1962 年由德国学者 H. P. Boehm 提出的，此法用氢氧化钠（NaOH）、碳酸钠（Na_2CO_3）、碳酸氢钠（$NaHCO_3$）、乙醇钠（C_2H_5ONa）溶液来中和活性炭的表面酸性含氧基团。以 $NaHCO_3$ 溶液中和值表示羧基，以 Na_2CO_3 溶液中和值表示羧基和内酯基，以 NaOH 溶液中和值表示羧基、内酯基和酚羟基，以 C_2H_5ONa 溶液中和值表示羧基、内酯基、酚羟基和羰基。单个基团的数量可用上述碱中和值的差值表示。Boehm 滴定法的一般步骤为：分别将 $NaHCO_3$、Na_2CO_3、NaOH、C_2H_5ONa 溶液与定量活性炭样品混合振荡一定时间后过滤，滤液用标准盐酸溶液滴定或加入过量盐酸溶液后再用 NaOH 溶液返滴定至终点。利用 4 种试剂中和值的差值就可以得出各种含氧官能团的含量。

2. 含氮官能团

活性炭表面含氮官能团形式主要有酰胺基、内酰胺基、酰亚胺基、类吡咯基、类吡啶基等，其结构如图 2–3 所示。活性炭表面的含氮官能团主要取决于制备活性炭的原料及活性炭的制备方法。通常采用两种方式引入含氮官能团，一是采用含氮原料制备活性炭，二是活性炭与含氮试剂反应引入，如对氨水预处理的活性炭进行热处理可得到含有酰胺、类吡啶基等表面官能团。

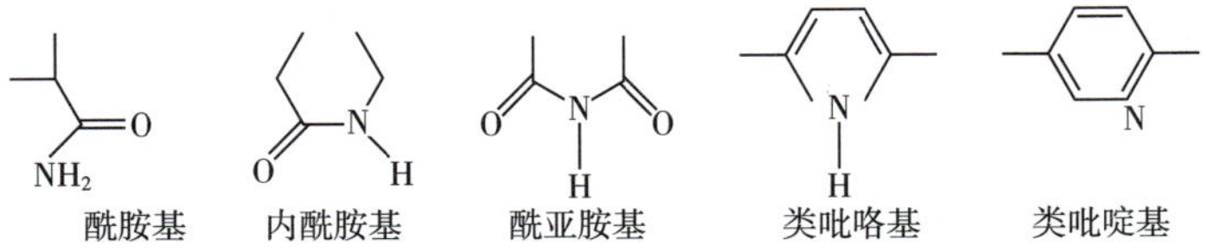

图 2–3　活性炭表面主要含氮官能团

三、活性炭的吸附

吸附剂对物质的吸附作用存在两种形式，即物理吸附和化学吸附。物理吸附也称为范德瓦尔斯吸附，由范德瓦尔斯力等弱相互作用引起。由于范德瓦尔斯力的作用较弱，物理吸附的分子结构变化不大，接近于原气体或液体中分子的状态。物理吸附通常具有吸附热小、速度快、无选择性、吸附过程可逆、多层吸附的特点。物理吸附过程通常受吸附质分子尺寸和吸附剂的孔隙结构等因素控制。化学吸附伴随着电荷转移相互作用或生成化学键的吸附，化学吸附的作用力是较强的化学键，因此，化学吸附具有化学反应的特点。化学吸附后吸附质分子与吸附剂原子之间形成吸附化学键，组成表面络合物，它与原吸附质分子相比，由于吸附键的强烈影响，结构变化较大。化学吸附具有吸附热大、单层吸附、脱附困难等特点。化学吸附过程通常受吸附剂表面化学特性、吸附质化学性质等因素的影响。

活性炭对物质的吸附通常是两种吸附共同作用的结果，活性炭吸附具有以下特点：①活性炭本身是非极性吸附剂，能吸附非极性物质；同时由于活性炭通常含有一定的表面官能基团，对极性物质也有一定吸附作用。②活性炭是疏水性吸附剂，在有水或水蒸气存在的情况下仍能发挥作用。③活性炭孔径分布广，能够吸附分子大小不同的物质。④活性炭具有一定的催化能力。⑤活性炭的化学稳定性和热稳定性较好，适用范围广。

活性炭的吸附性能主要受活性炭的物理结构（孔隙结构）和表面化学性

质的影响。对于气相吸附而言，活性炭的孔隙结构更为重要，而对于液相吸附而言，活性炭表面化学性质（表面官能团、表面杂原子和化合物）则可能占主导作用，不同的表面官能团、杂原子和化合物对不同的吸附质有明显的吸附差别。在活化过程中，活性炭的表面形成大量的羧基、酚羟基、羰基等官能基团，这些表面官能团是活性炭上的主要活性位，它们能使活性炭的表面呈现一定的酸性、碱性、氧化性、还原性、亲水性和疏水性等。这些表面官能团构成了活性炭吸附性能的多样性，也影响活性炭与吸附质分子的结合能力。一般而言，活性炭表面含氧官能团中的酸性基团越丰富，吸附极性化合物的效率越高；而碱性基团较多的活性炭则易吸附极性较弱的或非极性的物质。

第三节　活性炭的制备

活性炭的吸附性能主要受活性炭的物理结构和表面化学性质的影响，而活性炭的制备原料和制备方法对活性炭产品的物理结构和表面化学性质影响很大，因此，选择适合的活性炭制备原料并采取合适的制备工艺对生产优质活性炭至关重要。

一、活性炭制备原料

生产活性炭的原料主要有木材、果壳为代表的植物类原料和煤、石油焦炭为代表的矿物类原料。

植物类原料主要包括木材、木屑、木炭、椰子壳、橄榄壳、核桃壳、杏核壳、稻壳、稻草、植物原料加工废渣等。植物类原料因为有细胞组织，存在天然的孔隙，活化时活化剂容易通过这些孔隙进入物料内部，使得活化反应可在温和的条件进行，生成的活性炭孔隙发达，比表面积大，吸附性能好。其中，椰子壳、橄榄壳、核桃壳、杏核壳等果壳类原料成本低、灰分低，具有优质的天然结构，利于形成微孔结构，同时具有较高的机械强度，是制备高比表面积活性炭的优质材料。

矿物类原料主要包括褐煤、泥煤、烟煤、无烟煤等各种煤炭以及石油焦炭、沥青等石油加工产品。这些原料资源丰富、价格低，但与果壳活性炭相比，其吸附能力相对较差，灰分较高。

此外，酚醛树脂等合成树脂、废弃塑料橡胶、动物的骨骼和血等也可用于制造活性炭。总体来说，制备活性炭的原料极其丰富，但若想制备性能优良的活性炭，必须注重制备原料的选择。

二、活性炭制备方法

活性炭的制备过程通常包括炭化和活化两个阶段。炭化是指在隔绝空气和相对较低温度（400~600℃）下，原料经脱水、脱酸、热分解、去除小分子有机物及挥发成分，得到适宜于活化的具有一定初始孔隙和机械强度的炭化料的过程。活化过程是制备高比表面积活性炭的关键，活化的目的是去除炭表面的有机物，使得活性炭产生发达的孔隙结构并使活性炭表面富含官能团，增加炭的活性和吸附能力。常见的活化方法有物理活化法[7-9] 和化学活化法[10-13]。

1. 物理活化法

物理活化法又称气体活化法，是将已炭化处理的原料在 800~1000℃的高温下与氧化性气体接触，进行活化反应的过程。这些氧化性气体与炭化物内部的碳原子反应，通过开孔、扩孔和创造新孔，在材料内部形成发达的孔隙结构。常见活化剂[6-10] 有水蒸气、CO_2、空气（或 O_2）或它们的混合气，如烟道气（水蒸气、CO_2、N_2 等的混合气），它们的活化能力顺序为 $H_2O > CO_2 >$ 空气或 O_2。

物理活化法制备活性炭的基本工艺过程如图 2-4 所示，主要包括炭化、活化、除杂、破碎（球磨）、精制等工艺，制备过程洁净，液相污染少。在炭化炉中原料经过脱水、脱酸、热分解、去除小分子有机物及挥发成分，制得适宜于活化的具有一定初始孔隙和机械强度的炭化料。在活化过程中，具有氧化性的高温活化气体与无序碳原子及杂原子先发生反应，使原来封闭的孔打开，基本微晶表面暴露，然后活化气体与基本微晶表面的碳原子继续发生

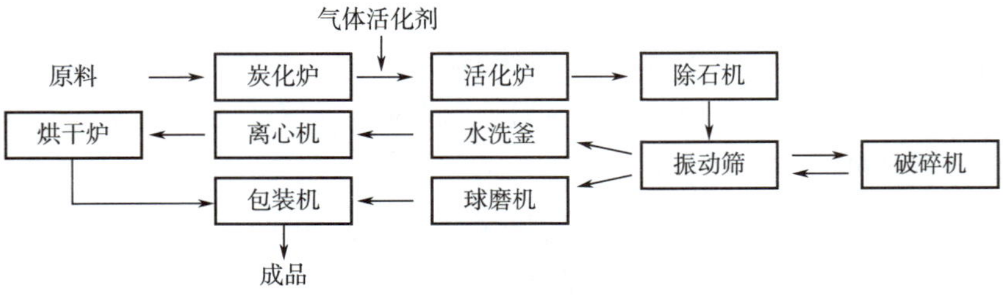

图 2-4　物理活化法制备活性炭的基本工艺示意图

氧化反应，使孔隙不断扩大。一些不稳定的炭因气化生成 CO、CO_2 和其他含碳化合物气体，从而产生新的孔隙，同时焦油和未炭化物等也被除去，最终得到活性炭产品。

下面简要介绍几种常见的物理活化法原理。

（1）水蒸气活化　水蒸气作为活化剂具有经济、活化速度快的特点。水蒸气活化通常在 800~950℃，活化时水蒸气充分扩散进入炭的孔隙中，使得活化反应能在整个炭颗粒内均匀进行，可得到比表面积大、吸附能力强的活性炭。水蒸气活化过程中发生的化学反应如下，均属于吸热反应，反应温度易于控制。

$$C+H_2O = H_2+CO \quad (\Delta H=130kJ/mol)$$

$$CO+2H_2O = CO_2+2H_2 \quad (\Delta H=97kJ/mol)$$

$$C+CO_2 = 2CO \quad (\Delta H=163kJ/mol)$$

（2）CO_2 活化　CO_2 作为活化剂，发生的主要化学反应如下。

$$C+CO_2 = 2CO \quad (\Delta H=163kJ/mol)$$

此反应属于吸热反应，反应过程中的反应温度易于控制。由于 CO_2 与 C 的反应能力较弱，一般 900℃ 左右开始，因此 CO_2 活化温度通常要高于 900℃，较水蒸气活化温度高。

（3）空气（或 O_2）活化　空气虽然也是价格低廉的活化剂，但它与 C 的反应是放热反应，反应比较剧烈，温度控制较难，因此工业上较少采用。发生的化学反应如下。

$$C+O_2 = CO_2 \quad (\Delta H=-348kJ/mol)$$

$$2C+O_2 = 2CO \quad (\Delta H=-226kJ/mol)$$

$$C+CO_2 = 2CO \quad (\Delta H=163kJ/mol)$$

物理活化法本质是发生气体固热化学反应以及相辅的物理过程：活化剂分子与活泼的无定型碳原子、不饱和碳原子或结晶缺陷部分进行热化学反应，碳原子被氧化而产生气体逸出，残留下孔隙。氧化过程不仅是造孔过程，同时，活性炭表面也被氧化剂刻蚀形成各种含氧官能团，增强活性炭的吸附性能。

物理活化法工艺流程相对简单，产生的废气以 CO_2 和水蒸气为主，对环境污染较小，最终得到的活性炭产品比表面积高、孔隙结构发达、应用范围广，因此活性炭生产厂家大多采用物理活化法生产活性炭。

2. 化学活化法

化学活化法是将各种含碳原料与化学活化剂均匀地混合，在惰性气体的保护下进行加热，经炭化、活化、化学活化剂回收、漂洗、烘干等过程制备活性炭。化学活化法制备活性炭时，炭化与活化同步完成。

化学活化法的活化原理目前还不清楚，一般认为化学活化剂能够使原料中碳氢化合物的氢和氧分解脱离，以 H_2O、CH_4 等小分子形式逸出，从而产生大量孔隙。此外，化学活化剂能够抑制焦油副产物的形成，避免焦油堵塞热解过程中生成的细孔，提高活性炭的收率。

化学活化法常用的活化剂有碱类（碱金属、碱土金属的氢氧化物）、无机盐类（氯化锌、硫酸钾、碳酸钙、碳酸钾等）以及无机酸类（磷酸、硫酸、硼酸）。尽管发生的化学反应不同，有些对原料有侵蚀、水解或脱水作用，有些起氧化作用，但这些化学活化剂都对原料的活化具有促进作用。应用较多、较成熟的化学活化剂为氢氧化钾、氯化锌和磷酸，以氢氧化钾活化法最为常见。

氢氧化钾活化法是 20 世纪 70 年代兴起的一种制备高比表面积活性炭的活化工艺，其活化过程是将原料炭与数倍炭质量的氢氧化钾混合，低于 500℃ 条件下脱水，于 800℃ 左右煅烧，冷却后将产品洗涤至中性即得到活性炭。活化过程中，活化剂先选择原料中非碳原子和一些活性较强的无序碳进行反应，形成初步的微孔结构。随着活化的进行，除了生成新的微孔以外，氢氧化钾还可通过刻蚀已形成的微孔壁上的碳原子而起到扩孔作用。

氢氧化钾活化法制备活性炭发生的主要化学反应如下。

$$2KOH \longrightarrow K_2O+H_2O \qquad \text{脱水反应}$$

$$C+H_2O \longrightarrow H_2+CO \qquad \text{水煤气反应}$$

$$CO+H_2O \longrightarrow H_2+CO_2 \qquad \text{水煤气转移反应}$$

$$K_2O+CO_2 \longrightarrow K_2CO_3 \qquad \text{转变为碳酸盐}$$

$$K_2O+H_2 \longrightarrow 2K+H_2O \qquad \text{生成金属钾}$$

$$K_2O+C \longrightarrow 2K+CO \qquad \text{生成金属钾}$$

总反应为 $4KOH+C \longrightarrow K_2CO_3+K_2O+2H_2$

氢氧化钾与石油焦炭的混合物在加热升温时所产生的气体组成如图 2-5 所示，气体产物中主要成分是 H_2，仅观察到极少量的 CO、CO_2、甲烷及焦油状的物质。活化过程中选择性反应消耗掉的碳主要生成了 K_2CO_3，选择性反应的结果使产物具有发达的孔隙结构和很大的比表面积。在加热初期（<300℃）主要为脱水反应产生大量的水蒸气；400℃ 左右时，气体产物中开始

出现氢气和甲烷，氢气主要来源于水煤气反应，甲烷可能来自有机物反应；大于500℃时，才出现少量CO与CO_2，这一点与水蒸气活化时气体产物的组成中存在大量CO和CO_2是大不相同的；当温度上升到800℃左右时，反应体系中出现金属钾蒸气（金属钾的沸点为762℃），这是由于高温下，K_2O被H_2或C还原的结果。金属钾的蒸气不断挤入已生成的微孔和石墨微晶的层间，继续对活性炭催化活化。钾的催化活化对活性炭发达的空隙结构和大比表面积也起到重要作用。

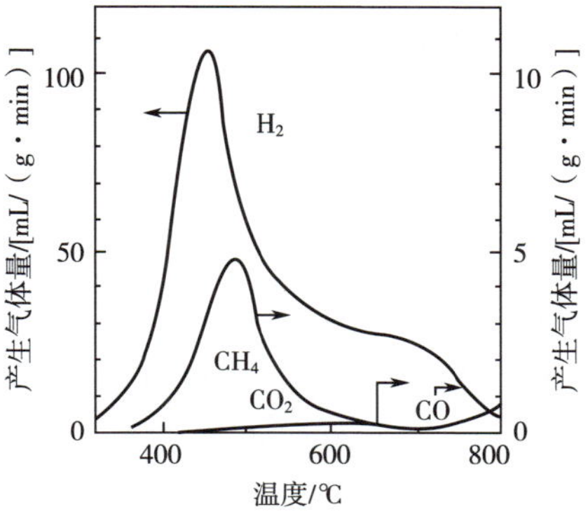

图2-5　氢氧化钾与石油焦炭混合物在加热升温时产生的气体组成

与物理活化法相比，化学活化法具有以下优点：①活化温度相对较低，化学活化法一般在600℃左右，氢氧化钾活化法稍高，为700~800℃。②制备步骤简单，活性炭产量较高。由于不需要进行原料的烧蚀，减少了焦油和其他挥发物质如乙酸、甲醇的生成，活性炭产量更高。③易对孔隙结构进行调整，可通过活化剂种类、用量、活化温度等对孔隙结构进行调节。但化学活化法也存在明显缺点，如对设备腐蚀大、污染环境、活性炭产品残留活化剂需进一步处理等。

近年来，在物理活化法、化学活化法的基础上，出现了一些新的活化手段，如物理-化学联合活化法、微波活化法等。物理-化学联合活化法将物理活化中的气体和化学活化中的化学物质相结合，共同对炭材料进行活化，使炭材料具有发达孔隙结构，这种方法往往可对活性炭孔结构进行更为精确地调节，以期获得性能较高的活性炭材料。微波活化法利用微波代替传统加热方式，原料中的水、活化剂等极性分子在微波作用下，产生大量热，使水急剧挥发，产生蒸气压，在原料内部向外爆炸般压出，使得原料的纤维空间在扩大的同时急剧干燥，形成无数的裂缝和缝隙，进而形成发达的孔隙结构。微波活化法可直接从物料内外部同时加热，加热速度快且均匀。

三、活性炭的再生

活性炭的再生是活性炭制备的重要组成之一。活性炭使用一段时间后吸附饱和，丧失吸附能力成为废炭。若直接将吸附饱和的活性炭丢弃不仅会增加应用成本，还可能导致二次污染，从经济和环保两方面考虑，活性炭的再生意义重大。

由于活性炭的吸附往往不具有选择性，导致活性炭上的吸附质多种多样，若要对活性炭进行再生，需要根据吸附质的特点、吸附行为及工艺繁简等选择合适的方法。常用的活性炭再生方法包括：热再生法、溶剂再生法、湿式氧化再生法等。

1. 热再生法

热再生法对用过的活性炭进行加热处理，使活性炭吸附的有机物在高温下炭化分解，最终变成小于活性炭孔径的分子逸出，使活性炭再生。高温加热活性炭的同时，还可以转化活性炭表面的无机盐，使得活性炭表面生成新的微孔。

热再生法通常包括以下步骤。

（1）脱水干燥　通过脱水干燥，一方面蒸发孔隙中的水，另一方面使得少量低沸点有机物被气化分离。

（2）高温炭化　在惰性气氛中加热活性炭至600~800℃，使得活性炭吸附的一部分有机物气化脱附，一部分有机物热解生成小分子脱附，残余成分留在活性炭孔隙中形成固定炭。

（3）活化　在800~1000℃加热活性炭，并通入水蒸气、CO_2等活化气体，清理活性炭微孔，恢复活性炭的吸附性能。

由于热再生法工艺流程简单、可有效分解多种吸附质，而且再生较为彻底（约80%再生效率），是发展历史最长且应用最广泛的再生方法。

2. 溶剂再生法

溶剂再生法是指利用活性炭、溶剂与被吸附质三者之间的相平衡关系，通过改变温度、溶剂pH等条件，打破吸附平衡，将吸附质从活性炭上脱附下来的方法。溶剂再生法分为无机溶剂再生法和有机溶剂再生法。

（1）无机溶剂再生法　通过改变溶剂的 pH 使活性炭脱附，因 pH 常通过无机酸/碱来进行调控，所以该方法也称为酸碱再生法。活性炭溶剂 pH 的改变一方面可以增加吸附质的溶解度，利于其从活性炭中脱附；另一方面，溶剂中的酸碱物质还可直接与吸附质发生化学反应形成易溶于水的盐类而脱附。如吸附高浓度酚类物质的活性炭，可用氢氧化钠溶液再生，酚以酚钠盐的形式被回收；吸附重金属的活性炭可用盐酸溶液再生。无机溶剂再生法的优点是工艺简单、可在线操作、无须另加再生设备；缺点是只适用于吸附量受 pH 影响较大的被吸附质，且再生后的活性炭吸附能力只能部分恢复。

（2）有机溶剂再生法　通过有机溶剂将吸附质从活性炭中萃取出来，优点是投资少、再生温度低、可在线操作，无须附加再生装置；缺点是再生效率较低，仅适用于具有较高回收价值的吸附质。一般来说，吸附质为脂肪族化合物的活性炭，通过溶剂萃取法的再生率较高，而吸附质为芳香族化合物的活性炭再生率受置换基团的影响较大。

3. 湿式氧化再生法

湿式氧化再生法是指在高温高压下，用氧气或空气作氧化剂，将处于液相中活性炭上吸附的有机物氧化分解成小分子的一种方法。湿式氧化再生法是在热再生法基础上发展起来的一种新方法，其再生过程为：吸附在活性炭表面的有机物在水热环境中脱附进入溶液，氧从气相进入液相并产生氢氧自由基，对脱附的有机物进行氧化，达到活性炭的再生。

湿式氧化再生法一般在 200~250℃，3~7MPa 的高温高压下进行，条件较为苛刻。该方法相较传统热再生法，能耗低、工艺简单、再生率高、损失率低、环境污染小、对吸附性能影响小，该技术通常用于再生粉末活性炭的处理，如处理毒性高、难以生物降解的吸附物质。

除了上述三种常用的活性炭再生方法外，新兴的活性炭再生技术还有电化学再生法、超临界流体再生法、超声波再生法、微波再生法、光催化再生法、臭氧氧化法等。

第四节　活性炭的改性

一、活性炭物理结构改性

活性炭物理结构的改性主要通过物理或化学方法改变活性炭的比表面积

和孔隙结构，扩大或缩小孔径，从而改变活性炭的吸附性能[14]。

开孔、扩孔、创造新孔一般采用活化以及在活化过程中加入一些活化剂来完成。如以普通活性炭为原料，用蒸馏水煮沸、洗涤、干燥至恒重，装入石英玻璃反应器中，放入微波发生器，在高纯氮气的保护下热处理，控制微波功率，一定时间后，在氮气中冷却至100℃以下得改性活性炭。与初始活性炭相比，改性制得的活性炭表面微观形貌发生较大变化，许多闭塞的孔被打开，中孔容积发生了变化，微孔容积基本不变，孔径分布变化不大，只是向小孔方向发生稍微移动。

缩孔一般可采用热收缩法、浸渍覆盖法、气相热解堵孔法、碳沉积技术等实现。

二、活性炭表面化学性质改性

活性炭表面化学性质的改性主要通过一定的方法改变活性炭表面的官能团或在活性炭表面负载的离子和化合物，从而改变其表面的化学性质，提高活性炭的吸附能力[14-16]。活性炭表面化学性质改性方法可分为：氧化改性法、还原改性法、负载原子和化合物法、酸碱改性法等。在改性过程中常常联合不同的改性方法对活性炭进行改性，达到更好的改性效果。

1. 负载原子和化合物法

负载原子和化合物法主要是利用活性炭的吸附性，将金属离子（或其还原态金属原子）与特定化合物优先吸附在活性炭的表面，再利用已吸附的物质与被吸附物之间较强的结合能力，提高活性炭对被吸附物的吸附性能。

目前常用的负载物质包括铜、铁、铝、钯、银等金属离子以及血红蛋白、氯化血红素、铁卟啉等化合物。研究表明负载铜、钯混合物的活性炭对 CO 的吸附性能明显提高；负载 Fe^{2+} 的活性炭对 As^{5+} 的吸附能力是原炭的 10 倍，原因是其形成了砷酸盐络合体；负载铝的活性炭对氟化物的去除效率是原炭的 3~5 倍；银离子与镍离子处理过的活性炭对氰化物的吸附能力分别提高 4 倍和 2 倍；负载 Cu^{2+}、Co^{2+}、Ag^{+} 和 Cr^{6+} 的活性炭可有效吸附烟气中的 HCN；负载原卟啉、血红蛋白、氯化血红素和铁卟啉的活性炭能够有效吸附烟气中的 CO 等。

2. 酸碱改性法

酸碱改性法是利用酸、碱等物质处理活性炭，根据实际需要调整活性炭表面的官能团含量或引入某种络合能力较强的物质。通常对活性炭进行酸碱改性可改善活性炭对金属离子或有机物的吸附效果，常用的改性剂有 HCl、NaOH、柠檬酸等。研究表明，HCl 处理可以增加诸如酚羟基、醚和内酯基等含氧官能团的数量，而 NaOH 处理则在降低了羧基官能团含量的同时增加了羟基与内酯基的含量。

由于柠檬酸与 Cu^{2+}之间具有相对更强的结合能力，故采用柠檬酸改性可以提高活性炭对 Cu^{2+}的吸附效能。研究发现，柠檬酸处理后的活性炭虽然比表面积降低了 34%，但对 Cu^{2+}的吸附能力提高了 140%，说明利用两种物质之间较强的结合能力进行活性炭改性处理，是提高活性炭吸附能力的一种有效措施。

酸碱改性也能提高活性炭对有机物质的吸附能力，如采用 HCl 改性处理能够去除活性炭表面的灰分物质，增加活性炭的比表面积与微孔体积，使活性炭表面的疏水性增强，大大改善活性炭对苯酚、双酚 A 等有机物质的吸附。

3. 氧化改性法

活性炭通常属于非极性物质，它可有效吸附非极性小分子化合物，但对极性分子的吸附存在困难。氧化改性主要利用氧化剂在适当的条件下对活性炭表面进行氧化处理，以提高活性炭表面含氧酸性基团（如羧基、内酯基、羰基等）的含量，增强活性炭对极性物质的吸附能力。

氧化剂不同，改性后活性炭表面所含官能团的种类和数量也不同。氧化改性常用的氧化剂有 HNO_3、HClO、NaClO、H_2SO_4、Cl_2、H_2O_2、$(NH_4)_2S_2O_8$、$KMnO_4$ 等。强氧化改性能够从很大程度上提高含氧酸性官能团的含量，但同时会使其微孔结构遭到破坏，中孔增多；温和的氧化改性处理能在保持孔隙结构微小变化的同时增加活性炭表面含氧基团。一般来说，氧化程度越高，含氧官能团也越多，但强氧化剂容易造成微孔缺失，影响吸附效果，改性过程应注意氧化剂的强度。

HNO_3、NaClO 属于强氧化剂，活性炭经其改性后，表面含氧官能团数量大大增加，但比表面积却出现明显降低，同时前者也会在活性炭表面引入含氮基团；相对而言，H_2O_2、$(NH_4)_2S_2O_8$ 与 $KMnO_4$ 的氧化则较为温和，在氧化过程中对活性炭比表面积与孔隙结构影响很小，同时能在活性炭表面引入羧基、羰基和醚基等含氧官能团。研究表明，这些氧化改性增强了活性炭对极性小分子（如金属离子、氨）的吸附性能，减弱了对非极性或弱极性有机物质的吸附。如采用 HNO_3、H_2SO_4 等对活性炭进行表面氧化改性处理后，活性炭表面官能团中的羧基/羟基比明显增大，改性活性炭对 Cr（Ⅵ）的吸附容量也随之明显增加。

4. 还原改性法

还原改性是在适当温度下采用还原剂对活性炭表面官能团进行改性，以提高碱性基团的相对含量，增强表面的非极性，从而提高活性炭对非极性物质的吸附能力。常用的还原改性方法有：①H_2 和 N_2 气体对活性炭进行高温处理，去除活性炭表面的酸性基团，增加碱性基团含量；②高温氨气改性或对浸渍氨水的活性炭进行高温处理，使活性炭表面得到含量丰富的含氮官能团。

利用高温 H_2 和 N_2 对活性炭进行改性处理，得到的改性炭对染料的吸附性能大大提高，活性炭与染料之间通过静电和色散作用进行吸附结合。700℃利用 H_2 处理得到的改性炭表现出最高的染料吸附去除率；在 H_2 保护下对活性炭进行 900℃高温退火处理，能够得到具有更高比表面积的改性炭，其对 2,4-二氯苯氧乙酸和草除灵表现出较原炭更好的吸附效能。

将活性炭置于高温氨气中改性处理，700℃得到的改性炭对水中苯酚的去除效率提高 29%；650~700℃对活性炭进行氨改性处理，改性炭对高氯酸盐的吸附效能增加 4 倍，而活性炭孔隙结构未发生破坏。

第五节　活性炭纤维

活性炭纤维（Active Carbon Fiber，ACF）是 20 世纪六七十年代发展起来的一种新型高效吸附剂，它以黏胶纤维、聚丙烯腈纤维、酚醛纤维、沥青纤维等为原料，经炭化和活化制得。活性炭纤维吸附和催化能力较好，与粉末状和颗粒活性炭相比，活性炭纤维可以弥补这些活性炭的不足之处。活性炭虽然有非常强的吸附能力，但粉末状或颗粒活性炭在使用过程中由于振动等原因会发生松动，在操作过程也会发生沉降，实际应用中还会发生散失和不易处理等情况，这些缺点限制了活性炭在某些领域的应用。而活性炭纤维不仅具有较大的比表面积，还可以编织成布、带、毡等多种形式使用，为工程应用提供一定灵活性，解决许多粉末状或颗粒活性炭无法解决的问题。

活性炭纤维按照产品的原料可分为黏胶基活性炭纤维、聚丙烯腈基活性炭纤维、酚醛基活性炭纤维、沥青基活性炭纤维等；按照产品的外形可分为活性炭纤维丝束、活性炭纤维纸、活性炭纤维毡、活性炭纤维布等。

一、活性炭纤维的结构及性能

1. 活性炭纤维孔隙结构

活性炭纤维直径通常为5~20μm，比表面积高达1000~2000m^2/g。图2-6对比了活性炭纤维和传统颗粒活性炭的孔径分布。活性炭纤维的孔隙结构与传统的颗粒活性炭相比存在较大差异，其孔隙结构特点可概括为：①存在大量微孔，且微孔往往直接开口于纤维表面，这是其高比表面积和高吸附容量的主体；②只有少量的中孔，基本没有大孔；③孔径分布窄。尽管活性炭纤维没有大孔结构，但活性炭纤维丝束之间存在的空隙可起到大孔的作用，由外表面向内部输送被吸附分子，具有控制吸附速率的功能；中孔起到一定输送作用，并可作为较大分子的吸附位点；微孔则是主要吸附位点。

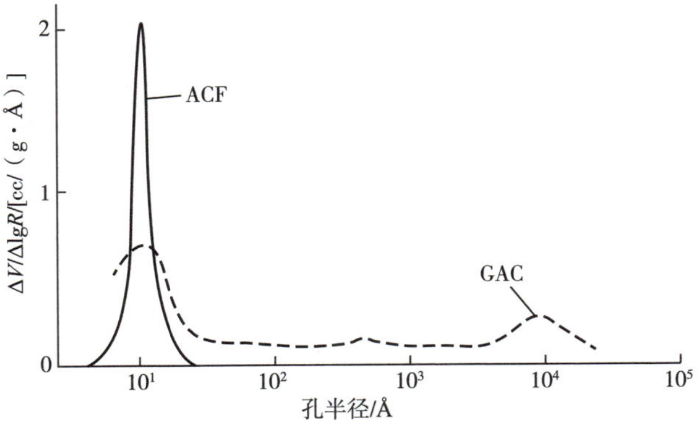

图2-6　活性炭纤维（ACF）和传统颗粒活性炭（GAC）的孔径分布

活性炭纤维与颗粒活性炭在孔隙结构方面的差异使得活性炭纤维的吸附/脱附速率比颗粒活性炭要快得多。这一差异的原因在于：①活性炭纤维以微孔为主，且开口于纤维表面，因此外比表面积更大，吸附和脱附不需要经过大孔、中孔的扩散，吸附/脱附行程短，更容易吸附和脱附；②活性炭纤维孔径分布窄，绝大多数孔径都在峰值附近，有效吸附孔的数目多，吸附容量大。活性炭纤维的吸附过程主要受被吸附物质分子的碰撞与吸附频率控制，而颗粒活性炭则受扩散速率的控制。

2. 活性炭纤维化学组成

与普通活性炭类似，活性炭纤维所含主要元素也为碳，一般含量在

88%~95%，碳原子主要以类石墨微晶片层结构形式存在，类石墨微晶碳约占碳总数的60%。活性炭纤维中其他元素主要有O、N、H等，它们大部分以化学键与碳原子相结合形成有机官能团（表2-1）。

表2-1　　不同活性炭纤维基本化学组成　　单位：%

名称	C	H	O	N
聚丙烯腈基ACF	88~91	0.7~0.9	2.5~5.5	2.5~8.8
沥青基ACF	~93	~5.0	~1.0	~1.0
纤维素基ACF	92~95	0.6~0.8	—	2.9~3.5
酚醛基ACF	91~95	0.6~0.8	—	2.0~3.0

由于碳固体表面原子呈不饱和结构，它们以化学形式结合碳成分以外的原子或基团，构成独特的表面化学结构。微晶碳在比燃烧温度低时易与氧化介质发生反应生成表面氧化产物，主要有羧基、酚羟基、羰基等含氧基团，此外还有含S、N、卤素等官能团或原子。

3. 活性炭纤维吸附性能

活性炭纤维是典型的微孔活性炭材料，微孔直接开口于纤维的表面，孔径分布窄，比表面积大，吸附容量大，表面的不饱和碳构筑了独特的吸附结构。活性炭纤维含有许多不规则结构，如杂环结构或含有表面官能团的微结构，使其具有极大的表面能。

活性炭纤维表面的化学官能团、杂原子和化合物决定了活性炭纤维表面的化学吸附性能。活性炭纤维属于非极性吸附剂，对非极性和弱极性吸附质具有很好的吸附效果。研究表明，活性炭纤维表面酸碱性与吸附平衡有密切的关系，活性炭纤维表面酸性基团越丰富，越有利于其对极性吸附质和碱性有机物的吸附；碱性基团越丰富则越有利于吸附非极性和弱极性物质。通过适当的表面改性，可改变活性炭纤维表面化学官能基团的种类和含量，调节活性炭纤维表面酸碱性以及亲疏水性能。

活性炭纤维独特的孔隙结构以及表面官能基团使其具有如下优异的吸附性能。

（1）吸附容量大　活性炭纤维的吸附容量可达到传统颗粒活性炭的几倍至几十倍。

（2）吸附速度快　对气体的吸附，一般可在数十秒或数分钟内达到平衡，对液体的吸附也仅需几分钟至几十分钟就能够达到平衡。

（3）对低浓度有机物的吸附能力强　活性炭纤维不仅因为其微孔丰富而显示出大的吸附容量，而且由于微孔吸附力场的握持作用，使得吸附能力显著增强。因此，活性炭纤维对低浓度物质的吸附比普通吸附材料更强，特别适用于吸附去除超低浓度有机物。

二、活性炭纤维的制备

1. 活性炭纤维的制备原料

由于碳在各种溶剂中不溶解、碳材料熔点高，炭纤维不能按照一般熔融纺丝或使用溶剂进行湿法或干法纺丝来制造，炭纤维通常通过高分子有机纤维（如纤维素纤维、聚丙烯腈纤维和沥青纤维等）的固相炭化来制备。目前世界上生产和销售的绝大多数炭纤维都是聚丙烯腈基活性炭纤维，即由聚丙烯腈纤维制备而来。

活性炭纤维的制备原料主要有黏胶纤维、聚丙烯腈纤维、沥青纤维、酚醛纤维。不同的原料纤维有不同的炭化和活化特性，制成的活性炭纤维的特点也有所不同。表 2-2 列出了常用的四种原料生产的活性炭纤维的主要优缺点。

表 2-2　常见活性炭纤维（ACF）的优缺点

黏胶基 ACF	聚丙烯腈基 ACF	沥青基 ACF	酚醛基 ACF
原料价格低廉 工艺较复杂 回收率低	原料相对较贵 工艺简单、成熟 结构中含有 4%~8%的氮元素	原料价格低廉 回收率高 强度较低 杂质多	原料价格低廉 工艺简单 回收率高

2. 活性炭纤维的制备方法

活性炭纤维的制备过程包括预处理、炭化和活化三个阶段。预处理的目的是使某些纤维在高温炭化时不致熔融分解，以及改善产品的获得率和性能。与活性炭的制备类似，炭化通过在惰性气氛下加热升温，排除纤维中的可挥发的非碳组分，残留的碳重排，局部形成类石墨微晶。活化则利用活化剂处理炭化物，以进一步产生大量的孔隙，形成巨大的比表面积和一定的活性基团。

（1）预处理　预处理的方法一般有两种：低温预氧化法和盐浸渍法。

①低温预氧化法。低温预氧化一般采用空气预氧化的方法，原料纤维在一定的温度范围内，缓慢预氧化一段时间，或者按照一定升温程序预氧化。预氧化主要是为了防止纤维（如聚丙烯腈纤维、沥青纤维等）在高温炭化和活化时发生熔融并丝。通过预氧化，使纤维形成稳定的结构，在炭化过程中不熔融变形。以聚丙烯腈纤维的预氧化为例，通过预氧化使聚丙烯腈的线性分子链转化为环状或耐热的梯形结构，使它在高温炭化时不熔不燃，保持纤维状态。预氧化过程分子链段形状的改变使得其炭化收率提高，降低了活性炭纤维的生产成本。预氧化过程发生的反应主要有两类：一是大分子链不饱和氰基在空气中氧气作用下发生环化或分子间形成耐热的网状梯形结构；二是热裂解反应生成的小分子逸出。预氧化工艺条件优化原则应促进梯形结构的产生，抑制热解小分子的产生，以提高炭化收率。

②盐浸渍法。盐浸渍法通过将原料纤维充分浸渍在盐溶液（如磷酸盐、碳酸盐或硫酸盐）中，然后使其干燥。通过盐浸渍提高纤维的热稳定性或降低纤维的炭化温度，改善最终活性炭纤维产品性能，提高产品收率。该法通常用于黏胶基 ACF 的生产中，与未经盐浸渍直接炭化、活化制备的活性炭纤维相比，经过盐浸渍处理制备的活性炭纤维不仅收率更高，其纤维力学性能和吸附性能也得到改善。

（2）炭化　炭化过程包括含碳材料的热分解、非碳元素的逸出，最终形成炭纤维材料。炭化过程包括两个重要阶段，一是软化期，在这一阶段温度的控制对产物的形态起重要作用；二是硬化收缩期，在这一阶段，温度的控制影响纤维的收缩，并进一步影响孔隙的形成。对于不同的含碳原料，应根据需要，适当控制炭化的升温过程，平衡纤维的强度和孔隙等性能。

（3）活化　与活性炭的制备类似，活化是活化剂与纤维上的碳原子发生反应，形成丰富的微孔结构和一定的含氧官能团。活化的方法主要为物理活化法和化学活化法，具体参见前文活性炭的制备。

三、活性炭纤维的改性

活性炭纤维改性的目的在于增加活性炭纤维的吸附能力和催化性能。通过调整活性炭纤维的孔隙结构、改变活性炭纤维表面酸碱基团的组成和数量、在活性炭纤维表面负载化合物等，实现活性炭孔隙结构和表面化学性质的调控，满足不同的吸附应用需求。

1. 孔隙结构调控

活性炭纤维的孔隙大小和分布对其吸附性能影响很大。常规的活性炭纤维属于微孔型，孔径在1~2nm。由于孔径小，不能吸附大分子物质，只能吸附气态分子和小分子有机物，使其应用受到限制。为了拓展活性炭纤维的应用领域，近几年国内外对活性炭纤维孔隙结构调控的研究十分活跃，主要集中在化学活化与催化活化改性方面。

化学活化方面，通过化学活化剂如KOH、NaOH、$ZnCl_2$、$CaCl_2$、H_3PO_4的选择和活化工艺的优化，使得活性炭纤维拥有更丰富的孔隙结构。催化活化方面，通过在活化过程添加金属化合物，如$FeSO_4$、TiO_2、MgO、$AgNO_3$等，再催化炭化活化，形成中孔活性炭纤维。通过金属组分的添加，在活化过程中，金属原子对结晶性较高的碳原子起到选择气化作用，使得微孔逐渐融合并形成中孔。但这一方法也存在固有弊端，主要表现在活性炭纤维产物中存在一定数量的金属杂质，对其应用带来一定的负面影响。

2. 表面化学性质调控

目前活性炭纤维的表面改性研究越来越受到人们的重视，如利用合适的氧化剂在适当的温度下对活性炭纤维表面的官能团进行氧化处理，从而提高表面含氧官能团的含量，增强表面的极性；通过复合改性等技术，活性炭纤维的功能更加丰富。

氧化改性方面，在较为适宜的温度环境中，对强氧化剂进行有效的利用，以此对活性炭表面的官能团进行一定程度的氧化处理，提高表面含氧酸性基团含量，增强表面极性。氧化改性主要分为两类，即气相氧化和液相氧化。气相氧化通常在300~350℃进行，与空气发生氧化反应实现改性。液相氧化，通常利用硝酸、硫酸、双氧水等氧化剂对活性炭纤维进行改性。

复合改性方面，通过负载各类金属或金属化合物，赋予活性炭纤维更高的性能。改性步骤为：金属离子在活性炭纤维表面发生一定的吸附，然后还原金属离子，使其转化为金属单质或低价态的金属离子，从而实现表面改性。表面的金属或金属离子可发挥其对被吸附物质的结合力，增强活性炭纤维对被吸附物质的吸附性能。

第六节 石墨烯和氧化石墨烯

石墨烯是一种由碳原子以六边形蜂巢结构（类苯环结构）周期性紧密堆

积构成的一种二维碳材料，它是富勒烯、碳纳米管、石墨等碳的同素异形体的基本组成单元。自 2004 年发现以来，石墨烯因其突出的导热性、室温高速载流子迁移率、透光性和力学性能等，兼具完美的量子隧道效应、半整数的量子霍尔效应、从不消失的电导率等一系列性质，成为化学、材料科学、物理学领域的研究热点，石墨烯在吸附领域也展现出了独特的魅力[17-18]。

一、石墨烯和氧化石墨烯的结构与性能

1. 石墨烯

2004 年，英国曼彻斯特大学物理学家安德烈·盖姆（Andre Geim）和康斯坦丁·诺沃肖洛夫（Konstantin Novoselov）通过胶带反复剥离石墨片获得了只有一个原子厚度的石墨单片——石墨烯（Graphene），两人也因在二维石墨烯材料的开创性实验，共同获得 2010 年诺贝尔物理学奖。

石墨烯是一种由碳原子以 sp^2 杂化轨道组成六边形呈蜂巢状晶格的平面薄膜，是一种只有一个原子层厚度的二维材料。石墨烯中每个碳原子外层 3 个电子通过 sp^2 杂化形成强 σ 键，相邻两个键之间的夹角 120°，第 4 个电子为公共电子，形成弱 π 键（图 2-7）。石墨烯的碳碳键长约为 0.142nm，每个晶格内有三个 σ 键，所有碳原子的 p 轨道均与 sp^2 杂化平面垂直，且以肩并肩的方式形成一个离域 π 键，其贯穿整个石墨烯。石墨烯可以被视为无限大的芳香族分子，单层石墨烯的厚度仅为 0.335nm，约为头发丝直径的二十万分之一。

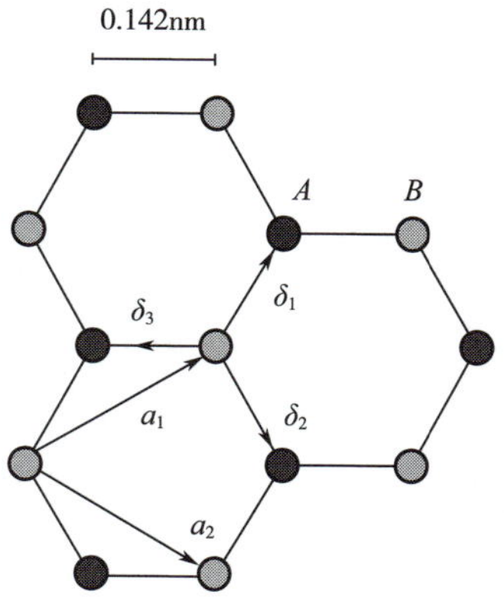

图 2-7　石墨烯碳原子杂化示意图

石墨烯是构建富勒烯、碳纳米管、石墨等碳材料的基本结构单元，石墨

烯可以包覆成零维的富勒烯，可以卷曲成一维的中空管——碳纳米管，可以多层堆垛成三维的石墨（图 2-8）。

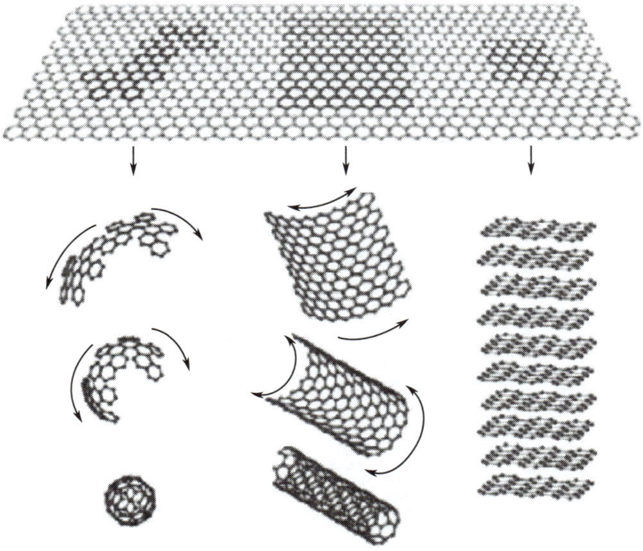

图 2-8 石墨烯的结构及其向富勒烯、碳纳米管、石墨转化示意图

石墨烯特殊的结构赋予了石墨烯独特的电学、力学、光学和热学等物理性质。例如，电子在石墨烯内传递时不易产生散射，室温下最大迁移率可达到 $2\times10^5cm^2/(V\cdot s)$，理想石墨烯电导率可达 $1\times10^6S/cm$ 以上。石墨烯理论比表面积可达 $2630m^2/g$，是常规活性炭的 2 倍多，在吸附和催化领域有重要应用。

2. 氧化石墨烯

氧化石墨烯是石墨粉末经化学氧化后的产物，它是一种性能优异的新型碳材料，具有较高的比表面积和丰富的表面官能团，在吸附和催化领域有着重要的应用。

普遍认为氧化石墨烯存在羟基、环氧基、羰基、羧基、酯基等含氧官能团，典型的结构如图 2-9 所示。石墨被强氧化剂氧化，氧原子进入到石墨层间，结合 π 电子，使层面内的二键断裂，并以 C═O、C—OH、—COOH 等官能团与密实的碳网面中的碳原子结合，形成共价键型石墨层间化合物。

由于官能团的存在，氧化石墨烯的厚度可达到（1.1±0.2）nm，远高于石墨烯的 0.335nm；氧化石墨烯的共轭结构遭到了破坏，导电性显著降低，

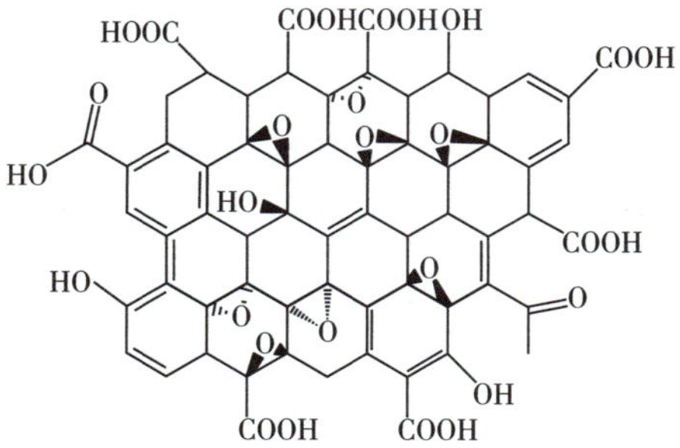

图 2-9 氧化石墨烯的结构示意图

力学性能也大幅降低，通过化学还原或热还原等手段，可恢复其部分共轭结构从而提高性能，如 Suk 等结合化学还原和热还原得到的还原氧化石墨烯电导率为 2.02×10^4S/m。

含氧官能团的存在一方面使氧化石墨烯的部分物理性能低于石墨烯，但另一方面也赋予其良好的分散性和反应活性。氧化石墨烯的含氧官能团通常是亲水性的，因而氧化石墨烯的亲水性要高于石墨烯；官能团的存在使得氧化石墨烯与聚合物的相容性也有所提高。氧化石墨烯中的含氧官能团很容易与含氨基、羧基、异氰酸酯基等基团的化合物发生反应，从而实现对氧化石墨烯的共价结合改性；氧化石墨烯还可通过氢键、π—π 键等与其他化合物实现非共价键结合。

二、石墨烯和氧化石墨烯的制备

1. 机械剥离法

机械剥离法可制备得到最大宽度为 100μm 的石墨烯片。该法主要是用氧等离子束在高取向热解石墨表面刻蚀出宽 20μm~2mm、深 5μm 的槽面，并将其压制在附有光致抗蚀剂的 SiO_2/Si 基底上，焙烧后，用透明胶带反复剥离出多余的石墨片，剩余在 Si 晶片上的石墨薄片浸泡于丙酮中，并在大量的水与丙醇中超声清洗，去除大多数的较厚片层后得到厚度小于 10nm 的片层，这些薄的片层主要依靠范德瓦耳斯力或毛细作用力与 SiO_2 紧密结合，最后在原子力显微镜下挑选出厚度仅有几个单原子层厚的石墨烯片层。此方法可以得到宽度达微米尺寸的石墨烯片。随后，这一方法得到了进一步研究并成为制备石墨烯的重要方法之一。在此基础上，研究者们又进一步改进此法来更好地应用于石墨烯的制备。

该方法的优点是设备简单、成本较低、产物保持着比较完美的晶体结构、缺陷含量较低。缺点是产生石墨烯的效率较低，不适合大规模的工业生产，一般仅应用在实验室的基础研究中。

2. 化学剥离法

化学剥离法是通过强氧化剂对石墨进行氧化制备得到氧化石墨，然后通过外力剥离（如超声剥离）得到单层的氧化石墨烯，进一步采用化学还原、热还原、溶剂热还原等还原手段得到对应的石墨烯。其中氧化石墨的制备方法较为关键，其过程可概括为石墨被强氧化剂氧化、氧原子进入石墨层间、结合 π 电子、层面内的 π 键断裂，以羰基、羧基、羟基等官能团与碳层面的碳原子结合，形成共价键型石墨层间化合物，此过程可使石墨层间距从 0.34nm 扩大到约 0.78nm。

氧化石墨的方法主要有以下几种。

（1）Brodie 法　采用发烟 HNO_3 体系，以 $KClO_3$ 为氧化剂，反应体系的温度需先维持在 0℃，然后，不断搅拌反应 20～24h。洗涤后获得的氧化石墨的氧化程度较低，需进行多次氧化处理以提高氧化程度，反应时间相对较长。该法的优点是其氧化程度可利用氧化时间进行控制，合成的氧化石墨结构比较规整。但因采用 $KClO_3$ 作氧化剂，有一定的危险性。

（2）Staudenmaier 法　采用浓 H_2SO_4 和发烟 HNO_3 混合酸对石墨粉处理，以 $KClO_3$ 为氧化剂，反应体系的温度一直维持在 0℃。氧化程度随反应时间的增加而增大，可通过控制反应时间来控制石墨烯的最终氧化程度。一般氧化程度较低，需进行多次氧化处理，氧化石墨烯碳层破坏严重。

（3）Hummers 法　采用浓 H_2SO_4 和 $NaNO_3$ 体系，以 $KMnO_4$ 为氧化剂，傅玲等将反应过程分低温（4℃以下）、中温（35℃左右）和高温（98℃以下）反应三个阶段。该法的优点是用 $KMnO_4$ 代替 $KClO_3$，提高了实验的安全性，减少了有毒气体的产生。同时该方法所需的氧化时间较短，产物的氧化程度较高，产物的结构较规整且易在水中发生溶胀而层离。

还原方法包括热还原法、溶剂热还原法、化学还原法等。热还原法是利用氧化石墨在瞬间高温下，层间的含氧官能团等降解形成 CO_2 或 H_2O 等小分子逸出，使得石墨片层克服范德瓦耳斯力发生剥离，同时氧含量下降的一种石墨烯还原制备方法。溶剂热还原法是利用水、乙醇、乙二醇、丁醇等作为溶剂，使用水热、溶剂热反应还原胶体分散态的氧化石墨，制备化学改性石墨烯。化学还原法则使用肼、对苯二酚、硼氢化钠等还原剂对氧化石墨进行还原制备石墨烯。

化学剥离法由于工艺条件简便、原料易于获得以及产率高，被认为是制备石墨烯的主要手段之一，具有工业化前景。

除了机械剥离法和化学剥离法外，还有化学气相沉积法、外延生长法、溶剂热合成法、有机合成法、电化学方法、电弧法等制备石墨烯的方法。

三、石墨烯的功能化

氧化石墨烯表面含有大量的含氧基团，这些基团使其表面带负电荷，电荷之间的静电斥力可以使其稳定地分散在水相体系中。氧化石墨烯被还原成石墨烯后，由于结构完整、化学稳定性高，其表面呈惰性状态，与溶剂等其他介质的相互作用较弱，且石墨烯片与片之间有较强的范德瓦尔斯力，容易产生聚集，使其在水及常见的有机溶剂中难于分散，给石墨烯的进一步研究和应用带来极大的困难。因此，对石墨烯进行有效的修饰和功能化，提高其分散性尤为重要。所谓功能化，就是利用石墨烯制备过程中表面产生的缺陷和基团，通过共价、非共价或掺杂等方法，使石墨烯表面的某些性质发生改变，便于研究和应用。

1. 共价键合功能化

由于氧化石墨烯含有大量的羧基、羟基和环氧基等活性基团，可以利用这些基团与其他分子之间的化学反应对石墨烯表面进行共价键合功能化。利用羧基与聚乙烯醇（PVA）分子上的羟基间的酯化反应，将 PVA 共价键合到石墨烯表面，得到了 PVA 功能化的石墨烯。功能化的石墨烯可以很好地分散到水相和极性有机溶剂中，形成稳定的分散相。利用端基为氨基的离子液体对石墨烯进行功能化，离子液体末端的氨基与氧化石墨烯表面的环氧基团在氢氧化钾作用下很容易发生亲核开环反应，带正电荷的离子液体将会连接到石墨烯层上，离子液体所带正电荷之间的静电斥力可使石墨烯稳定地分散到水以及 *N*,*N*–二甲基甲酰胺（DMF）、二甲基亚砜（DMSO）等有机溶剂中。

2. 非共价键合功能化

非共价键合功能化即对石墨烯表面进行物理吸附和聚合物包裹等。物理吸附和聚合物包裹法对石墨烯的固有结构没有破坏作用，所以石墨烯的结构和性质可以最大程度地得到保持。石墨烯与被修饰物之间的 π—π 作用以及超分子包合作用是非共价键合功能化的主要机理。例如利用聚苯乙烯磺酸钠

(PSS)、四氰代二甲基苯醌（TCNQ）、芘-1-磺酸钠盐（PYS）与芘四羧基二亚胺（PDI），在非共价键的作用下与石墨烯结合，可以使石墨烯稳定地分散到水相和有机相中。

3. 掺杂功能化

掺杂功能化是在石墨烯制备时掺进其他物质，为石墨烯增加新的属性。掺杂是实现石墨烯功能化的重要途径之一，是调控石墨烯电学和光学性能的一种有效手段。例如，通过在化学气相沉积法制备石墨烯的过程中通入氨气提供氮源，可得到氮掺杂的石墨烯，显示出 N 型半导体的导电特性。

第七节　多孔炭材料在卷烟降焦减害中的应用

一、活性炭的应用

活性炭是国内外烟草业研究最早、应用最为普遍的滤棒添加剂之一。早在 20 世纪 50 年代，美国烟草业就开始对活性炭作为滤棒添加剂进行了研究与应用，至 20 世纪 60 年代，活性炭滤嘴卷烟已占美国卷烟市场份额的 7%[18]。1958 年，世界上出现了第一个滤嘴添加活性炭的“Tareyton”商品卷烟[19]，国外菲尔创纳公司先后推出了活性炭/醋纤二复合滤嘴、空腔添加活性炭的三复合滤嘴、活性炭片等多种形式的活性炭滤嘴，我国南通烟滤嘴有限责任公司完成的“活性炭复合滤嘴”项目，设计制造了活性炭撒炭机构，成功研制了活性炭复合滤嘴。由于活性炭滤嘴对中式烤烟型卷烟吸味存在影响，活性炭滤嘴主要应用于国外卷烟产品中，如匈牙利、日本、瑞士、韩国、委内瑞拉等[20]，国产混合型卷烟中也有活性炭滤嘴的应用。

由于活性炭发达的孔隙结构和丰富的表面官能基团，活性炭对烟气中的挥发及半挥发性成分有较显著的吸附效果，如甲醛、乙醛、丙烯醛、丁酮、氰化氢、甲苯、苯乙烯等，但对粒相物及 CO 的吸附效果不佳。活性炭的比表面积和孔径分布对活性炭吸附烟气有害成分效果显著[21,22]，比表面积越大，对烟气过滤效果越高，微孔含量高的活性炭对乙醛、1,3-丁二烯和异戊二烯等小分子化合物的吸附效率较高，但微孔含量高的活性炭传质阻力大，对酚类等大分子化合物的吸附较少，适当增加中孔可提高大分子化合物的吸附效率；吸附效率受化合物分子量和沸点的影响，随化合物分子量和沸点的升高呈升高趋势。

通过对活性炭进行改性或负载化合物，可提升活性炭的化学吸附性能，提高对烟气有害成分的吸附效果。目前这方面的研究较多，如 Dawson 等[23] 采用 NaOH、$NaCO_3$、NH_4OH 等碱溶液处理椰子壳或其他木质素纤维来源的碳原料，后经炭烧、活化得到具有介孔/微孔复合孔结构的活性炭，以三元复合滤棒形式添加到滤嘴后，卷烟烟气常规成分中焦油和烟碱分别降低 15.7%和 15.3%、CO 释放量变化较小，HCN、巴豆醛释放量分别降低 49.5%和 68.7%。研究人员[24] 将活性炭浸渍 Fe^{2+}的原卟啉化合物溶液，可有效去除烟气中的 CO、苯并[a]芘及其衍生物等。Matthew 等[25] 通过离子交换法在高比表面积的活性炭上负载 Cu^{2+}、Co^{2+}、Ag^{+}和 Cr^{6+}等金属离子，制得一种改性活性炭吸附剂，可有效吸附 HCN。Anthony M 等[26] 将含有过渡金属浸渍的活性炭加入到滤嘴，可降低卷烟烟气中的 HCN。杨俊[27] 分别将血红蛋白、氯化血红素和合成铁卟啉负载于活性炭加入卷烟滤嘴后，烟气中焦油、烟碱、CO、HCN 最高分别降低 8.0%、6.5%、37.6%和 31.0%。

二、活性炭纤维的应用

李淑珍等[28] 将活性炭纤维与普通醋纤滤嘴组成复合滤嘴降低卷烟烟气中的有害物质，该复合滤嘴可使焦油降低 25.0%，对苯并[a]芘和 HCN 的过滤效果比普通醋纤滤嘴分别提高 64.8%和 31.0%。刘颖涛等[29] 研究了活性炭纤维对焦油、烟碱的降低效果，活性炭纤维添加量 10~60mg/支时，焦油降低率在 11.9%~41.7%，降低效果与活性炭纤维的比表面积和孔径大小分布有关。

Shi Huaibin 等[30] 制备了负载纳米金属粒子的活性炭纤维，结果显示，负载纳米 Pd/Cu 活性炭纤维后卷烟烟气中焦油、烟碱和苯并[a]芘最高分别降低 19.1%、18.5%和 11.4%。

三、石墨烯的应用

此外，氧化石墨烯、碳纳米管、碳空心材料等碳材料也作为滤棒添加剂被广泛研究。如盛金等[31] 考察了滤嘴添加氧化石墨烯改性活性炭纤维复合材料对烟气有害成分的滤除作用。结果表明，在活性炭纤维上修饰氧化石墨烯后，巴豆醛释放量降低 33.1%，HCN 降幅可达 26.7%。这种吸附作用与氧化石墨烯材料中丰富的羟基、羧基、羰基和共轭基团有关。Zhu Huaiyuan 等[32] 将氯化钯、氯化亚铜和氧化石墨烯改性的活性炭纤维添加于滤嘴中，结果表明氧化石墨烯改性的活性炭纤维对苯酚的降低效果更佳。张东海等[33] 制备了铁、钴、镍修饰的碳纳米管，作为滤嘴减害添加剂，可降低烟气中 HCN 和焦油释放量。

参考文献

[1] Budinova T, Ekinci T, Yardim F, et al. Characterization and application of activated carbon produced by H_3PO_4 and water vapor activation [J]. Fuel processing technology, 2006, 87, 899-905.

[2] Arami-Niya A, Wan D W, Abnisa F, et al. Optimization of synthesis and characterization palm shell based bio-char as aby-product of bio-oil production process [J]. Bioresourses, 2012, 7 (1): 246-264.

[3] Wu F C, Tseng R L, Juang R. Pore structure and adsorption performance of the activated carbons from plum kernels [J]. Journal of hazardous materials, 1999, 69, 287-302.

[4] Lewoyehu M. Comprehensive review on synthesis and application of activated carbon from agricultural residues for the remediation of venomous pollutants in wastewater [J]. Journal of Analytical and Applied Pyrolysis, 2021, 159, 105279.

[5] Chen J, Wu S. Acid/Base-treated activated carbons: Characterization of functional groups and metal adsorptive properties [J]. Langmuir, 2004, 20, 2233-2242.

[6] Tsai W T, Chang C Y, Lin M C, et al. Adsorption of acid dye onto activated carbons prepared from agricultural waste bagasse by $ZnCl_2$ activation [J]. Chemosphere, 2001, 45, 51-58.

[7] Molina-Sabio M, González M T, Rodríguez-Reinoso F, et al. Effect of steam and carbon dioxide activation in the micropore size distribution of activated carbon [J]. Carbon, 1996, 34 (4): 505-509.

[8] Li W, Yang K, Peng J, et al. Effects of carbonization temperatures on characteristics of porosity in coconut shell chars and activated carbons derived from carbonized coconut shell chars [J]. Industrial Crops and Products, 2008, 28 (2): 190-198.

[9] Zabaniotou A, Stavropoulos G, Skoulou V. Activated carbon from olive kernels in a two-stage process: industrial improvement [J]. Bioresource Technology, 2008, 99 (2): 320-326.

[10] Girgis B S, El-Hendawy E. Porosity development in activated carbons obtained from date pits under chemical activation with phosphoric acid [J]. Microporous Mesoporous Materials, 2002, 52, 105-117.

[11] Spahis N, Addoun A, Mahmoudi H, et al. Purification of water by activated carbon prepared from olive stones [J]. Desalination, 2008, 222 (1-3): 519-527.

[12] Duman G, Onal Y, Okutucu C, et al. Production of activated carbon from pine cone and evaluation of its physical, chemical, and adsorption properties [J]. Energy Fuels, 2009, 23 (4): 2197-2204.

[13] 刘桂芳. 常用吸附材料在水处理中的应用 [M]. 北京: 化学工业出版社, 2016.

[14] Marzia S, Mahbub H R, Meherunnesa S, et al. A review on experimental chemically modified activated carbon to enhance dye and heavy metals adsorption [J]. Cleaner Engineering and Technology, 2022, 6, 100382.

[15] Mariana M, Abdul Khalil H P S, Mistar E M, et al. Recent advances in activated carbon modification techniques for enhanced heavy metal adsorption [J]. Journal of Water Process Engineering, 2021, 43: 102221.

[16] 马宇飞, 郑雅轩, 朱彦武. 氧化石墨烯的工业化进展 [J]. Science China Materials, 2020, 63 (10): 1861-1869.

[17] 顾斌, 丁凡, 陈淏燊, 等. 石墨烯及其复合材料作为吸附剂在水处理中的应用研究 [J]. 化工新型材料, 2017, 45 (9): 17-19.

[18] Jones E C, Alan B. Norman. History of cigarette design [C]. 52nd Tobacco Science Research Conference. Responding to Change in Our Industry, 1999, 27-37.

[19] Branton P, Bradley R H. Activated carbons for the adsorption of vapours from cigarette smoke [J]. Adsorption Science & Technology, 2010, 28 (1): 3-21.

[20] Coggins C R E, Gaworski C L. Could charcoal filtration of cigarette smoke reduce smoking-induced disease? A review of the literature [J]. Regulatory Toxicology and Pharmacology, 2008, 50 (3): 359-365.

[21] 解晓翠, 常纪恒, 于川芳, 等. 活性炭结构对卷烟主流烟气化学成分吸附效率的影响 [J]. 烟草科技, 2012, (9): 31-35.

[22] 贾伟萍, 常纪恒, 王宏生, 等. 活性炭孔结构对卷烟烟气过滤效率的影响 [J]. 当代化工, 2010, 5: 596-599.

[23] Dawson E A, Parkes G M B, Branton P, et al. Synthesis of vegetable-based activated carbons with mixed micro-and mesoporosity for use in cigarette filters [J]. Adsorption Science & Technology, 2012, 30 (10): 859-866.

[24] Michiko Yagi. Tobacco smoke filter: US, 4414988-A [P]. 1983-11-15.

[25] Matthew J Chinn, Paul R Norman, Philip A Barnes, et al. Activated carbon filter and process for the separation of noxious gases: WO, 9911358 [P]. 1999-03-11.

[26] Anthony M, Michael T, Andrew W, et al. Tobacco smoke filters: US, 20070295346

[P]. 2007-12-27.

[27] 杨俊. 血红蛋白（血红素）降低卷烟有害成分的研究[D]. 合肥：合肥工业大学，2002.

[28] 李淑珍，王宁亮，李孝忠，等. TC-A001 型活性碳纤维降低卷烟中有毒物质的研究[J]. 中华劳动卫生职业病杂志，1994，12（2）：95-97.

[29] 刘颖涛，尹宏越，王俊茹，等. 烟嘴中一种新的填充物—活性碳纤维素的应用研究[J]. 化学工程师，1996，6：49-50.

[30] Shi Huaibin, Gu Zhongzhu, Xiong Xiaomin, et al. Studies on removing polycyclic aromatic hydrocarbons (PAHs) in cigarette smoke by activated carbon fibers loaded with nano-palladium-copper [C]. CORESTA Congress, Smoke Science/Product Technology Groups, 2008.

[31] 盛金，庄亚东，朱怀远，等. 氧化石墨烯改性活性炭纤维滤除卷烟主流烟气的释放物[J]. 分析测试学报，2013，7：851-855.

[32] Zhu Huaiyuan, Zhuang Yadong, Liu Xianjun, et al. Application of modified activated carbon fibre in reduction of carbonyl and phenolic compounds in mainstream cigarette smoke [C]. CORESTA Congress, Smoke Science/Product Technology Groups, 2013.

[33] 张东海，岳勇，许锴霖，等. 过渡金属修饰的碳纳米管降低烟气中氢氰酸[J]. 广州化工，2013，41（23）：66-68.

第三章 分子筛

分子筛具有均匀的孔道和排列整齐的孔穴，吸附催化性能优异，耐高温，广泛用作有机化工、石油化工、废气净化吸附催化剂。本章介绍分子筛的结构性能、制备方法及其作为滤棒添加剂降低烟气有害成分的应用。

第一节 分子筛简介

分子筛，广义上讲，指具有筛分分子能力的材料。更为具体的，分子筛是指由 TO_4 四面体通过共顶点连接而形成的具有规则孔道结构的无机晶体材料，主要包括沸石分子筛和磷酸铝分子筛。

沸石（Zeolite）是一种具有规整孔道结构的硅铝酸盐晶体。沸石由硅氧四面体或铝氧四面体通过氧桥键相连而形成骨架结构，在结构中有很多孔径均匀的孔道和排列整齐、内表面积很大的空穴，此外还含有电价较低而离子半径较大的金属离子和化合态的水。沸石在希腊语中是“沸腾的石头”的意思，因为加热天然沸石矿物时会产生大量水蒸气。沸石中水分子在加热后连续地失去，但晶体骨架结构不变，形成了许多大小相同的空腔，空腔又由许多直径相同的微孔相连，这些微小的孔穴大小均匀，能把比孔道直径小的分子吸附到孔穴的内部，而把比孔道大的分子排斥在外，因而能把直径大小不同的分子分离开来，即具有“筛分”分子的作用，故也称为沸石分子筛或分子筛。本章所述分子筛主要指沸石分子筛，即硅铝酸盐分子筛。

沸石分子筛的化学通式为：$Mx/n\ [\ (AlO_2)\ x\ (SiO_2)\ y\ ]\ \cdot \omega\ H_2O$

其中，M 为阳离子，通常为 K、Na、Ca 等，n 是阳离子 M 的价态；$(AlO_2)\ x\ (SiO_2)\ y$ 构成了分子筛晶体的骨架，具有不同形状的孔和孔道；ωH_2O 为分子筛晶体吸附的水分子；阳离子和吸附水位于孔道中。分子筛骨架的硅原子与铝原子的摩尔比例常常被简称为硅铝比（Si/Al，有时也用 SiO_2/Al_2O_3 表示）。

沸石分子筛按来源分为天然沸石和合成沸石两类。天然沸石大部分由火山凝灰岩和凝灰质沉积岩在海相或湖相环境中发生反应而形成。目前已发现有 1000 多种沸石矿，较为重要的有 35 种，常见的有斜发沸石、丝光沸石、毛沸石和菱沸石等，主要分布于美国、日本、法国等，中国也发现大量丝光沸石和斜发沸石矿床。

人工合成的沸石分子筛种类繁多，但真正工业化规模生产的主要是 A 型、X 型、Y 型等。分子筛的命名无统一的规则，除了上述约定俗成的 A 型、X 型、Y 型等外，也有用与其晶体结构相似的天然沸石命名的，如 X 型和 Y 型分子筛为八面沸石型。有些分子筛也以最初研制者的工作单位来命名，如 ZSM-5 分子筛名称中的 ZSM 代表 Zeolite Socony Mobil 公司。国际沸石协会（IZA）根据 IUPAC 的命名原则，给每个确定的骨架结构赋予一个由三个英文字母组成的代码，如 FAU 代表八面沸石，MFI 代表 ZSM-5 型。值得注意的是，相同骨架结构可以有不同的化学组成，如 X 型沸石（低硅八面沸石）、Y 型沸石（高硅八面沸石）具有完全不同的化学组成，但它们具有相同的 FAU 结构。

第二节　分子筛的结构与性能

一、分子筛的结构

分子筛是由 TO_4 四面体之间通过共顶点连接而成的三维四连接骨架。骨架 T 原子通常为 Si、Al 原子，在少数情况下，可为其他杂原子，如 B、Ga、Be 等。[SiO_4]、[AlO_4] 等四面体构成了分子筛骨架的最基本结构单元，即初级结构单元。所有 TO_4 四面体通过共顶点氧原子连接成多元环和笼，被称为次级结构单元（SBU）。这些次级结构单元进一步组成了分子筛的三维骨架结构，一个骨架结构可看成是由一个或多个次级结构单元连接而成，骨架中空部分可由阳离子、水或其他客体分子占据，这些阳离子和客体分子是可以移动的，阳离子可以被其他阳离子交换。

1. 分子筛第一结构层次——TO_4 四面体

分子筛的第一结构层次为 TO_4 四面体，也称为初级结构单元，通常为 [SiO_4] 四面体和 [AlO_4] 四面体。在这两种四面体中硅或铝为中心原子，四面体的四个顶角处为氧原子。在这些四面体中，Si、Al 以高价氧化态的形式出现，采用 sp^3 杂化轨道与氧原子成键。

在分子筛结构中，每个 T 原子都与四个氧原子配位，每个氧原子桥连两个 T 原子（图 3-1）。在分子筛骨架中，[SiO_4] 四面体是中性的，[AlO_4] 四面体则带有一个负电荷。[SiO_4] 四面体和 [AlO_4] 四面体构成的分子筛具有阴离子骨架结构。骨架负电荷由额外的阳离子（如 Na^+、K^+、Ca^{2+}）平衡。在通常情况下，分子筛的结构遵循以下规则：①四面体中的每个氧原子都是共用的；②相邻的两个四面体之间只能共用一个氧原子；③两个 [AlO_4] 氧四面体不直接相连（Lowenstein 规则）。

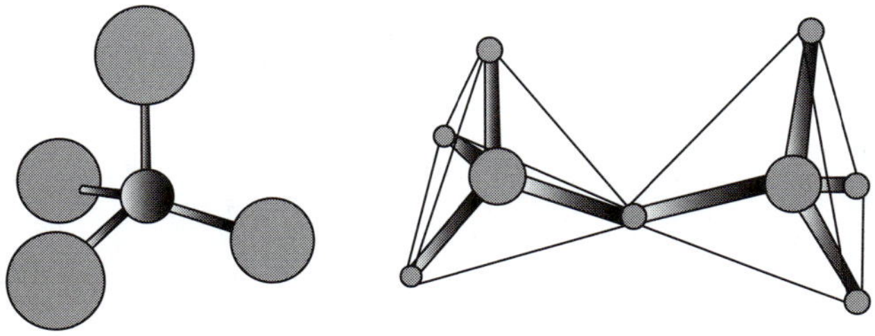

图 3-1　分子筛 TO_4 四面体结构示意图

2. 分子筛第二结构层次——多元环

多个 TO_4 四面体通过共用氧原子连接可形成多元环，连接的四面体数目不同，形成的多元环边数也不同。如由 4 个四面体连接可形成四元环，由 5 个四面体连接可形成 5 元环。

图 3-2 为 TO_4 四面体连接形成的六元环的示意图，图中的六边形是

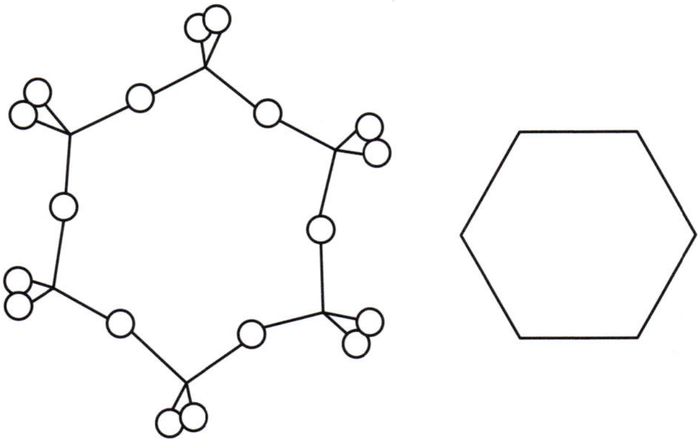

图 3-2　TO_4 四面体连接形成的六元环结构示意图

对六元环的几何描述，顶角代表一个 Si 原子或 Al 原子，每条边则代表共用的氧原子，多元环中间则为一孔。孔的大小与成环元数有关，成环元数越大，则孔径也越大。表 3-1 列出了多元环的最大自由直径。由于环并非理想的几何多边形，而是存在一定扭曲的多边形，因此实际数值往往与上述数值存在一定偏差。从表 3-1 中可以看出，环的孔径大小与一般小分子大小相当，若分子直径小于孔径，则可通过孔被吸附，否则被屏蔽于孔之外。

表 3-1　多元环的最大自由直径

多元环	最大自由直径/nm	多元环	最大自由直径/nm
4	0. 16	10	0. 63
5	0. 15	12	0. 80
6	0. 28	18	1. 50
8	0. 43		

3. 分子筛第三结构层次——笼

除形成多元环外，多个 TO_4 四面体通过共用氧原子也可连接形成三维结构的多面体，通常以笼（Cage）来称呼。笼也可看作各种多元环通过氧桥相互连接成三维空间的多面体。

图 3-3 为一些常见的笼的结构，与环类似，笼的每个顶角代表一个 Si 原子或 Al 原子，每条边代表共用的氧原子，笼是中空结构。笼的形状有的简单，有的复杂，常见的笼有立方体笼、六方柱笼、γ 笼、α 笼、β 笼等。立方体笼可以看作由 6 个四元环组成；六方柱笼则由 6 个四元环和 2 个六元环组成；γ 笼由 6 个八元环，12 个四元环组成。β 笼也称为削角八面体笼，将八面体的六个角削去，则形成由 8 个正六边形和 6 个正四边形组成的多面体，即 β 笼（图 3-4），β 笼中空体积为 0. 16nm^3，直径为 0. 66nm。以 β 笼为结构单元，8 个 β 笼以简单立方形式排列，彼此间以四元环通过 T—O—T 键相互联结，中间形成一个新的由 12 个四元环、8 个六元环和 6 个八元环组成 26 面体，即 α 笼（图 3-5）。

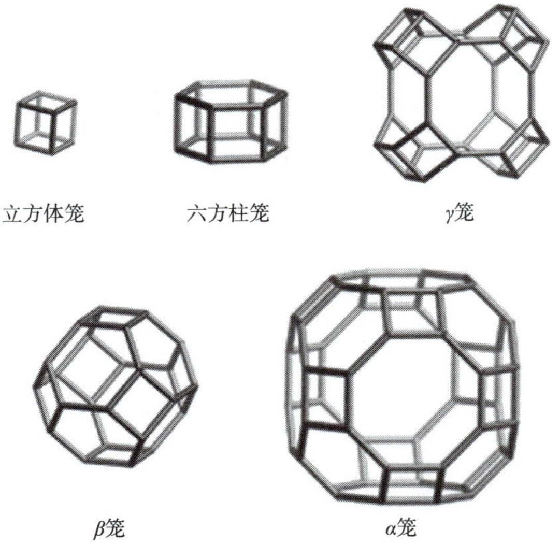

图 3-3　几种常见笼结构示意图

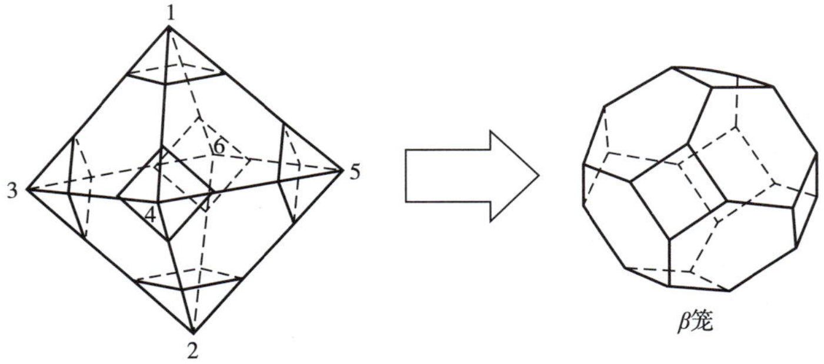

图 3-4　β 笼的形成示意图

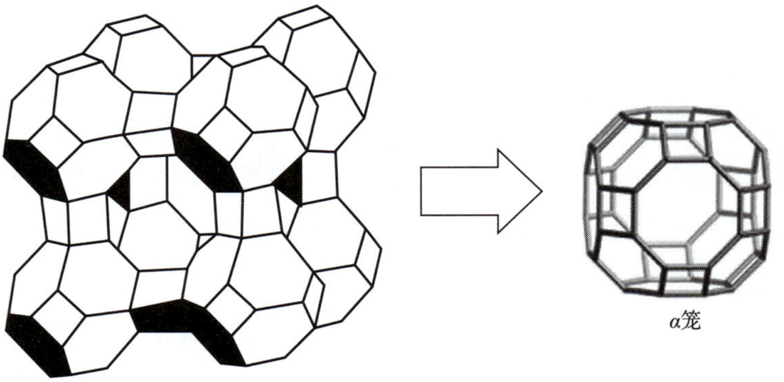

图 3-5　α 笼的形成示意图

4. 分子筛的第四结构层次——分子筛骨架

由笼再进一步排列即成各种分子筛的骨架结构。如 β 笼通过与其他简单的四方棱柱体、六方棱柱体等相互连接可形成多种类型的分子筛（A、X、Y 型等）。下面简要介绍几种分子筛的骨架结构。

（1）A 型分子筛（LTA）的晶胞结构 A 型沸石硅铝比约为 1，其骨架结构为 LTA 型（图 3-6）。A 型分子筛的基本结构单元为 β 笼，β 笼以简单立方形式排列，彼此以四元环通过立方体笼相互联结，形成 A 型分子筛的三维骨架结构以及一个位于晶胞中心的新的更大的 26 面体笼，即 α 笼。从另一个角度来看，LTA 型骨架结构也可看作 α 笼的简单立方排列，α 笼之间通过八元环连接，在中心产生出一个 β 笼。LTA 分子筛的孔道为互相垂直的三维孔道体系，主孔道为八元环，孔道中离子为 Na^+ 的 A 型分子筛，其直径约为 0.4nm（4Å），故称 4A 分子筛。当 A 型分子筛中的 Na^+ 有 70% 以上被 Ca^{2+} 交换，八元环的孔径增至 0.5nm（5Å），称为 5A 分子筛。当 A 型分子筛中的 Na^+ 有 70% 以上被 K^+ 交换，八元环的孔径减小为 0.3nm（3Å），称为 3A 分子筛。

A 型分子筛晶胞中的水分子处于 β 笼和 α 笼中，在 β 笼中，水分子与分子筛骨架表面的氧原子形成氢键，而在 α 笼中，水分子几乎是以液体状态的方式存在。A 型分子筛（LTA）常被用作干燥剂以及洗涤剂中的离子交换剂。

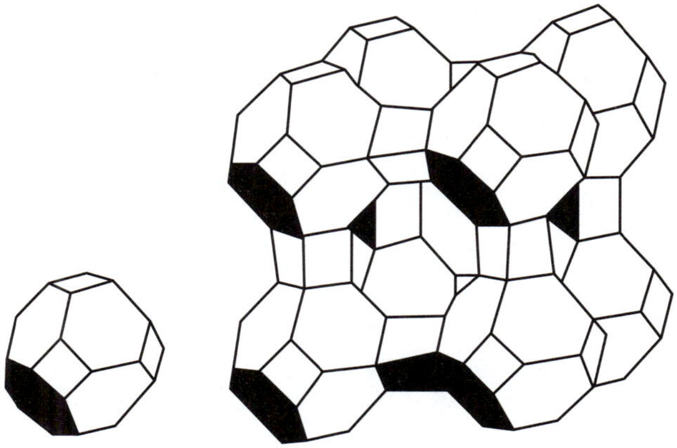

图 3-6 A 型分子筛（LTA）的晶胞结构示意图

（2）X/Y 型分子筛（八面沸石，FAU）的晶胞结构 X 型、Y 型分子筛都具有天然矿物八面沸石的骨架结构。习惯上，把硅铝比为 1~1.5 的称为 X 型分子筛，而硅铝比大于 1.5 的称为 Y 型分子筛。

八面沸石的基本结构单元与 A 型分子筛（LTA）一样，也为β笼。β笼按金刚石晶体方式排列，金刚石结构中每个碳原子由β笼替代，相邻的β笼通过六元环以 T—O—T 键相互联结，围成一个 26 面体笼，即八面沸石笼，或称超笼（图 3-7）。八面沸石型分子筛具有与金刚石晶体结构类似的三维孔道体系，主孔道为十二元环，孔口直径 0.7 ~0.8nm，八面沸石笼的最大直径为 1.18nm。八面沸石分子筛晶体中，Na^+分布于六角棱柱笼、β笼的六元环附近和β笼的四元环上。

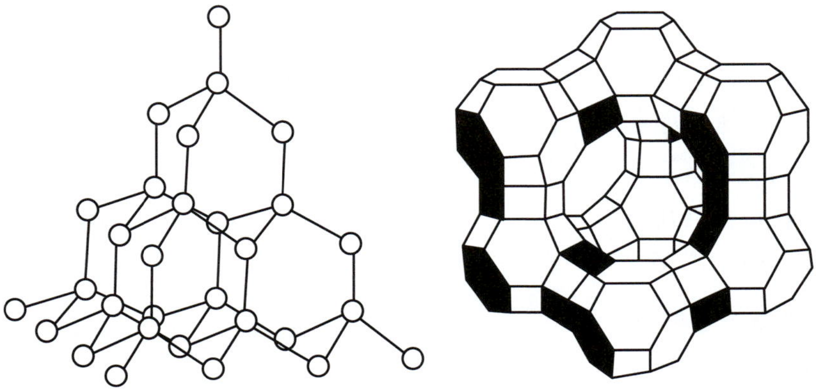

图 3-7　金刚石结构及八面沸石分子筛晶胞结构示意图

（3）丝光沸石（MOR）　丝光沸石是一种常见的天然沸石。在丝光沸石结构中，含有大量的五元环，这些五元环成对连接在一起，相邻两个五元环共用两个 TO_4 四面体［图 3-8（a）］。它们又通过氧桥与另一对五元环连接，在连接的地方形成四元环［图 3-8（b）］。继续这样连接，就形成了八元环和十二元环［图 3-8（c）］。

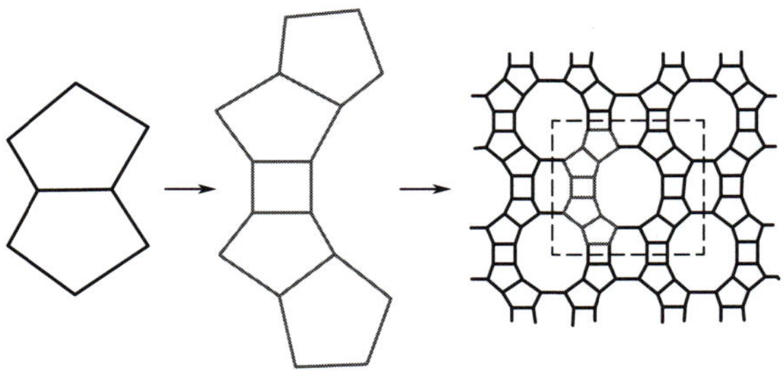

（a）　（b）　（c）

图 3-8　丝光沸石的结构示意图

丝光沸石的层状结构通过适当的方式联接层叠，其晶体中形成了许多互相平行的直筒型孔道，其中孔径最大的孔道由十二元环组成，它是丝光沸石的主孔道，尺寸为0.65nm×0.70nm。实际上，丝光沸石每层的原子并不在一个平面上，而且层与层之间也不是正对着重叠的，相互之间有一定的位移，其直筒型孔道也发生一定扭曲，因此丝光沸石的平均孔径变小，通常为0.4nm左右。在主孔道之间，还有八元环孔道相通，但由于八元环的排列更不规则，孔径较小（约0.28nm），一般分子不易通过。因此，丝光沸石的吸附主要发生在主孔道。

丝光沸石的硅铝比约为5，理想晶胞组成为$Na_8[Al_8Si_{40}O_{96}]\cdot 24H_2O$。丝光沸石的晶胞中有8个阳离子，4个位于主孔道周围的八元环孔道中，另外4个位置不固定。

二、分子筛的性能

分子筛具有良好的热稳定性，能承受600~700℃的短暂高温，具有较高的化学稳定性，可在pH 5~10的介质中使用。分子筛晶体内部均一的孔径和极高的比表面积、强大的库仑场、极性作用和高表面酸性，使得分子筛具有高效吸附性能和催化活性。分子筛的性能主要表现在吸附性能、离子交换性能和催化性能。

1. 吸附性能

分子筛具有均一的孔径和极高的比表面积，具有优异的吸附性能。分子筛的吸附特性具有明显的特点：①对不同大小和形状的分子具有选择吸附性；②对不同极性、不饱和度和极化率的分子具有选择吸附性。

（1）根据分子大小和形状的不同选择吸附　分子筛晶体具有蜂窝状的结构，晶体内的晶穴和孔道相通，并且孔径大小均匀、固定（分子筛空腔直径一般在0.6~1.5nm），与常见分子的大小相当。只有当分子动力学直径小于沸石分子筛孔径时才能很容易进入晶穴内部而被吸附，而构型庞大的分子由于不能进入分子筛孔道，则不被分子筛吸附。所以分子筛对于气体和液体分子犹如筛子，根据分子的大小来决定其是否被吸附。分子筛这种对不同大小和形状的分子表现出不同的选择吸附效应，称为分子筛效应。

正己烷（直径0.49nm）和分子尺寸大于0.5nm的苯、四氢萘、甲基环己烷的混合物在5A分子筛的吸附结果表明，5A分子筛可选择吸附正己烷分子，但不能吸附尺寸较大的分子，可见分子筛对不同大小的分子表现出明显的选择性吸附。

NaA 型分子筛孔径约为 0.40nm，分子直径为 0.28nm 的 CO_2 分子可以进入从而被吸附，而直径为 0.49nm 的正丁烷以及 0.56nm 的异丁烷都不能进入孔隙；当 Na^+被 Ca^{2+}交换 1/3 以后，分子筛孔径变大为 0.50nm 左右，其对正丁烷的吸附量急剧上升，但异丁烷（直径 0.56nm）仍不能被有效吸附。

而活性炭、硅胶、活性氧化铝等常规吸附剂由于没有均匀的孔径，孔径分布范围十分宽广，所以没有筛分性能。

（2）根据分子极性、不饱和度和极化率的选择吸附　由于分子筛晶穴内有着较强的极性，能与含极性基团的分子在沸石分子筛表面发生强的作用，或是通过诱导使可极化的分子极化从而产生强吸附。这种极性或易极化的分子易被极性沸石分子筛吸附的特性体现出沸石分子筛的又一种吸附选择性。因此，分子筛对于小的极性分子和不饱和分子，具有选择吸附性能，极性越大，不饱和度越高，其选择吸附性越强。在非极性分子中，对于易极化的分子也有较高的选择吸附优势。

在极性分子和非极性分子如 CO 和 Ar 的混合物中，二者的直径接近，都小于 0.4nm，沸点也接近（CO 为-192℃，Ar 为-186℃），但 CO 是极性分子，而 Ar 是非极性分子，在 5A 沸石分子筛上的吸附表明 CO 的吸附量远大于 Ar。

含有不饱和键的分子，由于易被极化，沸石对其也有较强的亲和力。不饱和度越大，吸附也越强。例如，4A 沸石对乙炔、乙烯的吸附量明显高于乙烷，沸石对不饱和烃具有选择性吸附能力；而常规吸附剂活性炭对乙炔、乙烯和乙烷无明显选择性吸附（表 3-2）。

表 3-2　二碳烃类的吸附

吸附剂	压力/mmHg	吸附量/%		
		乙炔	乙烯	乙烷
4A 沸石	1	3.8	1.4	0.3
	100	7.7	7.8	3.8
活性炭	100	3.5	4.8	5.9

注：1mmHg = 133.3Pa。

2. 催化性能

分子筛具有独特的规整晶体结构，其中每一类都具有一定尺寸、形状的孔道结构，并具有较大比表面积。大部分沸石分子筛表面具有较强的酸中心，同时晶孔内有强大的库仑场起极化作用。这些特性使分子筛不仅成为优良的吸附剂，而且成为有效的催化剂和催化剂载体。

沸石分子筛的催化性能主要来源于它的强酸性。与无定型的硅铝酸盐相比，沸石分子筛的酸性明显较强，这主要是因为沸石分子筛中存在着增强型的电子供体-受体相互作用，即硅铝桥式羟基与终端硅羟基的共振模式（图 3-9），固体核磁研究表明无定型硅铝酸盐中以终端硅羟基为主，而沸石分子筛中则以桥式羟基为主。

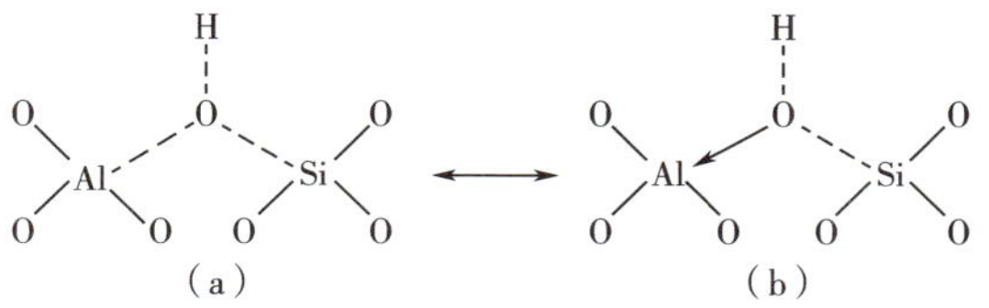

图 3-9 硅铝桥式羟基（a）与终端硅羟基（b）的结构示意图

多相催化反应是在固体催化剂上进行的，催化活性与催化剂的晶孔大小有关。沸石分子筛作为催化剂或催化剂载体时，催化反应的进行受沸石分子筛的晶孔大小控制。晶孔和孔道的大小和形状都可以对催化反应起选择性作用。在一般反应条件下沸石分子筛对反应方向起主导作用，呈现了择形催化性能，这一性能使沸石分子筛作为催化新材料具有强大生命力。

3. 离子交换性能

分子筛的另一个重要性能是可以进行可逆的离子交换。通过这种离子交换，可改进分子筛的吸附和催化性能，从而获得广泛的应用。例如，A 型（LTA）和八面沸石型（FAU）（X 型和 Y 型沸石）分子筛往往通过阳离子交换来二次合成具有重要实用价值的催化和吸附材料。A 型分子筛通过离子交换可获得 3A、4A、5A 分子筛，X 型和 Y 型分子筛通过离子交换获得氢型、稀土型、铵-Y 型与铵-X 型分子筛。

通常所说的离子交换是指沸石分子筛骨架外的补偿阳离子的交换。沸石分子筛骨架外的补偿离子一般是质子和碱金属或碱土金属，它们很容易在金属盐的水溶液中被离子交换成各种价态的金属离子型沸石分子筛。离子在一定的条件下，如水溶液或受较高温度时比较容易迁移。在水溶液中，由于沸石分子筛对离子选择性的不同，可表现出不同的离子交换性质。金属阳离子与沸石分子筛的水热离子交换反应是自由扩散过程，扩散速度制约着交换反应速度。通过离子交换可以改变沸石分子筛孔径的大小，从而改变其性能，达到择形吸附分离混合物的目的。沸石分子筛经离子交换后，阳离子的数目、大小和位置发生改变，如高价阳离子交换低价阳离子后使沸石分子筛中的阳离子数目减少，造成位置空缺使其孔径变大；而半径较大的离子交换半径较小的离子后，则易使其孔穴受到一定的阻塞，使有效孔径有所减小。

在进行离子交换时，有些阳离子容易交换到沸石上，而有些阳离子不易交换到沸石上，或是这些阳离子在交换到沸石上后很容易被其他阳离子置换，也就是说，沸石在进行离子交换过程中呈现出选择性。这种选择性和沸石的结构有关，也和阳离子的本性（电荷数、离子半径、水合度等）以及交换条件有关。NaA、NaX 和 NaY 型分子筛的离子交换特性如下。

（1）NaA 型分子筛　NaA 型分子筛在 25℃、0.2 mol/L 等当量交换时，离子交换选择性顺序一般为：$Ag^+>Ti^+>K^+>NH_4^+>Rb^+>Li^+>Cs^+$；$Zn^{2+}>Sr^{2+}>Ba^{2+}>Ca^{2+}>Co^{2+}>Ni^{2+}>Cd^{2+}>Hg^{2+}>Mg^{2+}$。

（2）NaX 型分子筛　NaX 型分子筛在 25℃交换时，交换度低于 40%时，离子交换选择性顺序为 $Ag^+>Ti^+>Cs^+>K^+>Li^+$；交换度大于 40%时，离子交换选择性顺序为：$Ag^+>Ti^+>K^+>Cs^+>Li^+$。

（3）NaY 型分子筛　NaY 型分子筛在 25℃交换时，交换度低于 60%时，离子交换选择性顺序为 $Ti^+>Ag^+>Cs^+>Rb^+>NH_4^+>K^+>Li^+$。

其中 Cs^+、Rb^+、NH_4^+的最大交换度为 68%，相当于 NaY 型沸石晶胞中的 56 个 Na^+有 40 个（分布在超笼中）被交换下来，而分布在六角棱柱笼（D6R）内的 16 个 Na^+不能被交换。

交换度大于 68%时，有几种阳离子可交换 Na^+，其交换选择性顺序为 $Ag^+>K^+>Li^+$。

Ag^+（半径 0.126nm）、K^+（半径 0.133nm）、Li^+（半径 0.060nm）能全部交换 NaY 型沸石中的 Na^+，说明它们都可进入沸石的方钠石笼与 D6R 笼中的六元环（25℃时，方钠石笼与 D6R 笼的晶孔有效孔径为 0.25nm 左右）。

第三节　分子筛的制备

一、水热合成及成型技术

沸石的合成可以追溯到 19 世纪中期，模仿天然沸石的地质生成条件，使用高压和高温，但结果并不理想。真正成功地合成是 Barrer 在 1948 年首次合成出了天然不存在的沸石，之后，美国联合碳化物公司（Union Carbide Corporation，UCC）的 Milton 和 Breck 等发展了沸石合成方法，并成功地合成出了没有天然对应物的 A 型沸石。另一个大的飞跃是 1961 年 Barrer 和 Denny 首次将有机季铵盐阳离子引入合成体系，有机阳离子的引入可以合成高硅铝比的沸石甚至全硅分子筛，此后在有机物存在的合成体系中获得了许多新分子筛。

1. 水热合成法

水热合成法是合成分子筛最常用和最有效的途径。一般来说，水热合成反应在 150℃以下的，通常称为低温水热合成反应，而反应温度在 150℃以上的，称为高温水热合成反应。较低的温度有利于更多的水结合到分子筛中，从而可以得到较大孔径的分子筛。低温水热合成反应制备的分子筛，大多为非平衡态的介稳相，因此低温水热合成反应一方面可以制得自然界不存在的分子筛，另一方面，由于反应温度较低，为分子筛的大规模工业生产提供有力条件。图 3-10 列出了 A 型分子筛的合成工艺流程。

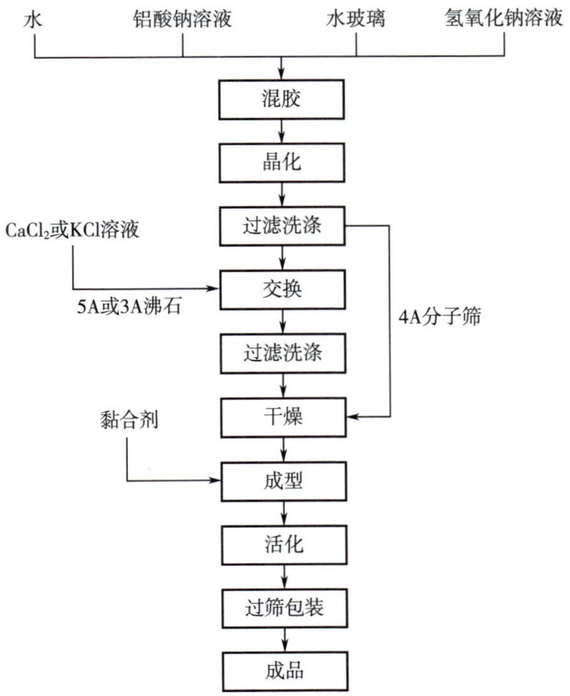

图 3-10 A 型分子筛的合成工艺流程

合成分子筛的基本原料：硅源、铝源、碱源和水等。常用的硅源有水玻璃、硅酸钠、硅溶胶、白炭黑、有机硅酸酯（硅酸四甲酯，硅酸四乙酯等），其中以水玻璃最为常用。常用的铝源有偏铝酸钠、硫酸铝、活性氧化铝、硝酸铝、金属铝、三水铝石、氢氧化铝等，通常采用氢氧化铝与氢氧化钠配制的铝酸钠溶液为铝源。碱源通常为氢氧化钠、氢氧化钾等。如果要合成富硅沸石，如 ZSM-5，往往需要加入有机模板剂，模板剂通常为各种含氮的有机物、季磷盐等。

按照一定比例配制的反应混合物，在混合均匀后形成白色不透明凝胶。然后将此凝胶置于反应容器中，在一定温度下进行晶化反应，通常温度为 80~120℃。工业生产中，一般使用不锈钢或碳钢材料制备的反应釜，加热需要采用均匀热源（如蒸汽加热、油浴加热），避免局部过热。晶化反应结束后，分子筛一般下沉于反应釜底部，上部为澄清的溶液。沉淀物经过滤、洗涤、干燥等步骤，得到白色分子筛粉末。

初始凝胶的配比往往能够决定最终产物的类型。最初投料的反应物的不同会导致最后生成物完全不同，如阳离子不同可以导致分子筛产物的不同，钠离子易导向 LTA、CAN、FAU、GIS 等分子筛骨架的生成，而钾离子则容易导向 LTL、CHA、ERI 等类型的分子筛骨架。即使最初的反应物相同只是反应物含量有微小的差别也极有可能得到不同的物相，如碱度对分子筛合成体系有一定影响。另外，当所有物料比例都相同，只是使用不同的硅源也有可能导致分子筛晶体大小、形貌甚至骨架类型的改变。

（1）硅铝比　反应物的起始硅铝比对最终的反应产物有很大的影响，但是这两者又没有一定的对应关系。一般而言，低硅铝比的 LTA 分子筛、SOD 分子筛、FAU 分子筛等都是从低的硅铝比和高碱度的原始投料体系中晶化而得的。ZSM-5、β 型等这类高硅沸石，往往都是从高的硅铝比以及低碱度的原始投料中获得的。通常而言，增加投料的硅铝比在一定范围内能增加产物的硅铝比，但并不是所有分子筛都能通过调节原料硅铝比来合成高硅或低硅的产物，如高硅 LTA 分子筛、低硅 ZSM-5 分子筛等超出正常硅铝比范围的产物是很难合成的。另外，最终产物的硅铝比往往低于原始投料的硅铝比，这是因为 OH^- 优先溶解硅物种，使铝物种几乎全部进入骨架，母液中留下的是可溶的多余的硅。

（2）碱度　沸石合成大都是在碱性条件下进行的，最常见的碱是氢氧化钠。通常用 Na_2O/SiO_2 来表示体系的碱度。一般而言，碱度增加，硅铝原料的溶解度增加，硅铝酸盐聚合度降低，溶液的过饱和度增大，从而加快成核速度，缩短诱导期，晶化速度加快。此外，增大碱度会使最终产品的粒子变小并且粒径分布变窄，如在无模板条件下合成具有 6nm 最小尺寸的 EMT 沸石分子筛。另外，体系的碱度增大有利于生成富铝的沸石。在有机模板不存在的条件下，通过让无机碱充当模板的作用来合成如 β、RUB-13、ZSM-12、ZSM-23、MCM-68 等沸石分子筛，这些沸石分子筛不仅是高度富铝的，而且还是高度富无机金属阳离子的。另一个沸石合成的条件是在含有氟离子的中性或酸性条件下合成沸石分子筛，氟离子在分子筛合成中取代了碱的作用，溶解硅铝酸盐凝胶。在氟体系下合成的纯硅分子筛缺陷较少，也更容易得到比较完美的大单晶。

（3）陈化 从原料的均匀混合到升温晶化前的静止过程，称为陈化。在陈化过程中，凝胶的组成、结构都会发生变化。最为典型的例子是在合成 FAU 分子筛时使用的 Y 导向剂就需要所有反应物混合均匀后室温陈化，这是因为导向剂经过陈化产生了微小的沸石晶核，并且含有大量的六元环。

（4）晶化 对于合成沸石分子筛，晶化温度是一个很重要的因素。温度变化会影响水在反应釜中压力的变化、硅铝酸盐的聚合状态和聚合反应、凝胶的生成和溶解与转变、分子筛的成核与生长以及介稳相间的转晶。相同的体系在不同的温度下可能会得到完全不一样的物相，温度越高得到的沸石尺寸和孔体积越小，晶体骨架密度相应增大。一般而言，150℃初级结构往往是四元环或六元环，而当温度高于 150℃，则往往是五元环的初级结构单元。由此可见，在高温水热条件下，无机物（主要是硅铝酸盐物种）的造孔规律和晶化温度与水蒸气气压之间存在着密切的联系。

晶化时间往往也是分子筛合成的一个重要因素。晶化时间过短会有大量的原料未转化，时间过长会发生晶体转晶的现象，由比较疏松的结构转化为比较致密的结构。晶化时间与晶化温度是相辅相成的，降低温度，需要增加晶化时间，升高温度，需要缩短晶化时间。

2. 成型技术

合成沸石的晶体粉末，难以在工业上使用。某些化工工艺过程，必须将沸石制成一定的形状，并要求具有足够的强度。例如，在各种液体纯制和分离等过程中，装入吸附塔的沸石须制成一定大小的球状、条状或片状等；用沸石作为催化剂时，如果反应在流化床中进行，则须将沸石制成微球状；在某些离子交换或其他特殊用途中，须将沸石制成板状或薄膜状等。

为了提高成型产品的强度，目前工业上普遍采用加黏合剂的办法。所用的黏合剂，大致可以分为三类：第一类是一些无机化合物，如硅酸钠、硅酸钾、硅胶、硅铝胶、铝酸钠、氢氧化铝胶、氢氧化钙、氢氧化钠加氯化钙、水泥、玻璃纤维、玻璃粉等。第二类是某些无机的天然矿物，如黏土（或加硅溶胶）、白土（或加石棉）、高岭土、膨润土、含天然沸石的沉积岩等。第三类是一些有机化合物，如环氧树脂、合成树脂、聚氨酯以及某些表面活性剂等。有时将某两类黏合剂混合使用。

成型时，将沸石粉末与一定量的细粉状黏合剂混合，加入适量的水，混合均匀，然后进行滚球或挤条成型。把沸石加在硅酸钠水溶液中与硫酸铝经油柱成型，再进行适当处理，可得到强度良好的小球，制作微球时，须将沸石与成型剂混合为流动性浆液，经喷雾干燥而得。制作含有沸石的膜或板时，大多是将沸石与有机物质（如树脂等）混合，经加热压延或放入板框模型中成型。

近年来，发展了不加黏合剂的成型方法，将合成沸石用的原料（特别是用黏土矿物作原料时）按一定比例混合，使之成为微湿的胶泥状。先进行成型，干燥后加入一定量的碱溶液，进行晶化反应，生成的产品仍保持成型时的形状。

二、典型分子筛的制备

由于分子筛在催化吸附及其他高科技领域中的广泛应用，本节详细地介绍几种分子筛的制备方法[1]。

1. A 型分子筛

A 型分子筛（LTA）是应用最为广泛的分子筛之一，主要用于气体的干燥与净化，空气中氧、氮的分离等。A 型分子筛能在相当宽的原料组成范围内于 60~110℃ 晶化而得到，其合成的原料类型硅源与铝源要求不严格，如前者可用 SiO_2 超微粉、硅酸钠、SiO_2 凝胶，后者用纯铝粉、铝丝或铝酸钠均可。

本节介绍的实验室合成方法由 R. W. Thompsom 与 M. J. Hubert 提出。他们用 NaOH、铝酸钠（$Na_2O \cdot Al_2O_3 \cdot 3H_2O$）与偏硅酸钠（$Na_2SiO_3 \cdot 5H_2O$）为原料，以摩尔比 3.165 Na_2O : $A1_2O_3$: 1.926 SiO_2 : 128 H_2O，按照下列步骤进

行合成。

①将 0.723g NaOH 溶于 80mL 去离子水中，搅拌 10~20min 均匀混合至全溶，将溶液均分，分别放置于两个聚丙烯瓶中。

②在一瓶 NaOH 溶液中加 8.258g 铝酸钠，搅拌 10~20min 均匀混合，置密封瓶中直到澄清。

③在另一瓶 NaOH 溶液中加 15.48g 偏硅酸钠，搅拌 10~20min 均匀混合，置密封瓶中直到澄清。

④将步骤③的溶液快速倒入步骤②的溶液中，直到稠状凝胶生成。

⑤将密封于聚丙烯瓶中的硅铝凝胶（100~150mL）置于烘箱中，在（99±1）℃下晶化 3~4h，冷却过滤，用去离子水洗到 pH<9，干燥即得产物。

产物为 2~3μm 均匀的立方晶粒，产物组成分析为 $Na_2O \cdot Al_2O_3 \cdot 2SiO_2$。

2. X 型和 Y 型分子筛

X 型和 Y 型分子筛均属于八面沸石型（FAU）分子筛。无论是低硅 X 型分子筛还是高硅 Y 型分子筛，都是目前使用最广泛的石油加工催化剂的主要组分。低硅 X 型分子筛又是重要的吸附剂，用于气体的吸附分离与净化。

（1）X 型分子筛　X 型分子筛的硅铝比一般为 1~1.5。本节介绍的实验室合成方法由 G. Kuhl 提出，他用铝酸钠、KOH、NaOH 与硅酸钠溶液（Na_2O 8.9%、SiO_2 28.7%）为原料，以摩尔比 $5.5Na_2O : 1.65K_2O : Al_2O_3 : 2.2SiO_2 : 122H_2O$ 组成原始物料，按照下列步骤进行合成晶化。

①将 22.37g 铝酸钠溶于 30g 水中搅拌直到全溶。

②将 21.53g KOH 与 31.09 NaOH 溶于 70g 水中搅拌直至全溶。

③将上述两种溶液混合均匀。

④将步骤③中溶液与 71.8g 水和 46.0g 硅酸钠溶液在搅拌下充分混合均匀。

⑤将所制得的物料封置于聚丙烯或 Teflon 瓶中在 70℃下陈化 3h 后，于 93~100℃晶化，一般 2h 即完成。

⑥将最后的体系加水稀释过滤，并用 0.01mol/L NaOH 洗涤，产物在室温放置，经初步干燥后，于 110~125℃烘箱中干燥。

产物为 2~6μm 的均匀颗粒，组成为 $0.77Na_2O \cdot 0.23K_2O \cdot Al_2O_3 \cdot 2.04SiO_2$，产物硅铝比为 1.02。

（2）Y 型分子筛　Y 型分子筛硅铝比一般为 1.5~3。本节介绍的实验室合成方法是由 D. M Ginter，Ginter，A. T. Bell 与 C. J. Radke 等提出的。以铝酸钠固体（Na/Al 摩尔比 = 1.27，6.1% H_2O）、片状 NaOH 与硅酸钠溶液（28.7%SiO_2、8.9%Na_2O）为原料，以摩尔比 4.62Na_2O ∶ Al_2O_3 ∶ 10SiO_2 ∶ 180H_2O，按照下列步骤进行合成。

①将 4.07g NaOH、2.09g 铝酸钠与 19.95g 水置于塑料瓶中搅拌直至全溶。

②将上述溶液与 22.72g 硅酸钠溶液混合，搅拌至少 10min，盖封后在室温陈化一昼夜得到导向剂。

③将 0.14g NaOH、13.09g 铝酸钠与 130.97g 水在 500mL 塑料烧杯中混合，搅拌至全溶。

④将步骤③溶液与 142.43g 硅酸钠溶液混合，剧烈搅拌至凝胶均匀生成，加表面皿中得母液。

⑤将步骤②所得的导向剂在猛烈搅拌下缓缓加入步骤④所得母液中，继续猛烈搅拌 20min。

⑥将步骤⑤物料置于 300mL 聚丙烯密盖瓶中在室温下陈化一昼夜，然后于 100℃下晶化直至晶化瓶中的固液相清晰分开，表示晶化完成（晶化时间延长将产生 GIS 等杂晶相），离心或过滤后用去离子水清洗至 $pH<9$，置于 110℃烘箱中干燥。

产物为直径小于 1μm 的均匀、八面体晶粒，产物组成分析为 $NaAlO_2 \cdot 2.43SiO_2$。

3. 丝光沸石型分子筛

丝光沸石型分子筛是重要的催化与吸附分离材料，广泛应用于石油加工与精细化工工业。本节介绍的实验室合成方法是由 G. J. Kim 等提出，以 NaOH、铝酸钠（32.6%Na_2O，35.7%Al_2O_3）、SiO_2 粉末（如果以硅酸钠代替 SiO_2 作为硅源也可以，只是晶化速率稍慢）与去离子水为原料，以摩尔比 6Na_2O ∶ Al_2O_3 ∶ 30SiO_2 ∶ 780H_2O，按照下列步骤进行合成。

①将 19g NaOH 在搅拌下溶入 40g H_2O 中。

②将 14.3g 铝酸钠与步骤①中 NaOH 溶液混合，搅拌直至全溶。

③将步骤②溶液再加 645g H_2O 稀释。

④将 98.2g 粉末 SiO_2，加入步骤③溶液搅拌 30min。

⑤将步骤④物料置于 Teflon 衬里的不锈钢反应釜中，在 170℃晶化 24h，

产物用去离子水洗至 pH<10，在 100℃干燥。

产物为粒度 5μm 的不规则球形或棱柱体，产物组成为 $Na_2O \cdot Al_2O_3 \cdot 17.2SiO_2$。

4. ZSM-5 型分子筛

ZSM-5 型分子筛（MFI）是目前最重要的分子筛催化材料之一，被应用于石油加工、煤化工与精细化工等催化领域。与上述的 LTA、FAU、MOR 等分子筛一样，早已工业化生产。本节介绍的实验室合成方法主要由 H. Lechert 和 R. Kleinwort 提出的，以 NaOH、四丙基氢氧化铵（TPAOH，20%溶液）、硅酸（$SiO_2 \cdot 0.5H_2O$），铝酸钠（Al_2O_3：1.24 Na_2O：0.57 H_2O）为原料，以摩尔比 3.25Na_2O：Al_2O_3：30SiO_2：958H_2O，按照下列步骤进行合成。

①将 710.3gH_2O、13.8g NaOH 与 117.0gTPAOH 溶液充分溶解混合至均匀。

②在搅拌下将 158.9g 硅酸逐步分批地加入步骤①溶液中，在室温下充分振荡 1h，在 100℃下陈化 16h 得到胶态晶种。

③将 867.8g H_2O、8.8g NaOH 与 10.3g 铝酸钠充分混合相溶。

④将 113.1g 硅酸在充分搅拌下逐步分批地加入步骤③溶液中，在室温下剧烈振荡 1h。

⑤将 50g 步骤②制得的胶态晶种加入步骤④溶液中，振荡 1h。

⑥将步骤⑤物料置于 50mL 用聚四氟乙烯（PTFE）衬里的不锈钢反应釜中，在 180℃晶化 40h，过滤，用去离子水充分洗涤，在 105℃下干燥 24h。

产物为粒径约 6μm 均匀颗粒，产物组成分析显示硅铝比为 12~13.5。

第四节　分子筛的改性

一、活化处理

天然沸石的孔道常被杂质堵塞，孔隙间互相贯通的程度相对较低，因而天然沸石的吸附能力较弱。在制备分子筛时，需要对天然沸石进行活化处理，以改善其吸附性能。

天然沸石的活化方法一般有高温灼烧和无机酸处理等。天然沸石经干燥后再对其进行高温灼烧，控制灼烧温度在 350~580℃，灼烧时间 90~120min，即为沸石的高温灼烧活化，使沸石孔穴和孔道中的有机物等杂质得以清除，经高温灼烧后的沸石在机械强度和吸附能力方面均有较大幅度的提高。采用硫酸、盐酸等无机酸可对沸石进行预活化，通常采用质量分数4%~10%的盐酸或硫酸溶液对沸石进行活化，低于此浓度的酸对存在于沸石中的杂质去除效果不好，而高于此浓度的酸会造成中和过程的不经济、不方便。一般高温灼烧活化与无机酸活化这两种方法配合使用，经无机酸处理后的沸石再经过高温焙烧，其吸附性能和离子交换性能大幅提高。例如，将天然沸石在550℃下灼烧2h，先用5%的硫酸进行活化，再用0.025mol/L的硝酸铜溶液浸渍24h后，得到改性沸石，用改性沸石处理后的含氟地下水，可达国家饮用水含氟标准。

二、阳离子交换改性

分子筛的阳离子交换改性是利用分子筛具有的阳离子交换能力，将所需的阳离子与分子筛上的补偿阳离子进行交换，制得其他金属离子型分子筛。通过用不同大小的阳离子交换分子筛中原有的阳离子，改变阳离子的数目或在分子筛孔口附近交换新的阳离子等方法可以改变天然沸石孔道的尺寸，进而影响吸附和催化性能。此外，分子筛和阳离子之间的相互影响和相互作用也会赋予分子筛新的吸附和催化性能。

以LTA型沸石的阳离子交换改性为例，介绍阳离子交换改性及其对分子筛吸附催化性质的影响，利用分子筛性质的改变使其广泛地应用于气体干燥、净化与分离以及某些择形催化反应中。

典型组成为$Na_{12}Al_{12}Si_{12}O_{48}\cdot 27H_2O$的LTA型沸石，由于硅铝比为1，因此是所有沸石中具有最大离子交换容量的分子筛。NaA型分子筛的孔径为0.4nm，属于孔径较小的沸石分子筛，经离子交换后，交换离子的数目、大小与位置都会对原LTA型分子筛的孔径产生较大程度的影响。如经Cs^+，K^+与Ca^{2+}交换后的A型分子筛孔径分别变为0.2nm、0.3nm、0.5nm。商业上，KA型、NaA型与CaA型沸石也称为3A、4A与5A沸石。

由于LTA型沸石具有上述离子交换特征，易于通过离子交换使沸石孔径大小发生明显变化，且经阳离子交换后，阳离子的大小（半径）、电荷、极化与变形性质及其对骨架电场均匀性的影响，将决定与影响分子筛的吸附与催化等性能。

1. 5A（CaA型）分子筛

经Ca^{2+}交换后的NaA型分子筛骨架中，由于Na^+被Ca^{2+}交换，使得骨架中阳离子数目、大小、位置均发生变化，导致孔径与相关电荷分布改变。

如图 3-11 所示，4A 分子筛晶胞中含 12 个 Na^+，其中 8 个 Na^+分布在 8 个六元环附近，其余的 4 个 Na^+分布在 3 个八元环窗口附近，也就是说，其中一个八元环附近可能被 2 个 Na^+占据。由于在八元环上 Na^+分布偏向一边，阻挡了八元环孔道的一部分，使得八元环的有效孔径为 4Å。

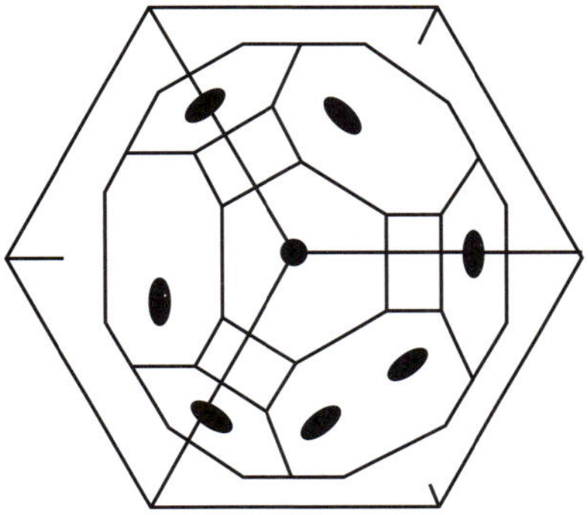

图 3-11 4A 分子筛中 Na^+的分布

当用 Ca^{2+}交换 Na^+时，一个 Ca^{2+}可以交换两个 Na^+。这样，当每个晶胞中有 4 个 Na^+被 2 个 Ca^{2+}交换后，就有一个八元环位置上的 Na^+移走了。八元环的孔径扩大到 5Å，称 5A 分子筛。当 NaA 中的 Na^+离子被交换 70%时，晶胞中的 3 个八元环全部空出，其典型组成为 $Ca_4Na_4Al_{12}Si_{12}O_{48}\cdot 20H_2O$。

图 3-12 为用 Ca^{2+}交换 A 型沸石中的 Na^+时的吸附情况，可用来说明 NaA 型沸石随 Na^+被 Ca^{2+}交换后孔径变化情况。NaA 型沸石孔径为 4Å，分子直径为 2. 8Å 的 CO_2 分子可以进入，而直径为 4. 9Å 的正丁烷以及 5. 6Å 的异丁烷都进不去。当 Na^+被 Ca^{2+}交换 1/3 后，正丁烷吸附量急剧上升，这是由于阳离子数目减少，位置空出，沸石孔径变大到 5Å 左右，但对异丁烷仍不能吸附。这个现象说明，沸石结构中 Na^+被 Ca^{2+}交换使沸石孔径发生变化。

沸石的孔径大小决定了可以进入晶穴内部的分子的大小。如用正己烷（直径为 4. 9Å）和分子直径大于 5Å 的四氢萘、甲基环己烷的混合物，在 5A 分子筛上的吸附结果如图 3-13 所示。可以看出，5A 分子筛可选择吸附正己烷分子。经 Ca^{2+}交换后的 LTA 型沸石可选择性地吸附 4A 分子筛不能吸附的正丁醇及其以上的高级正构醇类、正丁烯及其以上的正构烯烃、丙烷及 $C_4\sim C_{14}$ 的正构烷烃、环丙烷等。

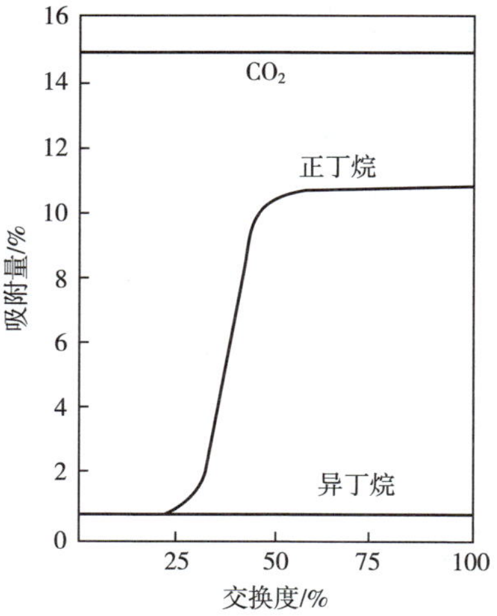

图 3-12　Ca^{2+}交换度对吸附量的影响

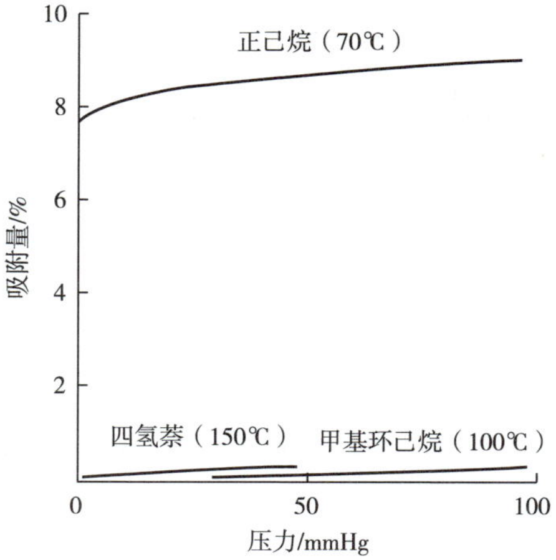

图 3-13　5A 分子筛的选择性吸附

此外，5A 分子筛对极性分子和不饱和分子也表现出较高的选择吸附性。水是极性很强的分子，5A 分子筛对水有很强的亲和力，且与其他干燥剂相比有其突出的优点：在较低的水分压下（如$<2\times10^{-4}$mmHg），其 14.0%吸水量优于其他干燥剂，如 4A（10.3%）、13X 型（11.7%）、Al_2O_3（2.0%）。5A 分子筛在较高的温度下（100℃）吸水量 13%，甚至 200℃下，仍能保留 4%的吸水量。而在 100℃，硅胶、Al_2O_3 等重要干燥剂的水吸附量已接近零。5A 分子筛在高速气流中仍保持相当高的吸水效率，因此 5A 分子筛已被广泛用作空气的中压与高压吸附脱水干燥剂，成为工业重要原料的稀有气体和永久性气体的重要干燥剂。

由于上述特点，经 Ca^{2+}交换的 5A 分子筛已被大量用作工业上的重要选择吸附剂，被广泛地应用于工业吸附分离过程中，进行各种液体和气体的分离或净化。5A 分子筛，对气体能快速吸附，因此既适用于等温吸附分离，如用于 N_2-H_2 分离、N_2-He 分离、富 O_2 空气的制取、氧-氦分离、H_2 的净化等，也可用于变温吸附分离如用深冷法从天然气中提取 He 时，用 5A 分子筛吸附脱除 CO_2 等以及用于液体物质的分离和净化等。

炼油工业中，分子筛脱蜡以 5A 分子筛作为主要吸附剂，它将石油馏分中正构烷烃与非正构烷烃分离，正构烷烃分子的临界截面直径是 4.9Å，而异构烷烃、环烷烃和芳香烃分子的临界截面直径均大于 5Å。再如石油和石油气中的脱硫，5A 分子筛也是一种极优良的吸附材料。同时 5A 分子筛或其改性材料，也可作为催化剂应用于某些择形催化反应。

2. 3A（KA 型）分子筛

KA 型分子筛，商业上称 3A 分子筛，其组成为 $0.75K_2O \cdot 0.25Na_2O \cdot Al_2O_3 \cdot 2SiO_2 \cdot 4.5H_2O$。

3A 分子筛有效孔径为 0.30~0.33nm，比表面积大，热稳定性优良，是一种优良的选择性吸附剂。它是 K^+交换 NaA 型分子筛中的 Na^+，二次合成加工而成的。由于 K^+的离子半径（1.33Å）比 Na^+的离子半径（0.95Å）大，因此当 K^+交换进入 NaA 型分子筛骨架时，K^+代替 Na^+占据八元环的位置，在一定程度上，阻挡了八元环孔口，使 LTA 型沸石的窗口孔径由 4Å 减小为 3Å，因此称 3A 分子筛。

从图 3-14 可以明显地看出，4A 分子筛中的 Na^+被 K^+交换 25%左右时，沸石孔径明显减小，表现为多数吸附质的吸附量下降，最后孔径减小到只剩极性的水分子可以进入。

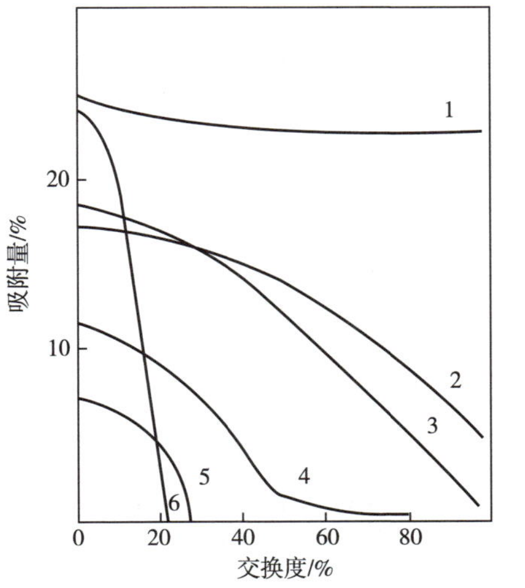

1—H_2O（4.5mmHg，25℃）　2—CH_3OH（4mmHg，25℃）　3—CO_2（700mmHg，25℃）
4—C_2H_4（700mmHg，25℃）　5—C_2H_6（700mmHg，25℃）　6—O_2（700mmHg，-183℃）

图 3-14　K^+交换度对吸附量的影响

3A 分子筛主要应用于石油裂解气和天然气的干燥。石油气含有大量烃类，尤其是烯烃，在干燥过程中吸附于一般吸附剂的微孔内，聚合和裂解成焦质，阻塞孔道、降低吸附剂吸附性能、缩短使用寿命。而分子筛用于石油气的干燥没有这些缺点，因为分子筛孔径小而且均匀，特别是在选用小孔径分子筛，如3A分子筛，可以只吸附水分，而不吸附大分子烃类。与硅胶、氧化铝等其他干燥剂在石油裂解气干燥过程中应用结果比较，3A分子筛具有明显的优势。再如，在干燥石油气体、烯烃的深冷分离原料气时，3A分子筛充分显示其选择性吸附水而不吸附烯烃的优越性，成为被广泛应用的优良干燥剂。

三、骨架元素改性

分子筛的性质与功能主要决定于其骨架元素Si与Al的组成及其孔道的结构。分子筛主要骨架元素为Si元素和Al元素，骨架元素是决定分子筛基本性质的重要因素，分子筛骨架硅铝比与分子筛的热稳定性、水热稳定性、化学稳定性、吸附性能、酸性与催化活性紧密相关。通过对其骨架元素进行改性，改变硅铝比，可以改变分子筛的性质和功能。

不同类型的沸石分子筛，有一定的硅铝比。一般来讲，硅铝比高的往往具有更强的耐热、耐水蒸气、抗酸的能力，另外，不同类型的沸石分子筛对某些催化反应随硅铝比的变化，也表现出不同的特定规律性。如以某些高价阳离子交换的八面沸石（X型与Y型）为例，其对以Bronsted酸为活性中心的正碳离子型反应，诸如裂解、异构化等，催化活性随硅铝比的增加而提高。然而对于另一些催化反应，如在丝光沸石上，正癸烷的裂解，其催化活性随硅铝比的增加而上升，达到极大值后，硅铝比继续增加，其活性反而下降。随着硅铝比的增高，表面的亲水与疏水性会随之变化，导致吸附性能的改变，上述种种现象，说明分子筛的硅铝比与其物化性能、酸性及某些催化活性和吸附性能等紧密相联，且存在着某些规律性的关系。因而，直接合成或修饰与改变不同类型沸石分子筛的硅铝比，调控其性质与功能，在分子筛化学中，是一个重要的科学问题。从以往的经验来看，通过直接合成获得的各种类型的沸石分子筛，一般都有一定的硅铝比范围，以NaY型分子筛为例，如果直接合成硅铝比大于3的分子筛，非常困难，要想获得高硅NaY型分子筛（硅铝比>3），必须在一次合成的基础上，采用特定的路线与方法，将产物进行再加工，即二次合成以提高其骨架的硅铝比，并调控由此生成的非骨架铝，从而改变其性质与功能。

1. 提高分子筛骨架硅铝比

脱铝是提高分子筛骨架硅铝比的主要方法，不同的脱铝路线、方法与条件，将对特定沸石分子筛的性质与功能，产生不同的影响与效果。脱铝的方法主要有高温热处理与水热处理实现脱铝超稳化以及化学脱铝法。

（1）高温热处理与水热处理，进行脱铝超稳化　该方法的起始原料一般采用铵型沸石。以 NH_4-Y 沸石为例，将具有一定硅铝比的 NaY 型沸石，经过 NH_4^+溶液的多次交换，NaY 型沸石中有 2/3 的 Na^+容易被交换，当交换到 Na^+含量为 10%～25%时，进一步交换更多的 Na^+较为困难，为了使沸石中 Na_2O 含量降至低于 0.3%，可在 Na_2O 降到 4%（相当于剩余 1/3 Na^+）时，加以焙烧处理（200～600℃），然后再继续进行交换，这样可使 Na_2O 含量降至 0.1%或更低，得到铵型沸石。铵型沸石加热到 260℃时，NH_4^+开始分解，形成含 H^+的中间体，称为氢型沸石。由于 H^+很小，具有很强极化能力，可与沸石的晶格氧生成羟基，在高温时，这些羟基以水的形式脱除，就形成脱阳离子型沸石。由于氢型转变为脱阳离子型没有清晰的分界线，在一般活化温度范围内可能是二者的混合物。将 NH_4-Y 型沸石进一步高温焙烧至大于 500℃，发生骨架脱铝，导致骨架结构损坏，因而仅凭 NH_4-Y 型沸石高温焙烧，无法达到脱铝的目的，一般需高温（600～900℃）的水蒸气处理 NH_4-Y 型沸石，才能达到脱铝且稳定骨架结构的作用。通过高温水热脱铝路线所得产物即为超稳 Y 型沸石（USY）。

（2）化学脱铝　在溶液中酸（包括无机酸与某些有机酸类）、碱、盐类化合物与沸石反应，借助无机配位离子，如 F 与大量螯合物（如 EDTA，ACAC 等）配位反应，进行骨架脱铝。也可借助气-固相反应，如用 F_2、$COCl_2$ 等，在一定温度下，将铝变成挥发性物质脱出骨架。

以丝光沸石的酸处理为例，用盐酸处理丝光沸石，第一步是将其转变为氢型，进一步酸处理可脱铝并扩大孔径，部分脱铝后，沸石的硅铝比提高，其抗热、抗水蒸气及耐酸的稳定性也提高（表 3-3）。

表 3-3　　丝光沸石的酸处理条件

编号	原料丝光沸石组成 Na_2O：Al_2O_3：SiO_2：H_2O				盐酸处理条件			脱铝后产品组成 Na_2O：Al_2O_3：SiO_2：H_2O			
					浓度/(mol/L)	温度/℃	时间/h				
1	0.78	1	9.4	5.3	12	100	12	0.38	1	15.7	10.7
2	0.88	1	8.9	7.0	12	100	1	0.53	1	14.8	8.4

续表

编号	原料丝光沸石组成 Na_2O: Al_2O_3: SiO_2: H_2O				盐酸处理条件			脱铝后产品组成 Na_2O : Al_2O_3 : SiO_2 : H_2O			
					浓度/(mol/L)	温度/℃	时间/h				
3	0.97	1	9.9	3.6	6	20	16	0.61	1	10.0	4.5
4	1.03	1	8.8	4.9	6	100	20	0.31	1	9.7	4.1
5	1.01	1	10.6	5.1	4.7	100	1	0.46	1	12.7	7.3

2. 降低分子筛骨架硅铝比

对于高硅沸石，其骨架元素的改性主要为降低硅铝比。将 Al 重新引入骨架的方法主要有：①碱性溶液中，用 $NaAlO_2$ 插入沸石空穴或置换骨架中的 Si 原子以降低硅铝比；②高温下用纯氮气带 $AlCl_3$ 蒸气进入沸石骨架；③在酸性溶液中，用 Al（NO_3）$_3$ 与含硼硅沸石作用，以 Al 置换骨架中的 B 原子，控制合成具有一定硅铝比的沸石。

四、孔道修饰改性

孔道修饰改性是在沸石孔道中嵌入其他分子或原子团，使沸石的孔道变窄，达到调变沸石有效孔径的目的，此法又称为内表面修饰法，而实际上在处理过程中沸石的内外表面均被修饰。

最早使用的修饰剂为氧化物，研究人员用浸渍的方法将碱土金属盐类负载在 HZSM-5 沸石上，焙烧后氧化物进入了沸石的孔道，在减少沸石表面强酸中心的同时，也使沸石的孔道变窄，沸石的有效孔径变小。随后，还发现用磷酸和硼酸处理 ZSM-5 沸石也有类似的结果。

表 3-4 为甲酚异构体在氧化物改性的 HZSM-5 沸石中的吸附性能。氧化物修饰后分子筛吸附总量有所减少，但对位选择性明显增加。

表 3-4　　氧化物改性的 HZSM-5 沸石的吸附性能

样品	吸附量/(mg/g)				对位选择性
	邻甲基苯酚	间甲基苯酚	对甲基苯酚	总量	
HZSM-5	31.8	37.2	39.0	108.0	0.361
P-ZSM-5（P=0.72mmol/g）	10.5	15.4	29.3	55.2	0.530

续表

样品	吸附量/(mg/g)				对位选择性
	邻甲基苯酚	间甲基苯酚	对甲基苯酚	总量	
B-ZSM-5（B=0.35mmol/g）	14.6	22.2	35.3	72.0	0.489
Mg-ZSM-5（MgO=0.20g/g）	10.9	17.1	51.6	79.6	0.644

20 世纪 80 年代初，比利时的 Vansant 等提出用硅烷化法来修饰沸石的孔道。其原理是利用硅烷与氢型沸石的表面羟基进行反应，水解后形成氧化硅，使孔道变窄，从而达到调变沸石孔径的目的。由于硅烷的活性非常高，可以对沸石孔道进行反复处理，硅烷化法对沸石孔径调变的范围比氧化物修饰要大得多，加上硅烷化程度又可以通过改变反应温度、时间以及硅烷压力来进行控制，使沸石孔径调变的精度大大提高，是一种较理想的孔道修饰工艺。利用这种方法对沸石孔径进行适当的修饰，在混合气体的分离中得到了很好的效果。表 3-5 是经硅烷化处理的氢型丝光沸石对于 Kr、N_2、O_2 和 Ar 混合气体分离的结果。用硼烷或硼烷联合有机胺代替硅烷对沸石孔道进行修饰，可以得到类似的结果。

表 3-5　　硅烷化处理的氢型丝光沸石对气体分离的结果

气体混合物	初始浓度/%	被分离气体	最终浓度/%	处理温度/K
Ar+ Kr	90.57+9.43	Ar	≥99.996	195
O_2+ Kr	90.04+9.96	O_2	≥99.994	195
N_2+ Kr	89.35+10.65	N_2	≥99.999	195
N_2+ O_2+ Kr	70.46+18.39+11.15	N_2/O_2	≥99.992	195
Kr+ N_2	89.88+10.12	Kr	≥99.996	273
Kr+ N_2+ O_2	10.28+69.69+20.03	Kr	≥99.994	273

孔道修饰法亦有其缺点，由于修饰剂是对沸石整个孔道进行修饰，因而除了改变孔径以外，沸石内表面的性质也发生较大的变化，有可能影响沸石的吸附和催化反应能力。另外，由于大量的修饰剂进入了孔道，使沸石的孔体积变小，沸石的吸附容量和反应空间也随之下降。

五、外表面修饰改性

为了克服内表面修饰法的缺点，在不影响沸石内部孔道的情况下，有效地实现沸石孔径调变，必须采用分子尺寸比沸石孔径大的修饰剂。由于修饰剂分子不能进入沸石的孔道，而只与沸石的外表面发生作用，因而此方法被称为外表面修饰法。外表面修饰改性包括化学蒸气沉积改性、化学液相沉积改性和表面有机金属化学改性等。

1. 化学蒸气沉积改性

分子筛的化学蒸气沉积（Chemical Vapor Deposition Process，CVD）改性最早由日本的 Niwa 等提出。采用 Si（OCH_3）$_4$ 作为修饰剂对沸石进行改性。由于 Si（OCH_3）$_4$ 的分子动力学直径为 8.9A 左右，大于沸石的孔径，不能进入沸石孔道，它只与沸石外表面和孔口的羟基作用，在空气中焙烧形成 SiO_2 涂层沉积在沸石的外表面和孔口处，使得沸石的孔口尺寸变小，达到控制沸石有效孔径的目的（图 3-15）。

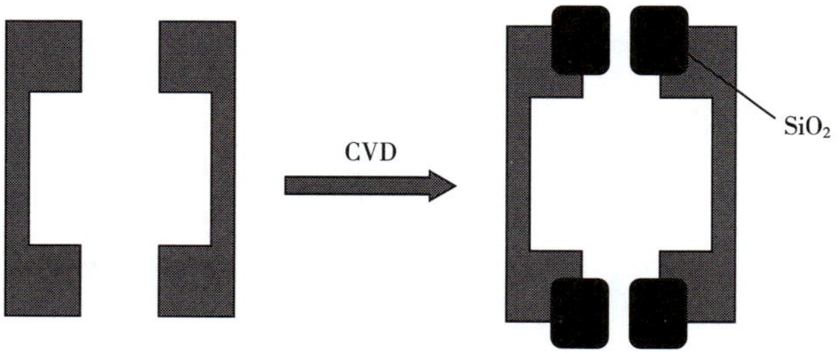

图 3-15　Si（OCH_3）$_4$ 在沸石上的气相沉积过程示意图

化学蒸气沉积改性分子筛包括吸附沉积、化学分解、水解和氧化还原等几个过程。化学蒸气沉积法可用于高分散、高含量的金属或金属氧化物负载型催化剂的制备，如把 Zr（OEt）$_4$ 沉积在 ZSM-5 沸石上，经水解焙烧可得到一层氧化锆沉积层。这样得到的材料对从甲醇制异戊烷表现出选择性。用 Si(OCH_3)$_4$ 或 Si(OEt)$_4$ 对中孔 MCM-41 分子筛进行修饰，通过改变沉积条件，可以将 MCM-41 分子筛的孔径从 3nm 减小到 2nm，为中孔分子筛的孔径调变提供了有效方法。用三甲基氯硅烷对沸石进行表面改性，改性后的沸石既保持多孔结构，又具有良好的疏水表面，能在水存在的条件下选择性吸附挥发性有机化合物，在空气净化及含挥发性有机化合物的废水处理方面有一定的应用价值。

化学蒸气沉积法能有效调变沸石的孔口尺寸，经过这种方法改性的分子筛的择形吸附和择形催化性能得到显著提高。但该法需要真空装置，投资较大，操作复杂，难以工业推广应用。

2. 化学液相沉积改性

为了克服化学蒸气沉积法的缺陷，复旦大学高滋等提出了用化学液相沉积法（Chemical Liquid Deposition Process，CLD）代替化学蒸气沉积法对沸石进行孔径调变。化学液相沉积法调变沸石孔径的原理与化学蒸气沉积法相似，通过溶液中的修饰剂与沸石外表面和孔口的羟基作用，形成 SiO_2 涂层沉积在沸石的外表面和孔口，从而达到调变沸石孔口尺寸的目的。

化学液相沉积法操作简单，具体步骤如下：取一定量经预处理的沸石，按一定的固液比加入非极性的有机试剂（如环己烷）作为溶剂，再加入一定量的修饰剂如 $Si(OCH_3)_4$ 等，室温下反应一定时间。然后在红外灯下烘干，并逐步升温至 550℃ 进行焙烧，至样品呈白色，即得到经修饰的沸石样品。SiO_2 沉积量可通过改变修饰剂的添加量来控制。

化学液相沉积法的优点在于对各种沸石均适用，不局限于氢型沸石，并且不需要特殊设备，反应条件温和，易于工业上大规模生产。该法通过改变修饰剂浓度来调变沸石孔径，调变精度高于化学蒸气沉积法，可达到 0.05nm 以下。化学液相沉积法对沸石进行修饰，由于 SiO_2 沉积层覆盖在沸石外表面和孔口，对沸石总比表面积、孔体积和表面酸性影响不大，因而除了孔口缩小以外，沸石的其他性能几乎不受影响，在择形吸附和择形催化方面具有极大前景。

第五节　分子筛在卷烟降焦减害中的应用

分子筛在烟草减害领域的应用主要集中在改性分子筛。李绍民等[2] 研制出了适合于烟草工业应用的改性 Y 型分子筛及其二元分子筛复合滤棒，应用后卷烟样品能在保持卷烟感官质量基本不变的情况下，显著地降低卷烟烟气的焦油量，而且对卷烟烟气中的苯系物、多环芳烃、酚类成分和烟草特有亚硝胺等有害成分均具有不同程度的过滤效果。

传统分子筛的孔径一般小于 2nm，对大分子的吸附效果不佳，孔径大于 2nm 的介孔分子筛逐渐成为研究的热点。如孙玉峰等[3] 以商用分子筛为原料，制备了微孔-介孔复合材料，并应用于卷烟工业生产，添加材料的卷烟烟气中 NNK、苯并［a］芘和苯酚含量显著降低，分别降低 25%、29.1% 和 34.2%，同时焦油、CO、氨和 HCN 释放量也有一定程度的减少，并且对卷烟感官质量无明显影响。朱建华等[4] 以 SBA-15 分子筛和 MCM-41 分子筛为基础，引入 HZSM-5 分子筛和 NaY 分子筛得到介孔-微孔复合多孔材料，材料对烟气特有亚硝胺气相组分具有较活性炭更加优良的去除效果。随后，还采用氧化锆改性介孔分子筛，NNN 和 NNK 分别降低 17%和 14%。

同时，有研究对多孔分子筛进行功能化修饰，提高材料对烟气特定成分的吸附能力。孟昭宇等[5] 使用有机硅烷偶联剂对介孔分子筛（如 MCM-41、SBA-15 等）进行表面修饰后添加到卷烟滤嘴中，可以明显降低烟气中的焦油、低分子醛酮、亚硝胺、多环芳烃等有害物质含量。Nie Cong 等[6] 制备了碱性和过渡金属双功能化的介孔分子筛 MCM-41，HCN 降低率 31.2%，危害性指数降低 0.4。刘少民等[7,8] 合成了金属修饰的 M48 介孔分子筛材料，考察了该材料对降低烟气中的多环芳烃的效果，结果表明该材料可降低苯并［a］芘释放量 58.6%、焦油释放量 21.1%。周宛虹等[9] 等制备了一种胺基功能化的介孔分子筛材料（MCM-41-NH_2），并将材料添加于卷烟滤嘴，该材料对卷烟主流烟气中 HCN 的选择性降低率达到 25.7%，而烟支物理参数及烟气常规成分释放量与对照卷烟基本一致。

参考文献

［1］Robson H. Verified Synthesis of Zeolitic Materials Synthesis ［M］. France：Commission of the International Zeolite Association，2016.

［2］李绍民，胡有持，赵明月，等．利用改性 Y 型分子筛降低卷烟烟气中的有害成分［J］．中国烟草学报，2003，9（3）：28-39.

［3］孙玉峰，马扩彦，戴亚，等．采用微孔-介孔复合材料降低卷烟烟气中的有害成分［J］．化工学报，2011，2，574-579.

［4］朱建华，周瑜，杨菁，等. 用于吸附烟草主流烟气里粒相物、焦油、苯酚和亚硝胺的介孔新材料：101433818［P］. 2009-05-20.

［5］孟昭宇，田鹏，李中昌，等. 一种卷烟嘴棒用表面改性的中孔分子筛及其制备方法：101077223［P］. 2007-11-28.

[6] Nie Cong, Sun Xuehui, Wang Mingfeng, et. al. Preparation of dual functional mesoporous MCM-41 containing alkaline and transition metalgroups for selectively removing hydrogen cyanide from cigarette smoke [C]. CORESTA Congress, Smoke Science/Product Technology Groups, 2012.

[7] 刘少民，雍国平，金钟秀，等．介孔材料选择性降低卷烟烟气中苯并 [a] 芘的研究 [J]．中国烟草学报，2006，12（4）：20-24.

[8] 刘少民，雍国平，童红武，等．新型介孔材料合成及选择性降害研究 [C]．中国烟草学会 2005 年学术年会论文集，2005：274-282.

[9] 周宛虹，孙文梁，王律，等．胺基修饰的介孔二氧化硅选择性降低卷烟烟气中的氢氰酸 [J]．烟草科技，2013，4：42-45.

第四章
催化类材料

催化反应在工业转化过程中起着至关重要的作用，广泛应用于国民生产的各个领域。催化类材料作为催化反应的核心，可以加速反应过程，具有高度的选择性，一直是材料研究领域的热点。本章主要介绍催化类材料的分类、作用原理、组成结构、主要制备方法及其作为滤棒添加剂降低烟气有害成分的应用。

第一节　催化类材料概述

催化这一概念来源于化学工业生产的实践，反过来又推动了化学工业的发展。可以说，催化技术是现代化学工业的支柱，催化剂是现代化学工业的心脏。90%以上的化工过程、60%以上的产品与催化技术有关。

表 4-1 列出了一些工业催化过程。

表 4-1　　一些工业催化过程

反应		催化剂
合成氨	$N_2+3H_2 \longrightarrow 2NH_3$	$Fe-Al_2O_3-K_2O$
催化裂解	大分子烃⟶小分子烃	$SiO_2-Al_2O_3$，沸石
催化重整	烷烃⟶芳烃	Pt，Pt-Re
乙烯水合	$CH_2=CH_2+1/2H_2O \longrightarrow C_2H_5OH$	H_3PO_4/硅藻土
乙烯氧化（Wacker 过程）	$CH_2=CH_2+1/2O_2 \longrightarrow CH_3COH$	$PdCl_2-CuCl_2$
二氧化硫氧化	$SO_2+1/2O_2 \longrightarrow SO_3$	V_2O_5/硅藻土
氨氧化	$4NH_3+5O_2 \longrightarrow 4NO+6H_2O$	Pt
丙烯氨氧化	$CH_3CH=CH_2+NH_3+3/2O_2 \longrightarrow CH_2=CHCN+3H_2O$	P-Mo-Bi 系

续表

反应		催化剂
丙烯聚合（低压）	$n(CH_3CH{=}CH_2) \longrightarrow [CH(CH_3)-CH_2]_n$	α-$TiCl_3$-$AlEt_3$
氯乙烯合成（气相）	$CH{=}CH+HCl \longrightarrow CH_2{=}CH-Cl$	$HgCl_2$/活性炭
乙烯选择加氢	$CH_2{=}CH_2+H_2 \longrightarrow C_2H_6$	Pt/Al_2O_3
甲烷化	$CO+3H_2 \longrightarrow CH_4+H_2O$	Ni/Al_2O_3
F-T 合成	$CO+H_2 \longrightarrow RH$（$C_5$~$C_{50}$ 烷烃）	Fe，Co，Ni

一、催化的基本概念

德国化学家 W. Ostwald（1853—1932 年）首先定义了催化剂的概念：催化剂是一种可以改变化学反应速度，而不存在于产物中的物质。通常，用化学反应方程式表示化学反应时催化剂也不出现在方程式中，这似乎也表明催化剂是不参与化学反应的物质，但事实并非如此。近代实验技术检测的结果表明，许多催化反应的活性中间物中都有催化剂参与形成，即在催化反应过程中催化剂与反应物不断地相互作用，使反应物转化为产物，同时催化剂又不断被再生循环使用。

现代对催化剂的定义为：一个热力学上允许的化学反应，由于某种物质的作用而被加速，在反应结束时该物质并不消耗，则此种物质称为催化剂，它对反应施加的作用称为催化作用。具体来说，催化作用是催化剂活性中心对反应分子的激发与活化，使后者以很高的反应性能进行反应。

如二氧化硫与氧即使受热也几乎不生成三氧化硫，当它们的混合物通过五氧化二钒时，便有相当量的三氧化硫生成。此时，五氧化二钒是催化剂，它对二氧化硫氧化的加速则是催化作用。再如，亚硫酸钠溶液在空气中放置，可以非常缓慢地被氧化成硫酸钠。当在亚硫酸钠水溶液中加入约 10^{-13} mol/L 的硫酸铜，亚硫酸钠可以很快地被氧化，这里的催化剂是硫酸铜。

催化反应一般都是多阶段或多步骤的，从反应物到产物都经过多种中间物。催化剂参与中间物的形成，但最终不进入产物的组成，否则就不属于催化剂。如催化剂 H_2SO_4，在乙烯水合制乙醇反应中，先与乙烯作用形成中间物 $C_2H_5OSO_2OH$ 和 $C_2H_5OSO_2OC_2H_5$，但最后的产物乙醇并不包括 H_2SO_4。

催化剂所能催化的反应一定是热力学允许的，即当没有催化剂时，这个反应依然可以进行，只不过进行得很慢，甚至慢到觉察不出。热力学不允许的反应，不能因为催化剂的存在而发生，因为催化剂的作用不能违背热力学这一普遍规律。

二、催化作用的一般原理

催化剂对反应之所以能起加速作用，是因为加入催化剂后，反应沿一条需要低活化能的途径进行。图 4-1 可以说明这种情形。一气体体系以均相非催化方式进行时，与以多相催化方式进行时，各自的能量变化不同。图中，$E_{非}$和 $E_{催}$分别代表两种情况下的反应活化能，Q_a 和 Q_d 分别代表吸附热和脱附热，ΔH 代表总反应的热效应。根据 Arrhenius 定律，低的活化能意味着高的反应速率。由于 $E_{催}<E_{非}$，因而该反应以催化方式进行时的速率高于以非催化方式进行时的速率。

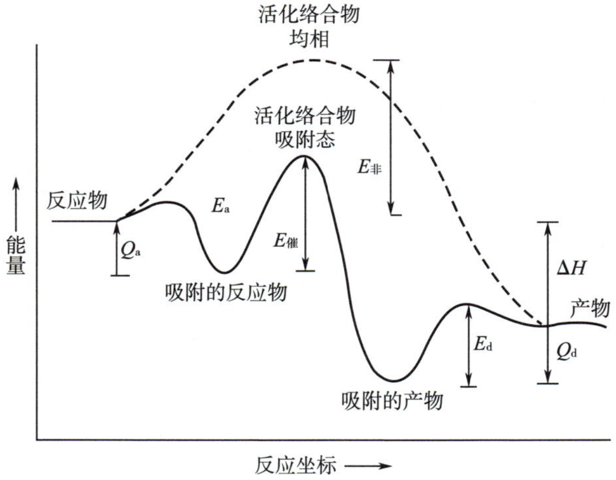

图 4-1 催化与非催化反应中的能量变化

三、催化反应的分类

根据催化反应的不同特点，目前对催化反应大致有如下几种分类方法。

1. 按催化反应系统物相的均一性进行分类

（1）均相催化反应　指催化剂与反应物处于同一相态中的反应。催化剂和反应物均为气相的催化反应称为气相均相催化反应，如 SO_2 在 NO 催化下的氧化反应。反应物和催化剂均为液相的催化反应称为液相均相催化反应，如硫酸催化乙酸乙酯水解。

（2）多相（又称非均相）催化反应　指催化剂与反应物处于不同物相时

发生的催化反应。由气态反应物与固体催化剂组成的反应体系称为气固相催化反应，如乙烯与氧在负载银的固体催化剂上氧化生成环氧乙烷的反应。由液态反应物与固体催化剂组成的反应体系称为液固相催化反应，如在 Ziegler-Natta 催化剂作用下的丙烯聚合反应。由液态和气态两种反应物与固体催化剂组成的反应体系称为气液固三相催化反应，如苯在雷尼镍催化剂上加氢生成环己烷的反应。由气态反应物与液体催化剂组成的反应体系称为气液相催化反应，如乙烯与氧气在 $PdCl_2-CuCl_2$ 水溶液催化剂作用下氧化生成乙醛的反应。

这种分类方法对于从反应系统宏观动力学因素考虑和工艺过程的组织是有意义的。因为在均相催化反应中，催化剂与反应物是分子与分子之间的接触作用，通常质量传递过程对动力学的影响较小；而在非均相催化反应中，反应物分子必须从气相（或液相）向固体催化剂表面扩散（包括内、外扩散），表面吸附后才能进行催化反应，在很多场合下都要考虑扩散过程对动力学的影响。因此，在非均相催化反应中催化剂和反应器的设计与均相催化反应不同，它要考虑传质过程的影响。然而，上述分类方法不是绝对的，近年来又有新的发展，即不是按整个反应系统的相态均一性进行分类，而是按反应区的相态均一性进行分类。如前述乙烯氧化制乙醛反应，按整个反应体系相态分类为非均相（气-液相）催化反应，但按反应区的相态分类则是均相催化反应，因为在反应区内乙烯和氧均溶于催化剂水溶液中才能发生反应。

（3）酶催化反应　它的特点是催化剂酶本身是一种胶体，可以均匀分散在水溶液中，对液体反应物而言是均相催化反应。但是在反应时反应物却需在酶催化剂表面进行积聚，由此可认为是非均相催化反应。因此，酶催化反应同时具有均相和非均相催化反应的性质。

2. 按反应类型进行分类

这种分类方法是根据催化反应的化学反应类型分类的，如加氢反应、氧化反应、裂解反应等。这种分类方法不是着眼于催化剂，而是着眼于化学反应。因为同一类型的化学反应具有一定的共性，催化剂的作用也具有某些相似之处，这就有可能用一种反应的催化剂来催化同类型的另一反应。如 $AlCl_3$ 是苯与乙烯烃化反应的催化剂，同样它也可用作苯与丙烯烃化反应的催化剂。反应类型和常用催化剂如表 4-2 所示。对类似反应模拟选择催化剂是开发新催化剂常用的一种方法。然而，这种分类方法未能涉及催化作用的本质，所以不可能利用此种方法准确地预见催化剂。

表 4-2　　反应类型及常用催化剂

反应类型	常用催化剂
加氢	Ni，Pt，Pd，Cu，NiO，MoS，WS_2，Co $(CN)_6^{3-}$
脱氢	Cr_2O_3，Fe_2O_3，ZnO，Ni，Pd，Pt
氧化	V_2O_5，MoO_3，CuO，Co_2O_3，Ag，Pd，Pt，$PdCl_2$
羰基化	$Co_2(CO)_8$，Ni $(CO)_4$，Fe $(CO)_5$，PdCl $(Pph_3)_3$ *，$RhCl_2$ (CO) Pph_3
聚合	CrO_3，MoO_2，$TiCl_4$-Al $(C_2H_5)_3$
卤化	$AlCl_3$，$FeCl_3$，$CuCl_2$，$HgCl_2$
裂解	SiO_2-Al_2O_3，SiO_2-MgO，沸石分子筛，活性白土
水合	H_2SO_4，H_3PO_4，$HgSO_4$，分子筛，离子交换树脂
烷基化，异构化	H_3PO_4/硅藻土，$AlCl_3$，BF_3，SiO_2-Al_2O_3，沸石分子筛

注：* Pph_3—三苯基膦。

3. 按反应机理进行分类

（1）酸碱型催化反应　酸碱型催化反应的反应机理可认为是催化剂与反应物分子之间通过电子对的授受而配位或者发生强烈极化，形成离子型活性中间物质进行的催化反应。如烯烃与质子酸作用，烯烃双键发生非均裂，与质子配位形成 σ-碳—碳键，生成正碳离子。

这种机理可以看成质子转移的结果，所以又称质子型反应或正碳离子型反应。烯烃若与路易斯酸作用也可生成正碳离子，通过形成 π 键并进一步异裂为正碳离子。

（2）氧化还原型催化反应　氧化还原型催化反应机理可认为是催化剂与反应物分子间通过单个电子转移，形成活性中间物质进行催化反应。如在金属镍催化的加氢反应，氢分子均裂与镍原子产生化学吸附，在化学吸附过程中氢原子从镍原子中得到电子，以负氢金属键键合。负氢金属键合即为活性中间物质，能进行加氢反应。

对这两种催化反应机理归纳如表 4-3 所示。

表 4-3　两种催化反应机理对比

比较项目	酸碱型催化反应	氧化还原型催化反应
催化剂与反应物的作用	电子对的授受或电荷密度的分布发生变化	单个电子转移
反应物化学键变化	非均裂或极化	均裂
催化剂	自旋饱和分子或固体物质	自旋不饱和的分子或固体物质
催化剂举例	酸，碱，盐，氧化物，分子筛	过渡金属，过渡金属氧（硫）化物，过渡金属盐，金属有机络合物
反应举例	裂解，水合，酯化，烷基化，歧化，异构化	加氢，脱氢，氧化，氨氧化

四、催化材料的功能与分类

催化剂的功能是指其可以催化哪一类反应，如一个催化剂能催化氧化反应，则称其具有氧化功能。有的催化剂，因为能催化两类反应而被称为双功能催化剂，如载于酸性载体上的铂（Pt）可将正构烷烃脱氢成正构烯烃，酸性载体接着将正构烯烃转化为异构烯烃，最后 Pt 又将异构烯烃加氢成异构烷烃，从而完成了正构烷烃向异构烷烃总的转化，因此 Pt/酸性载体是一个双功能催化剂体系。还有如 Cr_2O_3、MoO_3、WS_2 等，也是具备加氢、脱氢活性和酸催化活性的双功能催化剂。

催化剂很复杂，因此不能简单地将其进行分类。依据催化剂的功能，催化剂大致可分成表 4-4 中的几类。

表 4-4　催化剂的分类

类别	功能	实例
金属	加氢，氢解	Ni，Pd，Pt（Cu）
	氧化	Ag，Pt
	链烷烃异构	Pt/酸性载体
	氢解	Pd/沸石
金属氧化物	部分氧化	复合金属氧化物
	脱氢	Fe_2O_3，ZnO，Cr_2O_3/Al_2O_3

续表

类别	功能	实例
酸碱	水合	酸性离子交换树脂
	聚合	H_3PO_4/载体
	裂解，氢转移，歧化	$SiO_2-Al_2O_3$ 酸性沸石
有机金属化合物	烯烃聚合	$\alpha-TiCl_3+Al(C_2H_5)_2Cl$
	羰基化，羟基化	$RhCl(CO)(Pph_3)_2$

第二节　固体催化剂的组成、结构及制备方法

固体催化剂是实际应用中最普遍的。本节主要介绍固体催化剂的组成、结构及制备方法。

一、固体催化剂的组成与结构

1. 固体催化剂的组成

固体催化剂的组成从成分上可分为单组元催化剂和多组元催化剂。单组元催化剂指催化剂由一种物质组成，如用于氨氧化制硝酸的铂网催化剂。单组元催化剂在工业中用的较少，因为单一物质难以满足工业生产对催化剂性能的多方面要求，而多组元催化剂使用较多。多组元催化剂指由多种物质组成的催化剂。根据这些物质在催化剂中的作用可分为主催化剂、共催化剂、助催化剂和载体。

（1）主催化剂　主催化剂又称活性组分，它是多组元催化剂中的主体，是必须具备的组分，没有它就缺乏所需要的催化作用。如加氢常用的 Ni/Al_2O_3 催化剂，其中 Ni 为主催化剂，没有 Ni 就不能进行加氢反应。有些主催化剂由几种物质组成，但其功能有所不同，缺少其中之一就不能完成催化反应。如重整反应使用的 Pt/Al_2O_3 催化剂，Pt 和 Al_2O_3 均为主催化剂，缺少其中任一组分都不能进行重整反应。这种多活性组分使催化剂具有多种催化功能，所以又称双功能（多功能）催化剂。

（2）共催化剂　共催化剂是和主催化剂同时起催化作用的物质，二者缺一不可。如丙烯胺氧化反应所用的 MoO_3 和 BiO_3 两种组分，二者单独使用时活性很低，但二者组成共催化剂时表现出很高的催化活性，所以二者互为共

催化剂。

（3）助催化剂　助催化剂是加到催化剂中的少量物质，这种物质本身没有活性或者活性很小，甚至可以忽略，但却能显著地改善催化剂性能，包括催化剂活性、选择性及稳定性等。根据助催化剂的功能可将其分为以下 4 种。

①结构型助催化剂能增加催化剂活性组分微晶的稳定性，延长催化剂的寿命。通常工业催化剂都在较高反应温度下使用，本来不稳定的微晶，此时很容易被烧结，导致催化剂活性降低。结构型助催化剂的加入能阻止或减缓微晶的增长速度，延长催化剂的使用寿命。例如，合成氨催化剂中的 Al_2O_3，就是一种结构型助催化剂。用磁性氧化铁（Fe_3O_4）还原得到的活性 α-Fe 微晶对合成氨具有很高活性，但在高温高压（547℃，3.039×10^7Pa）条件下使用时很快烧结，催化剂活性迅速降低，寿命不超过几个小时。若在熔融 Fe_3O_4 中加入适量的 Al_2O_3，则可大大地减缓微晶增长速度，使催化剂寿命长达数年。

有时加入催化剂中的结构型助催化剂是用来提高载体结构稳定性的，并间接地提高催化剂的稳定性。例如，Al_2O_3 作载体时，活性组分 MoO_3 对载体的 Al_2O_3 结构稳定性有不良影响，当加入适量 SiO_2 时可使载体 Al_2O_3 结构稳定，SiO_2就是一种结构型助催化剂。有时也可加入少量 CaO，与活性组分 MoO_3 形成 $CaMoO_4$，从而减少活性组分 MoO_3 对载体的影响，因此 CaO 也可称为结构型助催化剂。

②调变型助催化剂又称电子型助催化剂。它与结构型助催化剂不同，结构型助催化剂通常不影响组分的本性，而调变型助催化剂能改变催化剂活性组分的本性，包括结构和化学特性。对于金属和半导体催化剂，调变型助催化剂可以改变其电子因素（d 带空穴数、导电率、电子逸出功等）和几何因素；对于绝缘体催化剂，可以改变其酸、碱中心的数量和强度。例如，合成氨催化剂中加入 K_2O 可以使铁催化剂逸出功降低，使其活性提高，K_2O 即为一种调变型助催化剂。

③扩散型助催化剂可以改善催化剂的孔结构，改变催化剂的扩散性能。这类助催化剂多为矿物油、淀粉和有机高分子等物质。制备催化剂时加入这些物质，在催化剂干燥焙烧过程中，它们被分解和氧化为 CO_2 和 H_2O 逸出，留下许多孔隙。因此，这些物质也称为致孔剂。

④毒化型助催化剂可以毒化催化剂中一些有害的活性中心，消除有害活

性中心造成的一些副反应，留下目的反应所需的活性中心，提高催化剂的选择性和寿命。例如，通常使用酸催化剂时，为防止积炭反应发生，可以加入少量碱性物质，毒化引起积炭副反应的强酸中心。这种碱性物质即为毒化型助催化剂。

虽然助催化剂用量很少，但对催化剂的催化性能影响很大。除选择适宜的助催化剂组分外，它的含量也要适宜，这些都是催化剂组成关键所在。一些专利往往是与助催化剂的类别和数量有关。

（4）载体　载体是催化剂中主催化剂和助催化剂的分散剂、黏合剂和支撑体。载体的作用是多方面的，可以归纳如下。

①分散作用。多相催化是一种界面现象，因此要求催化剂的活性组分具有足够的比表面积，这就需要提高活性组分的分散度，使其处于微米级或原子级的分散状态。载体可以分散活性组分为很小的粒子，并保持其稳定性。例如，将贵金属 Pt 负载于 Al_2O_3 载体上，使 Pt 分散为纳米级粒子，成为高活性催化剂，从而大大提高贵金属的利用率。但并非所有催化剂都是比表面积越高越好，而应根据不同反应选择适宜的比表面积和孔结构的载体。

②稳定作用。除结构型助催化剂可以稳定催化剂活性组分微晶外，载体也可以起到这种作用，可以防止活性组分的微晶发生半熔或再结晶。载体能把微晶阻隔开，阻止微晶在高温条件下迁移。例如，烃类蒸气转化制氢催化剂，选用铝镁尖晶石作载体时，可以防止活性组分 Ni 微晶在 800℃ 的高温下晶粒长大。

③支撑作用。载体可赋予固体催化剂一定的形状和大小，使之符合工业反应对其流体力学条件的要求。载体还可以使催化剂具有一定机械强度，在使用过程中使之不破碎或粉化，以避免催化剂床层阻力增大，从而使流体分布均匀，保持工艺操作条件稳定。

④传热和稀释作用。对于强放热或强吸热反应，通过选用导热性好的载体，可以及时移走反应热量，防止催化剂表面温度过高。对于高活性的活性组分加入适量载体可起稀释作用，降低单位容积催化剂的活性，保证热平衡。载体的这两种作用都可以使催化剂床层反应温度恒定，同时也可提高活性组分的热稳定性。

⑤助催化作用。载体除上述物理作用外，还有助催化作用。载体和活性组分或助催化剂产生化学作用会导致催化剂的活性、选择性和稳定性的变化。

在高分散负载型催化剂中，氧化物载体可对金属原子或离子活性组分发生强相互作用或诱导效应，起到助催化作用。载体的酸碱性还可与金属活性组分产生多功能催化作用，使载体也成为活性组分的一部分，组成双功能催化剂。

除选择合适载体类型外，确定活性组分与载体量的最佳配比也很重要。一般活性组分的含量至少应能在载体表面构成单分子覆盖层，使载体充分发挥分散作用。若活性组分不能完全覆盖载体表面，载体又是非情性的，载体表面也可以引起一些副反应。

2. 固体催化剂的结构

固体催化剂的结构与其组成有直接关系，但是化学组成不是决定催化剂结构的唯一条件，制备方法对催化剂结构的影响更明显。用不同制备方法可制备组成相同而结构不同的催化剂，这些催化剂所表现出的催化性能差异很大。

大多数工业用固体催化剂为多组元并具有一定外形和大小的颗粒，这种颗粒由大量的细粒聚集而成。由于聚集方式不同，可形成不同粗糙度的表面，即表面纹理，而在颗粒内部形成孔隙构造，表现为催化剂的微观结构特征，即比表面积、孔体积、孔径大小和孔分布。催化剂的微观结构特征不但影响催化剂的反应性能，也会影响催化剂的颗粒强度，还会影响反应系统中质量传递过程。

制备方法不但影响固体催化剂的微观结构特征，还影响固体催化剂中各组元（主催化剂、助催化剂和载体）的存在形态，即分散度、化合态、物相和均匀度，这些将直接影响催化剂的催化特性。

（1）分散度　可将固体催化剂组成颗粒的细度按其形成次序分为两类：一类为初级粒子，其尺寸多为埃级，其内部为紧密结合的原始粒子；另一类为次级粒子，大小为微米级，由初级粒子以较弱的附着力聚集而成。催化剂颗粒是由次级粒子构成的，大小为毫米级。催化剂的孔隙大小和形状取决于这些粒子的大小和聚集方式。初级粒子聚集时，在颗粒中形成细孔，而次级粒子聚集时则形成粗孔。因此，在催化剂制备时，调节初级、次级粒子的大小和聚集方式，就可以调节催化剂的比表面积和孔结构。同时，负载金属催化剂在高分散时，金属的物理、化学特性可能发生变化。因为高分散度粒子由少量原子（离子）组成，其性质往往与大量原子组成的粒子不同，同时受载体的影响也更明显。

（2）化合态　固体催化剂中活性组分可以以不同化合态（金属单质、化合物、固溶体）存在，化合态主要指初级粒子中物质的化合状态。具有不同化合态的活性组分以不同催化机理催化各种反应进行。例如，过渡金属单质（Ni、Pt、Pd），过渡金属氧化物和硫化物（V_2O_5、MoO_3、NiS、CoS）及过渡金属固溶体（Ni-Cu 合金、Pd-Ag 合金）都可进行氧化还原型反应。而氧化物（Al_2O_3、SiO_2-Al_2O_3），分子筛和盐类（$NiSO_4$、$AlPO_4$）则催化酸碱型反应。有时制备的催化剂化合态并不是反应所需要的，但通过催化剂预处理可以转化为所需要的化合态。如硫化物催化剂通常是制备出氧化物催化剂，再经硫化预处理转变为硫化状态。催化剂中组分的化合态与催化剂制备方法有直接关系。因此，通过选择适宜的制备方法可以满足催化剂对各组分化合态的要求。

（3）物相　固体催化剂各组分的物相也是很重要的。因为同物质处于不同物相时，其物化性质不同，致使其催化性能也不同。通常催化剂物相可分为非晶相（无定型）和晶相两种。结晶相物质又可分为不同晶相，例如，氧化铝就有 α、γ、η、ρ、σ、θ 等物相。当氧化铝处于 α 相时，比表面积很小，对多数反应是无活性的，但氧化铝处于 γ 相时，比表面积较大，对许多反应都有催化活性。在一定条件下非晶相物质可转变成晶相物质，各种晶相之间也可以相互转变，温度与气氛对这种晶相转变起重要作用。固体催化剂由于晶相的转变，催化活性和选择性改变。

（4）均匀度　在研究多组分物系固体催化剂时，必须考虑物系组成的均匀度，包括化学组成和物相组成的均匀度，通常希望整个物系具有均匀的组成。例如，合金催化剂要求各部分组成一致。但是，由于制备方法与物质的固有特性，常常出现组分不均一现象。例如，合成氨用的 α-Fe-Al_2O_3-K_2O 催化剂，K 在表面的浓度高于体相浓度。在 Ni-Cu 合金催化剂中，由于 Cu 的表面富集，表面层 Cu 的浓度也高于体相浓度。因此，必须注意组分在催化剂的某部分集中分布带来的效应。在有些场合，研究人员有意识地制造不均匀分布的催化剂，如 Pd-Al_2O_3 催化剂，为提高 Pd 的利用率，可用专门方法使活性组分 Pd 集中分布在催化剂颗粒表面的薄层中。

综上所述，固体催化剂的组成和结构都是影响催化性能的主要因素。研究人员在设计和制造固体催化剂时，除关注催化剂的组成配方外，找出适宜的制备方法也是至关重要的。

二、固体催化剂的主要制备方法

固体催化剂的催化性能主要取决于它的化学组成和结构。由于制备方法不同，尽管化学组分和用量完全一样，得到的催化剂的催化性能可能会有很大差异。因此，必须慎重选择催化剂的制备方法，并严格控制制备过程中的每一步指标，才能获得各种性能都很优异的工业催化剂。以下介绍几种主要制备方法。

1. 沉淀法

沉淀法是制备催化剂最常用的一种方法，可用于制备单组分及多组分催化剂。此法是在搅拌情况下，将沉淀剂加入金属盐的水溶液中，生成沉淀物质，再将后者过滤、洗净、干燥和焙烧，制得相应的氧化物。

沉淀过程是一个化学反应过程。由沉淀法制备催化剂，其活性和选择性受很多因素影响。

（1）沉淀剂和金属盐类的性质直接影响沉淀过程。常用的沉淀剂为氨气、氨水、碳酸铵等，这些沉淀剂在洗涤和热处理时容易除去。某些催化剂不希望残留 K^+或 Na^+，且氢氧化钾价格较高，因此，氢氧化钾和氢氧化钠都不常用。金属盐类多选用硝酸盐、碳酸盐、有机酸盐，因为这些盐的酸根在焙烧过程中可分解为气体逸出，而不残留于催化剂中。相反，若采用氧化物或硫酸盐，熔烧后残留的阴离子（Cl^-或 SO_4^{2-}）有时会对金属催化剂起强毒化作用。

（2）沉淀反应条件。其中包括沉淀剂和金属盐溶液浓度、沉淀反应温度、pH、加料顺序、搅拌强度、沉淀物的生成速度和沉淀时间，以及沉淀物的洗涤和干燥方法等。沉淀剂和金属盐溶液的浓度、沉淀温度、搅拌强度等将直接影响沉淀产物的晶核生成和晶体生长，从而影响催化剂的分散度、孔隙度和颗粒形状，影响催化剂的催化性能。因此，必须选择适宜的温度、浓度和搅拌条件，以满足沉淀产物催化性能要求。在采用共沉淀法制备多组分催化剂时，沉淀反应的 pH 影响较大，因为不同氢氧化物沉淀需要不同 pH，而且各组分的溶度积也是不同的，这就有可能使制备的沉淀物不均匀。因此，pH 的选择必须使各种沉淀物的形成速度比较接近，以保证沉淀物均匀；或者可以采用分步沉淀法。除此之外，其他影响因素也是不可忽视的。

（3）用沉淀法制备催化剂时，沉淀终点的控制和防止杂质的混入也是很重要的。既要防止沉淀不完全，又要防止沉淀剂过量，以免在沉淀中带来外来离子。

（4）必须注意沉淀物的洗涤。通常将所得的沉淀物洗至中性为止。这样可尽量将 OH^- 和 NO_3^- 及其他阳离子洗掉，以免带入杂质。

沉淀法制得的凝胶或溶胶在一定温度、压力和 pH 下晶化，可得到各种类型的分子筛，分子筛再经过各种改性可以制备出各种酸、碱或多功能催化剂。

2. 浸渍法

浸渍法是制备负载型催化剂最常使用的方法。一般是将一定形状、尺寸的载体浸泡在含有活性组分（主催化剂、助催化剂）的水溶液中，当浸渍平衡后，分离剩余液体，此时活性组分以离子或化合物形式附着在固体上。浸渍后的固体经干燥、煅烧活化等处理，即可得到所需要的催化剂。

浸渍所用活性物质应具有溶解度大、结构稳定、在煅烧时可分解为稳定的活性化合物等特点，常采用硝酸盐、醋酸盐或铵盐配制浸渍液，这些盐类煅烧后可分解逸出，不致带入其他离子。浸渍法有如下几种。

（1）过量溶液浸渍法　将多孔载体浸入过量的活性组分溶液中，稍稍减压（一般为 40~53kPa）或微微加热，使载体空隙中的空气排出。数分钟后，活性组分充分渗透进入载体的孔隙中，用过滤或倾析法除去过剩的溶液。

（2）等体积溶液浸渍法　当某些载体从溶液中选择性地吸附活性组分时，不宜用过量溶液浸渍。可预先测定载体吸收溶液的能力，然后加入正好能使载体完全浸透的溶液量，这种方法称为等体积溶液浸渍法。应用此法可省去过滤多余浸渍溶液的步骤，便于控制催化剂中活性组分的含量。

（3）多次浸渍法　若固体的孔容积较小，活性组分在液体中的溶解度较小，或者载入活性组分量过大时，一次浸渍不能达到最终成品所需要的活性组分含量，此时可采用多次浸渍法。第一次浸渍后将固体干燥（或焙烧），使溶质固定下来，再进行第二次浸渍。为了防止活性组分分布不均匀，可用稀溶液进行多次浸渍。

多组分溶液浸渍时，由于各组分的吸附能力不同，会使吸附能力强的活性组分富集于孔口，而吸附能力弱的组分分布在孔内，造成分布不均。改进的方法之一是用多次浸渍法分别负载各种组分。

（4）蒸气相浸渍法　当活性组分是易挥发的化合物时，可采用蒸气相浸渍，即将活性组分从气相直接沉积到载体上。利用这种方法能随时补充易挥发活性组分的损失，使催化剂保持活性。

用浸渍法制备的催化剂具有许多用沉淀法得到的催化利所不具备的优点。浸渍法制得的催化剂，其比表面积与孔结构接近所用载体的数值，因此，可通过选择适宜的载体控制催化剂的宏观结构。另外，利用浸渍法可在合适的操作条件下，使活性组分均匀地以薄层附着在载体表面上，大大提高活性组分的利用率，这在以贵金属为活性组分的场合尤为重要。此外，浸渍法工艺简单，技术易于掌握。值得注意的是，由于活性组分常常物理附着在载体表面上，因此，在使用时会因附着不牢而流失活性组分。

除用浸渍法将活性组分引入催化剂中，还可采用离子交换法。该方法是利用溶液中的离子与固体催化剂中的可交换的离子进行离子置换，如离子交换树脂和分子筛中的 Na^+交换。

3. 热分解法

热分解法也称固相反应法（或干法）。该法采用可加热分解的盐类，如硝酸盐、磷酸盐、甲酸盐、醋酸盐、草酸盐等为原料经煅烧分解得到相应氧化物。热分解后的产物是一种微细粒子的凝聚体，它的结构和形状与原料的化学种类、热分解的温度、分解的气氛（周围气体性质）及分解时间有关。凝聚体的结构将直接影响催化剂活性及选择性，所以采用热分解法制备催化剂要注意原料及分解条件的选择。

（1）原料的影响　制备重金属或碱土金属氧化物及过渡金属氧化物，通常选用硝酸盐或碳酸盐。如用碳酸盐可制备 Cr、Sn、Al、Mg、Zn、Cu、Cd、Sr、Ba 及其氧化物，但用碱土金属的硝酸盐热解法得不到氧化物，而应用亚硝酸盐。

制备过渡金属低价氧化物如 FeO、MnO 等，常用草酸盐，但此法制得的产物纯度不高。

除用盐热分解制备氧化物外，用氢氧化物热分解也可达到同样目的。如 Cr、Sn、Al、Mg、Zn、Cu、Cd、Sr、Ba 和稀有元素的氢氧化物煅烧后可变成纯粹氧化物；也可用酸酐热分解制备相应氧化物，如钼酸酐、钨酸酐、硼酸酐、钒酸酐、铌酸酐、铂酸酐及硅酸酐等热分解制备相应的氧化物。

通常不用卤化物或硫酸盐热分解，一方面是因为分解温度高，另一方面容易带入 Cl^-和 SO_4^{2-}。

（2）热分解条件的影响　热分解温度和时间直接影响分解产物的颗粒度，随分解温度升高和分解时间延长，产物的颗粒度增大，如表 4-5 所示。热分解的气氛对产物颗粒大小影响也很大，表 4-6 列出了热分解气氛和时间对颗粒大小的影响，可见热分解气氛对产物颗粒的影响非常明显。真空和干燥气氛中产物颗粒较小，而空气中含水蒸气、氨或 HCl 时制得的颗粒较大。

表 4-5　$MgCO_3$ 制备 MgO 时煅烧温度与时间对 MgO 颗粒大小的影响

温度/℃	颗粒直径/nm				
	0.5h	1h	2h	4h	6h
650	5.7	5.9	6.6	6.6	7.4
750	6.8	8.0	10.8	16.4	22.1
850	8.0	10.8	15.4	23.7	36.1
950	9.1	15.4	30.7	>100	—

表 4-6　$MgCO_3$ 制备 MgO 时气氛及时间对 MgO 颗粒大小的影响（850℃）

热分解气氛	颗粒直径/nm			颗粒对 I_2 的比吸附量/(mg/g)		
	1h	2h	4h	1h	2h	4h
真空（0.4~1.33kPa）	10.8	15.4	23.7	239	180	125
干燥空气（101.3kPa）	18.4	20.1	24.4	133	120	114
湿空气（水分 1.33kPa）	36.8	51	51	71	60	56
H_2（80kPa）	36.8	44	66.5	68	60	36
CO（80kPa）	55	61	65	50	44	42
水蒸气（101.3kPa）	>100	—	—	46	36	34
氨+空气	>100	—	—	41	37	30
HCl+空气	>100	—	—	8	6	5

综上所述，用热分解法制备氧化物催化剂时，由于有些金属化学物可生成多种价态的氧化物，所以必须严格控制制备条件，才能制备出性能良好的催化剂。

4. 熔融法

熔融法是将要求组分的粉状混合物在高温条件下进行烧结或熔融，其过程为：固体粉碎⟶高温熔融或烧结⟶冷却⟶破碎成一定粒度。

制备合成氨用铁催化剂，是将磁铁矿（Fe_3O_4）、碳酸钾、氧化铝于1600℃高温熔融，冷却后破碎到几毫米的粒度，然后在氢气或合成气中还原，制得 α-Fe-K_2O-Al_2O_3 催化剂。熔融法制备催化剂时，熔融温度对催化剂性能影响较大。把熔融法与滤沥法结合可以制备加氢催化剂——雷尼镍（Raney Ni），这种制备方法首先把具有催化活性的金属与能溶于碱的另一种金属熔融制成合金，再粉碎成粉末，然后用碱滤沥法溶去另一种金属组分，得到骨架结构的金属催化剂。这种金属因具有多孔性骨架结构，被称为骨架催化剂。骨架金属呈现很高的加氢、脱氢活性。通常用镍与铝熔融为合金，也可用硅、镁等与镍制得合金，再用滤沥法除去铝、硅、镁等制得骨架镍催化剂。用这种方法还可制备其他活泼金属的骨架催化剂，如铁、钴、铜、铬、锰、银等。

除制备一种金属的骨架催化剂外，还可将几种活泼金属适当组合制得多组元金属骨架催化剂。其中比较重要的是由三元合金（如铝、铁、镍），将铝溶去，制成多组元骨架催化剂，如 Fe-Ni、Ni-Cu、Fe-Co、Ni-Co、Ni-W、Ni-Mo、Ni-Ag 等。这种多组元金属骨架催化剂可以进一步调节金属骨架催化剂的活性或选择性。用滤沥法制备催化剂时，滤沥的温度和碱的浓度直接影响催化剂颗粒大小。随滤沥温度升高，碱液浓度增大，颗粒变小。

5. 还原法

由上述各种制备方法可以看出，除了熔融与滤沥相结合可制得金属催化剂外，其他方法制得的催化剂均为氧化物，将其转化为金属催化剂必须进行还原。

应用还原法制备金属粉末，可用熔盐电解法、碳还原法和一氧化碳或氢还原法。用氢气还原金属氧化物或金属盐制备的金属粉末纯度高，而且大多数颗粒是多孔的。因此，还原法是制备金属催化剂最常用的方法。除用纯氢还原外，在某些情况下，也可用水煤气（$CO+H_2$）、氮与氨的混合物、纯一氧化碳、氢与氨的混合物、甲醇或乙醇蒸气等进行还原反应。

还原的金属颗粒大小与分布、粒子形态、表面状态等取决于还原条件，通常随还原温度升高，平均颗粒半径增大，还原气中含水也易使颗粒增大。

制备负载金属催化剂也常用氢气在高温下还原氧化物的方法。为了安全，通常采用氮氢混合气进行还原。还原时氢气与氧化物中的氧结合生成水。为及时将水带走，需要过量的氢气，因为水蒸气的存在会加速氧化物的烧结。

同时水还会引起金属催化剂中毒。例如，熔融法制备的磁铁矿，使用前要将其还原为金属铁，而水能引起铁中毒。因此，还原的金属铁应尽量避免与水接触。催化剂的还原可在催化剂制备过程中进行，还原后金属催化剂要用氮气保护，因为还原后的金属催化剂非常活泼，容易吸附氧或其他气体，为保持新鲜的金属催化剂表面，须用惰性气体保护。有时也有意识地让还原后的金属轻微地氧化一薄层，这样做可以使新鲜的金属表面得到钝化保护，待使用时再轻度还原即可。

第三节 催化类材料在卷烟降焦减害中的应用

催化类材料作为滤棒添加剂主要通过催化作用将烟气中的有害物质转化为无害物质。烟气 7 种代表性有害成分中，CO 和巴豆醛可通过催化类材料进行转化，如 CO 在催化剂催化下氧化为 CO_2，或者歧化反应为 CO_2 和 C；巴豆醛在催化剂催化下可被氧化成巴豆酸。应用于滤棒添加剂的催化类材料主要包括金属氧化物催化剂和贵金属催化剂等。为了提高催化类材料的活性，往往将其负载在具有大比表面积的载体上，如活性炭、炭纤维、分子筛等。

一、金属氧化物催化剂

聂聪等[1] 利用浸渍法制备了一系列添加 CeO_2 的负载型 Pd-Ce/NaZSM-5 催化剂，将其以二元复合滤棒形式应用于卷烟（添加量 35mg/10mm），与对照组相比，试验卷烟烟气中 CO 释放量降低 22%，焦油降低 27%。Tolman 等[2] 采用高锰酸银/氧化锌催化剂，并在接烟丝端使用了氯胺 T 以预防催化剂中毒，催化剂用量为 1500mg 时，可减少 CO 释放量 50%～60%。张思华[3] 研制了具有低温催化的非贵金属催化材料 Co_3O_4/CeO_2，将其添加到卷烟滤嘴中，最高可降低 CO 8%，并对其降低 CO 机理进行了探讨，认为吸附截留和低温催化氧化是其降低 CO 的主要机理。Zhu huaiyuan 等[4] 采用改性活性炭纤维负载氯化钯、氯化亚铜，实现巴豆醛降低 33%。通过滤嘴添加金属复合多孔纳米硅材料，可降低巴豆醛 33%、CO 35%、多环芳烃 27%[5]。将负载 CuO、ZnO 的活性炭分别添加于滤嘴，可降低巴豆醛 50%、94%[6-7]。

二、贵金属催化剂

贵金属（如 Pt、Pd、Au 等）催化剂，特别是负载型催化剂是常用的氧化模型催化体系，在卷烟滤嘴中添加能够显著降低 CO 释放量。如中国烟草总公司完成的“降低卷烟烟气中有害成分的技术研究”项目[8]，利用 CO 在常温下催化氧化为 CO_2 的多相催化原理，首次研制出了适合于烟草工业应用的含纳米贵金属活性组分的催化材料、助剂和二元催化材料复合滤棒。与对照卷烟相比，侧流烟气的 CO 释放量可降低 45.4%，普通卷烟的 CO 释放量可降低 26.9%。利用项目研究成果成功开发了低焦油、低 CO 的“和”牌烤烟型卷烟，焦油、CO 和烟碱的释放量分别为 10.0mg/支、9.1mg/支和 0.93mg/支。此外，Liu Jianfu 等[9] 利用沸石负载贵金属制备得到 Pd/Na ZSM-5 催化剂，室温下能够催化氧化烟气中 CO，与未添加材料的卷烟相比，CO 最高降低 20%。詹望成等[10] 采用等体积溶液浸渍法制备了不同活性炭载体的 Pd-Cu/活性炭催化剂，能够降低 CO 25%以上。张珍容[11] 以 Pd 负载介孔氧化硅作为滤嘴添加剂，当添加量为 2.3%时，与对照卷烟相比，焦油和 CO 分别降低 47%和 9%，并且试验卷烟感官质量基本保持不变。刘楠等[12] 以烟草花叶病毒（TMV）为模板制备得到一维 TMV-纳米金复合材料，并将 TMV-纳米金复合材料以悬浮液的形式加入肯塔基参比卷烟的滤嘴中，与对照卷烟相比，可降低 CO 20%；然后，又将 SO_3^{2-}、SCN^-引入体系来提高纳米金在 TMV 模板上的生长密度[13]，复合材料中纳米金的负载率由 16%提高到 22%，卷烟烟气 CO 释放量降低率提高到 27%，焦油降低率为 11%。

参考文献

[1] 聂聪，吕功煊，赵乐，等．改性贵金属催化剂降低卷烟烟气中 CO 性能的研究［J］．中国烟草学报，2007，13（3）：11-16.

[2] Tolman T W C. Tobacco-smoke filters：765953-A［P］. 1972-26-09.

[3] 张思华．选择性降低卷烟烟气中 CO 含量的研究［D］．昆明：昆明理工大学，2009.

[4] Zhu Huaiyuan，Zhuang Yadong，Liu Xianjun，et al. Application of modified activated carbon fibre in reduction of carbonyl and phenolic compounds in mainstream cigarette smoke［C］. CORESTA Congress，Smoke Science/Product Technology Groups，2013.

[5] 袁毅，沈瑞雪．一种降低烟气中有害成分多孔复合材料的制备方法：102553535［P］. 2012-07-11.

[6] 郭小义，银董红，金勇，等．一种选择性降低卷烟主流烟气中主要羰基化合物的卷烟滤嘴添加剂及制备和应用：102058159［P］. 2011-05-18.

[7] Branton P, Bohringer B, Fichtner S, et al. Porous carbon and methods of production thereof: 2013011312-A1 [P]. 2013-01-24.

[8] 王彦亭. 降低卷烟烟气中有害成分的技术研究 [R]. 中国烟草总公司, 2003.

[9] Liu Jianfu, Bi Yushui, Ding Yan, et al. A supported catalyst to reduce CO in smoke [C]. CORESTA Congress, Smoke Science/Product Technology Groups, 2002.

[10] 詹望成, 周国俊, 储国海, 等. 载体对 Pd-Cu/活性炭催化剂在消除卷烟主流烟气中 CO 活性的影响 [J]. 物理化学学报, 2011, 27 (3): 705-710.

[11] 张珍容. 二元金属组装六方介孔氧化硅的制备、表征及应用研究 [D]. 长沙: 湖南大学, 2005.

[12] 刘楠, 唐纲岭, 陈再根, 等. 基于病毒模板的一维纳米金材料对卷烟烟气中 CO 的影响研究 [J]. 功能材料, 2010, (3): 425-427, 431.

[13] 刘楠, 唐纲岭, 陈再根, 等. 基于烟草花叶病毒模板高密度纳米金的制备及其对卷烟烟气 CO 的影响 [J]. 烟草科技, 2012, (8): 66-69.

第五章
高分子材料

高分子材料相对于传统材料如玻璃、陶瓷、水泥、金属而言是新兴材料，其发展速度及应用广泛性大大超过了传统材料，已成为工业、农业、国防和科技等领域的重要材料。高分子材料既可用作结构材料，也可用作功能材料。高分子材料已广泛渗透于人类生活的各个方面，在人们生活中发挥着巨大的作用。本章主要介绍高分子材料的分类、结构与理化性质、制备方法及其作为滤棒添加剂降低烟气有害成分的应用。

第一节　高分子材料概述

高分子材料又称聚合物材料，按照其来源可分为天然高分子材料和合成高分子材料。天然高分子材料有天然橡胶、纤维素、淀粉、甲壳素、蚕丝等。合成高分子材料的种类繁多，如合成塑料、合成橡胶、合成纤维等。如果按照高分子材料的物理形态和用途来分，可分为塑料、橡胶、纤维、黏合剂、涂料、聚合物基复合材料、聚合物合金、功能高分子材料、生物高分子材料等。

一、天然高分子材料发展史

人类从远古时期就已开始使用如皮毛、天然橡胶、棉花、纤维素、虫胶、蚕丝、甲壳素、木材等一些天然高分子材料。随着社会的发展，相应地开发了天然高分子材料的改性和加工工艺。如 19 世纪中叶，德国人用硝酸溶解纤维素，然后纺成丝或制成膜，并利用其易燃的特性制成炸药。但是硝化纤维素难于加工成型，因此人们又在其中加入樟脑，使其易于加工成型，做成了称为“赛璐珞”的塑料材料。赛璐珞的应用极为普遍，可用来制作台球、乒乓球、梳子、假牙、电影胶片、照相底片等，还可用纺丝制造人造织物。又如，天然橡胶的改性，早在 11 世纪，南美洲的劳动人民已在长期的生产实践中开始利用橡胶。1823 年，英国建立了世界上第一个橡胶工厂，生产防水胶布。但那时并没有什么特殊的橡胶加工设备，因为采用的是溶解法，即将橡胶溶于有机溶剂中，然后涂到布上。当时，橡胶制品遇冷则变硬，加热则发黏，受温度的影响比较大。1839 年，美国科学家发现了橡胶与硫磺一起加热可以消除上述变硬发黏的缺点，并可以大大增加橡胶的弹性和强度。通过硫化改性，有力地推动了橡胶工业的发展，硫化胶的性能比生胶优异得多，从而开辟了橡胶制品广泛应用的前景。同时，橡胶的加工方法也在逐渐完善，形成了塑炼、混炼、压延、压出、成型这一完整的加工过程，使得橡胶工业蓬勃兴起，发展突飞猛进。

二、合成高分子材料发展史

合成高分子材料的诞生和发展从耐醛树脂开始。在 20 世纪初期，化学家们研究了苯酚与甲醛的反应，发现在不同的条件下，可以得到两类树脂，一种是在酸催化下生成可熔化、可溶解的线型酚醛树脂；另一种是在碱催化下生成不溶解、不熔化的体型酚醛树脂，这种酚醛树脂是人类历史上第一个完全靠化学合成方法生产出来的合成树脂。自此，工业化生产的合成高分子材料迅速扩展。20 世纪 60 年代后期，高分子合成工业的发展日新月异，新的产物和新工艺层出不穷，合成了各种特性的塑料材料，如聚甲醛、聚氨酯、聚碳酸酯、聚砜、聚酰亚胺、聚醚醚酮、聚苯硫醚等；合成了特种涂料、黏合剂、液体橡胶、热塑性弹性体以及耐高温特种有机纤维，使高分子合成的产品成为国民经济和日常生活中不可缺少的材料。随着科学技术的进步和经济的发展，耐高温、高强度、高模量、高冲击性、耐极端条件等高性能的高分子材料发展十分迅速，为电子、汽车、交通运输、航空航天工业提供了必需的新材料。目前，高分子材料正向功能化、智能化、精细化方向发展，使其由结构材料向具有光、电、声、磁、生物医学、仿生、催化、物质分离及能量转换等效应的功能材料方向扩展，分离材料、生物材料、智能材料、储能材料、光导材料、纳米材料、电子信息材料等的发展都呈现这种发展趋势。与此同时，在高分子材料的生产加工中也引进了许多先进技术，如等离子体技术、激光技术、辐射技术等。结构与性能关系的研究也由宏观进入微观，从定性进入定量，由静态进入动态，正逐步实现在分子设计水平上合成并制备所期望功能的新型材料。

进入 21 世纪，高分子材料学科、高分子与环境科学等理论与实践相得益彰，材料科学和新型材料技术是当今优先发展的重要技术，高分子材料已成为现代工程材料的主要支柱，与信息技术、生物技术一起，推动着社会的进步。高分子材料的快速发展和广泛应用也对高分子材料本身提出了更高的要求，要求高分子材料在基本性能和功能上更加提高，在绿色合成化学、环境友好加工上有更大的进步，以适应和改善由于工业快速发展而带来的环境污染、能源紧缺及人类生存空间缩小的问题。

高分子材料由于结构的可调控性和后续功能基的易修饰性，在滤棒添加剂中具有重要地位，主要包括天然高分子中的壳聚糖、纤维素、淀粉等，合成高分子材料中的高分子多孔材料、液体聚合物材料、分子印迹聚合物、聚合物/无机复合材料等。

第二节　天然高分子材料在卷烟降焦减害中的应用

天然高分子材料是由天然动植物中获得的一类高分子材料，由于其来源广泛、成本低廉、安全性高，作为滤棒添加剂具有一定的优势。滤棒添加剂的天然高分子材料主要包括壳聚糖、多孔淀粉、纤维素、海藻酸等。

一、壳聚糖

在虾、蟹等海洋节肢动物的甲壳，昆虫的甲壳，菌类和藻类细胞膜，软体动物的壳和骨骼及高等植物的细胞壁中存在大量甲壳素（Chitin）。甲壳素在自然界分布广泛，储量仅居于纤维素之后，是第二大天然高分子，每年甲壳素生物合成量约有 100 亿 t，是一种可循环的再生资源，取之不尽，用之不竭。

甲壳素由法国研究自然科学史的布拉克诺（H. Braconno）教授于 1811 年在蘑菇中发现，并命名为 Fungine。1823 年，另一位法国科学家 A. Odier 从甲壳类昆虫的翅鞘中分离出同样的物质，并命名为几丁质；1859 年，法国科学家 C. Rouget 将甲壳素浸泡在浓氢氧化钾溶液中，煮沸一段时间，取出洗净后发现其可溶于有机酸；1894 年，德国人 Ledderhose 确认 C. Rouget 制备的改性甲壳素是脱掉了部分乙酰基的甲壳素，并命名为 Chitosan，即壳聚糖；1939 年 Haworth 获得了一种无可争议的合成方法，确定了甲壳素的结构；1936 年美国人 Rigby 获得了有关甲壳素/壳聚糖的一系列授权专利，描述了从虾壳、蟹壳中分离甲壳素的方法，制备甲壳素和甲壳素衍生物的方法，制备壳聚糖溶液、壳聚糖膜和壳聚糖纤维的方法；1963 年 Budall 提出甲壳素存在着三种晶型；20 世纪 70 年代，对甲壳素的研究逐步增多；20 世纪八九十年代，对甲壳素/壳聚糖研究进入全盛时代。

壳聚糖是甲壳素 *N*-脱乙酰基的产物，甲壳素的化学名称为 β-（1,4）-2-乙酰氨基-2-脱氧-D-葡萄糖，甲壳素是乙酰氨基葡萄糖单元通过 β-1,4 糖苷键相连的线型生物高分子，相对分子质量分布范围较广，从几十万到几百万不等。甲壳素、壳聚糖、纤维素三者具有相近的化学结构，纤维素在 C2 位上是羟基，甲壳素、壳聚糖在 C2 位上分别被一个乙酰氨基和氨基所代替，甲壳素和壳聚糖具有生物降解性、细胞亲和性和生物效应等许多独特的性质，尤其是含有游离氨基的壳聚糖，是天然多糖中唯一的碱性多糖。

壳聚糖分子结构中的氨基基团比甲壳素分子中的乙酰氨基基团反应活性更强，使得其具有优异的生物学功能，并能进行化学修饰反应。壳聚糖被认为是比纤维素具有更大应用潜力的功能性生物材料，具有生物降解性、生物相容性、无毒性、抑菌、抗癌、降酯、增强免疫等多种生理功能，广泛应用于食品添加剂、纺织、农业、环保、美容保健、化妆品、抗菌剂、医用纤维、医用敷料、人造组织材料、药物缓释材料、基因转导教体、生物医用领域、医用可吸收材料、组织工程载体材料、医疗以及药物开发等众多领域和日用化学工业。

1. 壳聚糖的化学结构

壳聚糖的基本组成单位是氨基葡萄糖，由 β-（1,4）-2-乙酰氨基-D-葡萄糖单元和 β-（1,4）-2-氨基-D-葡萄糖单元组成的大分子聚合物。其结构如图 5-1 所示。

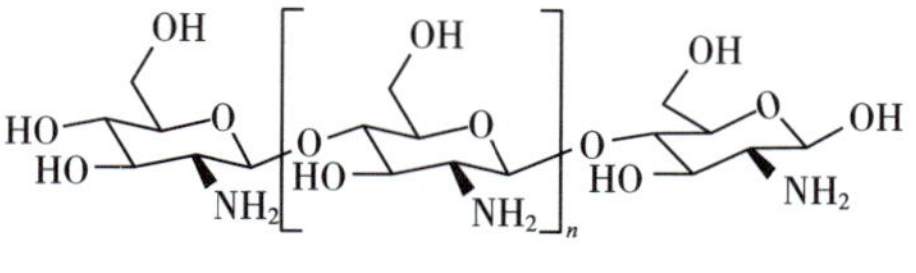

图 5-1　壳聚糖结构

壳聚糖通过大分子链上分布的羟基、氨基、*N*-乙酰氨基相互作用形成各种分子内和分子间氢键。壳聚糖分子因为数量众多的氢键更容易形成结晶区，从而具有较高的结晶度，具有很好的吸湿性、成膜性、成纤性和保湿性等物理机械性能。

脱乙酰度（Degree of Deacetylation，DD）是脱去乙酰基的葡萄糖胺单元数占总的葡萄糖胺单元数的比例，它是考察甲壳素/壳聚糖最基本的结构参数之一。脱乙酰度对壳聚糖的溶解性能、黏度、离子交换能力以及絮凝性能等都有重大影响。通常脱去55%以上*N*-乙酰基的甲壳素能溶于1%乙酸或盐酸，被称为壳聚糖，但脱乙酰度在70%以上的壳聚糖才能作为有使用价值的工业品。脱乙酰度在5%~70%、70%~85% 、85%~95% 、95%~100%的壳聚糖分别称为低脱乙酰度壳聚糖、中脱乙酰度壳聚糖、高脱乙酰度壳聚糖和超高脱乙酰度壳聚糖，极难制备脱乙酰度为100%的壳聚糖。

壳聚糖在水、乙醇和丙酮中不溶解，在无机酸和酒石酸、水杨酸、抗坏血酸等有机酸及许多稀酸溶液中能溶解。壳聚糖分子中的—NH_2 在酸性环境中会被质子化形成 NH_4^+，表现为酸性条件下溶解。而甲壳素的*N*-乙酰基不能质子化所以无溶解性，可见壳聚糖的脱乙酰度与溶解性关系密切。脱乙酰度在50%以下、60%~80%、80%以上的壳聚糖溶解状态分别为部分离析溶解于稀醋酸溶液中、呈絮凝态悬浮于稀醋酸溶液中、以油状清澈地溶于稀醋酸溶液中，脱乙酰度在50%以下的壳聚糖不溶于浓度1%的稀酸。由此可见，甲壳素与壳聚糖的差别，仅仅是脱乙酰度不同而已。制备高脱乙酰度的壳聚糖在开发壳聚糖产品过程中非常重要，因为脱乙酰度可以决定甲壳素的溶解性，也是对其进行化学修饰功能化改性的前提条件。通常使用的高脱乙酰度中，低相对分子质量、低黏度的壳聚糖都需要将商品壳聚糖进一步水解、降解处理。

2. 壳聚糖的理化性质

（1）结晶结构　甲壳素和壳聚糖呈现双螺旋结构特征，螺距为0.515nm，6个糖残基组成一个螺旋平面。甲壳素和壳聚糖的氨基、羟基、*N*-乙酰氨基形成的氢键，构建了甲壳素和壳聚糖大分子的二级结构。壳聚糖的氨基葡萄糖残基的椅式结构中有2种分子内氢键，一种壳聚糖分子间氢键是C3—OH与相邻的另一条壳聚糖分子链上的糖苷基形成的，另一种分子间氢键是氨基葡萄糖残基的C3—OH与相邻壳聚糖呋喃环上的氧原子形成的。甲壳素和壳聚糖的C3—OH、C2—NH_2、C6—OH等官能团均可形成分子内和分子间氢键。

甲壳素和壳聚糖由于分子内和分子间很强的氢键作用而具有规整的分子链和较好的结晶性能。甲壳素和壳聚糖按晶体结构可以分为α晶型、β晶型和

γ 晶型三种，其中 α 晶型最为稳定，并在大自然中广泛存在。甲壳素和壳聚糖的 α 晶型、β 晶型和 γ 晶型的存在形式不同。α 晶型通常与矿物质沉积在一起，两条反向平行的糖链排列而组成 α 晶型，α 晶型参与形成坚硬的外壳，组织紧密；β 晶型和 γ 晶型通常与胶原蛋白相结合，两条平行的糖链排列组成 β 晶型；两条同向、一条反向且上下排列的三条糖链组成 γ 晶型。β 晶型和 γ 晶型则表现出一定的硬度、柔韧性和流动性，γ 晶型甲壳素可在乌贼的胃内形成厚上皮组织。甲壳素和壳聚糖的分子内和分子间氢键不同，导致 α 晶型、β 晶型和 γ 晶型三种晶型的分子链在晶胞中的排列各不相同。β 晶型在盐酸中回流及经乙酰化处理都可以转变为 α 晶型。

甲壳素和壳聚糖的脱乙酰度影响本身的结晶度，如脱乙酰度为 0 的甲壳素和脱乙酰度为 100%的壳聚糖，在分子结构中，具有分子链均匀、规整性好、结晶度高的特点。对甲壳素进行脱乙酰化处理，甲壳素分子链的规整性被破坏，致使结晶度下降，脱乙酰度增加到一定程度后，链结构趋于均一，结晶度会逐渐增加。经 X 光衍射测试，壳聚糖脱乙酰度从 74%增加到 85%的样品，X 光衍射峰随着脱乙酰度增加依次变得尖锐，结晶度从 21. 6%增加到 28. 0%。

（2）一般物理性质　纯净的壳聚糖为白色或灰白色半透明的片状固体，溶于稀酸呈黏稠状，在稀酸中壳聚糖的 β-1,4-糖苷键慢慢水解，生成低相对分子质量的壳聚糖。溶于酸性溶液形成带正电的阳离子基团。壳聚糖在溶液中是带正电荷的多聚电解质，具有很强的吸附性。壳聚糖分子中含有氨基，具有碱性，在胃酸条件下可生成铵盐，使肠内 pH 转为碱性，改善酸性体质。甲壳素进入人体后被分解成基本单位——葡萄糖胺，乙酰葡萄糖胺是体内透明质酸的基本组成单位。因此，壳聚糖和甲壳素对人体细胞有很好的亲和性，不会产生排斥反应。

壳聚糖的溶解性与脱乙酰度、相对分子质量、黏度有关，脱乙酰度越高，相对分子质量越小，越易溶于水；脱乙酰度越低，相对分子质量越大，黏度越大。壳聚糖具有很好的吸附性、成膜性、通透性、成纤性、吸湿性和保湿性。脱乙酰度和黏度（平均相对分子质量）是壳聚糖的两项主要性能指标。

溶解后的壳聚糖呈凝胶状态，具有较强的吸附能力。壳聚糖中含有羟基、氨基等极性基团，吸湿性很强，甲壳素的吸湿率可达 400%~500%，是纤维素的两倍多，壳聚糖的吸湿性比甲壳素更强，可以用作化妆品的保湿剂。壳聚糖游离氨基的邻位为羟基，有螯合二价金属离子的作用，壳聚糖可以螯合重金属离子，作为体内重金属离子的排泄剂，是高性能的金属离子捕集剂。壳聚糖在水中长期放置会发生水解，葡萄糖环开环。壳聚糖因为具有游离氨基可以被开发作为抗原、抗体、酶等生理活性物质的固定化载体。由于壳聚糖物理、化学及生物性能良好，对有机溶剂稳定性极好，方便进行二次加工，所以壳聚糖在食品、造纸、印染、环境保护、纺织、水处理、医疗、重金属回收等方面应用前景广阔。

3. 壳聚糖的制备

（1）化学降解法　传统的壳聚糖生产多采用化学降解法。作为壳聚糖工业生产最常用的制备方法，化学降解法简便易行，效率高，整个生产过程容易控制，但该法环境污染较为严重，对周边环境具有一定的破坏性。研究者[1] 从蟹壳中获取甲壳素，并通过脱乙酰反应制备壳聚糖。试验探究了影响产物壳聚糖脱乙酰反应的各种因素，如反应温度、碱液含量及反应时间等，最终确定制备高脱乙酰度壳聚糖的条件为反应温度 70℃，碱液质量分数 47%，反应时间 10h。

（2）发酵法　发酵法生产壳聚糖起源于美国，我国从 20 世纪 90 年代开始研究，其主要原理是利用微生物自身生产的酶进行催化，脱去甲壳素中的乙酰基，进而制备壳聚糖。目前该领域研究重点主要集中在优良菌株的选育和培养基的优化。

研究者[2] 采用电解法从培养的黑曲霉湿菌体中制得甲壳素，然后采用碱提取法从培养的黑曲酶湿菌体中制备壳聚糖。试验基于黑曲霉细胞壁的主要成分为蛋白质与甲壳素，而蛋白质带有可电离的基团，在溶液中可形成带电荷的阳离子和阴离子，在外加电场作用下发生迁移，继而除去蛋白质，分离获得甲壳素；最后在高温条件下加入浓碱溶液使得黑曲霉菌丝中的甲壳素脱乙酰基，最终制得壳聚糖。试验结果表明，该方法甲壳素提取率为干菌重量的 20. 6%，所得干燥壳聚糖产品的游离氨基为 93. 76%，产品得率为 12. 11%。

（3）微波技术　微波是一种电磁波，在化学反应中，通常采用 2450 MHz 的微波进行辐射处理。在壳聚糖的生产中，采用微波辐射降解具有操作简便、反应时间短、能源使用率高等优点，但由于微波升温过快也会产生甲壳素降解反应不充分等弊端。

曹健等[3] 采用微波技术对甲壳素进行脱乙酰处理制备壳聚糖，在微波反应前，采用乙醇浸泡，对甲壳素预处理的条件进行了较为系统的研究，并通过单因素试验和正交试验分析了微波反应时间、碱液浓度、乙醇浸泡时间、乙醇浓度、微波功率对壳聚糖脱乙酰度和黏均分子量的影响，提出了制备高脱乙酰度、高黏均分子量壳聚糖的最优条件为：微波功率 462W，微波反应时间 20min，NaOH 浓度 50%，乙醇浸泡时间 2.5h，乙醇浓度 80%。在优化条件下制得的壳聚糖脱乙酰度为 77.07%，黏均分子量为 43.13 万，得率为 68.98%。

（4）酶降解法　甲壳素脱乙酰酶是一种能催化脱去甲壳素分子中 *N*-乙酰葡糖胺链上的乙酰基，使之变成壳聚糖的酶。该方法不但可以替代常规的浓碱热解法，解决目前壳聚糖生产中的环境污染问题，生产出高质量的壳聚糖，还可以生产出某些用化学法不能生产的壳聚糖制品。因此，该酶具有巨大的工业应用潜在价值，当前国内外对于甲壳素脱乙酰酶都有诸多研究。

与上述提到的其他方法相比，利用甲壳素脱乙酰酶制备壳聚糖可实现少用甚至不用氢氧化钠（浓碱），其温和的催化反应条件，不仅节约能源，而且对环境保护具有重要意义。但目前酶法制备壳聚糖还没有得到广泛应用，究其原因，优良产酶菌的选育、提取和培养等严重制约了这一方法的推广。

当前壳聚糖的制备方法主要还是以化学降解法为主，但化学降解法产生的衍生物较多，壳聚糖得率低且环境污染严重。酶法降解作为一种环境友好型的制备方法，因其反应条件温和，不需要浓碱，环境污染小等特点受到了越来越多的关注。

随着分子生物技术的不断发展，国内外对脱乙酰酶的研究已开始深入到分子水平，通过研究酶的结构与其催化作用机理，以期揭示脱乙酰酶的结构与功能之间的关系，同时还有不少研究人员试图通过基因工程技术，对现有的产脱乙酰酶菌株进行定向改造。随着研究的深入，甲壳素脱乙酰化反应将不再困难，脱乙酰度与黏度不断提高，氢氧化钠用量减少、反应速率加快、对环境的污染逐步减轻。

4. 壳聚糖在卷烟降焦减害中的应用

壳聚糖含有活性羟基、氨基等功能基团，能通过物理吸附和化学吸附烟气中的有害物质。如王进等[4] 将卷烟醋纤滤嘴拔出后浸入壳聚糖的稀醋酸溶液，发现随着壳聚糖脱乙酰度的增大和壳聚糖添加量的增多，处理后的醋纤滤嘴对烟气中焦油和烟碱的吸附效果渐佳，说明壳聚糖上的活性氨基数目决定了滤嘴的过滤效率。胡苏林等[5] 将卷烟滤嘴浸入壳聚糖酸溶液中，可降低烟气中苯酚释放量 19.5%，苯并［a］芘 15.6%，酸种类和浓度、壳聚糖脱乙酰度、壳聚糖添加量均对苯酚和苯并［a］芘的释放量有明显影响。王晓葵等[6] 研究了不同脱乙酰度的壳聚糖对主流烟气中焦油、烟碱释放量的影响，结果表明，随着脱乙酰度的提高，降焦作用增强，说明活泼氨基对燃烧起积极作用，但脱乙酰度对烟碱的影响不显著。壳聚糖的用量要控制在一定范围内，否则会对吸味产生不利影响[7]。同时，还研究了壳聚糖对卷烟烟气中低相对分子质量醛类物质的吸附作用[8]。

此外，壳聚糖分子中含有羟基和氨基等活性基团，在一定的 pH 条件下对一定离子半径的金属离子具有配位螯合作用，能与过渡金属离子形成配位化合物，而获得高效的滤棒添加剂。如舒俊生[9] 将壳聚糖铜络合物作为滤棒添加剂，添加量为 20mg/支时，可降低 HCN 23.0%，苯酚 23.3% 巴豆醛 13.4%。王宏伟等[10] 研究了壳聚糖-Fe^{2+}络合物对烟气有害成分的吸附作用，结果表明，壳聚糖-Fe^{2+}络合物通过二元复合滤棒形式接装卷烟，添加量为 20mg/支时，卷烟烟气 HCN 和苯酚降低率最高分别可达 31.7%和 23.3%，而焦油、烟碱、CO、挥发性羰基化合物、NNK、苯并［a］芘和氨没有明显变化。

壳聚糖颗粒相对密度较小，在现有滤棒制造工艺条件下不适于作为添加剂直接用于滤棒生产，因此将壳聚糖或其衍生物负载到多孔材料载体（分子筛、活性炭）上制得相对密度、粒度均适于生产要求的滤棒添加剂是该类研究的另一个方向。如谢山岭等[11,12] 分别将壳聚糖-分子筛复合物 、4A 型分子筛及壳聚糖以二元复合滤棒形式添加于卷烟，上述材料对烟气低分子醛酮类化合物均有一定吸附作用，壳聚糖-分子筛复合物对醛酮类化合物的吸附能力优于其他 2 种材料，其中巴豆醛降低 29.2%，焦油、烟碱量无明显变化，卷烟抽吸品质改善。刘治涛[13] 将壳聚糖和硫酸铜改性的活性炭添加到卷烟滤嘴中进行应用试验，在降低焦油、烟碱、一氧化碳和增加水分含量的同时，对主流烟气中的羰基化合物有显著的降低效果。王凯等[14] 制备了活性炭-壳聚糖复合材料，并对分别添加活性炭-壳聚糖复合材料、活性炭和壳聚糖的卷烟复合滤嘴对主流烟气中挥发性醛酮类化合物的吸附效果进行了比较，结果表明添加了活性炭-壳聚糖复合材料的卷烟滤嘴对主流烟气中挥发性醛酮类化合物有更好的吸附作用。

二、多孔淀粉

淀粉是绿色植物进行光合作用的最终产物，是植物的种子、根、块茎、果实和叶子等细胞的主要成分，是植物储存能量的主要形式之一。淀粉属于可再生资源，来源广泛、资源丰富，是人类的主要食物之一。工业淀粉主要采用甘薯、木薯、马铃薯等薯类作物，以及小麦、玉米等谷类作物为原料进行生产。淀粉及其衍生物在生物降解性、环境适应性、低毒性等方面性能优良，在皮革、水处理、印染、纺织、食品、石油、建材、日用品、造纸等方面应用广泛。

多孔淀粉（Porous Starch），又称微孔淀粉（Microporous Starch）及有孔淀粉，是指用物理、机械或生物方法在低于淀粉糊化温度下水解各种生淀粉形成的一种中空的新型变性淀粉。1984 年美国普渡大学的 Whistler 教授在《淀粉的化学与工艺学》一书中首次提出多孔淀粉的概念，1998 年日本糖化株式会社的长谷川信弘先生对多孔淀粉进行了详细描述：多孔淀粉是指具有生淀粉酶活力的酶在低于淀粉糊化温度下作用于生淀粉颗粒，形成的多孔性蜂窝产物，孔直径 1μm 左右，孔布满整个淀粉颗粒表面，孔由表面向中心深入，孔容积占颗粒积的 50%左右，并维持一定的强度。多孔淀粉具有较大的比表面积，因而多孔淀粉主要用作有机吸附及缓解载体。多孔淀粉的优良特性引起了国内外学者的广泛关注，20 多年来他们对多孔淀粉的制备、性质和应用做了大量的研究工作。

1. 多孔淀粉的化学结构

淀粉的分子式为（$C_6H_{10}O_5$）$_n$，n 为聚合度（DP），n 一般为 500~3000，$C_6H_{10}O_5$ 为脱水葡萄糖单元（AGU）。淀粉与纤维素在化学结构上相似但又不同，导致它们的基本性能存在差异，如人能消化淀粉，却不能消化纤维素。因为人体消化系统中存在酶，可以使多糖中的 α-糖苷键水解最终成为葡萄糖，但不能水解 β-糖苷键。然而反刍动物（如牛、羊）却能消化一部分纤维素，其实动物本身的消化系统不存在消化纤维素的机制，它们靠胃里面的细菌（瘤胃细菌）发酵，瘤胃细菌能分泌多种水解酶，包括纤维素酶和半纤维素酶。

根据分子结构不同，可将淀粉分为支链淀粉和直链淀粉，二者在性质和结构上有一定的区别。淀粉的生物合成过程不同，颗粒中直链淀粉和支链淀粉的含量也不同，两者的比例因淀粉的来源不同而异，直链淀粉在蜡质淀粉、普通淀粉和高直链淀粉中的含量分别为 15%以下、20%~35%和 40%以上。用热水溶解淀粉时，可溶部分是直链淀粉，不溶部分是支链淀粉。

（1）直链淀粉 直链淀粉含量因不同植物、不同品种、不同器官、不同发育阶段和生长条件而差异很大，直链淀粉是一种线型多聚物，是由 α-D-葡萄糖通过 α-D-1,4-糖苷键连接而成的链状分子。每个分子中有 200~980 个葡萄糖残基。

直链淀粉通过分子内氢键作用，卷曲成螺旋形，具有一定规律性，每 6~8 个葡萄糖单元组成一个螺旋。直链淀粉分子这种紧密规程的线圈式结构不利于水分子的接近，因此不溶于冷水。直链淀粉的螺旋通道适合插入碘分子，并通过范德瓦尔斯力吸引在一起，这是因为淀粉二级结构中的孔穴（每圈为 6 个葡萄糖单元）恰好可以与碘分子发生配位作用，而形成一个深蓝色淀粉-碘配合物，该配合物在 620~680nm 处呈现最大光吸收，所以直链淀粉遇碘显蓝色。呈色的溶液加热时，螺旋伸展，颜色褪去，冷却后重新显色。淀粉与碘的显色反应呈现的颜色深浅与淀粉分子聚合度有关，直链淀粉平均每周螺旋可以束缚一个碘分子，直链淀粉的螺旋圈数很大，可以束缚较多的碘分子，所以直链淀粉遇碘呈现深蓝色。碘与直链淀粉的结合度分别为 10 以下、10~25、25~40、40 以上时，配合物颜色分别为几乎不显色、显橙色、显红色、显蓝色。

（2）支链淀粉 支链淀粉是一种高度分支的大分子，主链上分出支链，各葡萄糖单元之间以 α-D-1,4-糖苷键构成主链，支链通过 α-D-1,6-糖苷键与主链相连，分支点的 α-D-1,6-糖苷键占总糖苷键的 4%~6%，分支与分支的间距为 11~12 个葡萄糖残基。支链淀粉的分子比直链淀粉的分子大，每个分子有 600~6000 个葡萄糖残基。

支链淀粉的分链间形成一个有机的结构，有些链没有在第 6 位糖基上被替换，称为 A 链。A 链以其还原端通过 α-D-1,6-糖苷键连接到 B 链上，B 链可以有多个分支位点；每个支链淀粉分子都有一个游离的还原性末端的单链，称为 C 链。分支并不是随机排列的，而是每 7~10nm 形成一簇，支链淀粉分子的平均长度为 200~400nm（20~40 个簇），宽约 15nm。支链淀粉的分支同样也能形成螺旋卷曲，但由于其长度较短，相应地与碘发生配位作用的分子数目较少，所以支链淀粉遇碘时呈现紫红色，在 530~550nm 处呈现最大光吸收。

2. 多孔淀粉的物理性质及结构

（1）物理性质 淀粉是细小颗粒状白色粉末。淀粉品种对淀粉颗粒的大小、形状有较大的影响。淀粉的颗粒结构中既有无定型区，也有结晶区。淀粉中较短的支链组成了微晶区，长支链淀粉和直链淀粉组成无定型区。淀粉的来源及性质如表 5-1 所示。

表 5-1　　淀粉来源及性质

淀粉来源	玉米	小麦	玉米	木薯	马铃薯
颗粒形状	圆形、多边形	圆形、扁豆形	圆形、多边形	圆形、截头圆形	椭圆形、蛋形
直径/μm	2~30	0.5~45	2~30	4~35	5~100
支链淀粉含量/%	63	63	100	83	80
糊化温度/℃	62~72	58~64	62~72	59~69	56~66

直链淀粉在水中溶解性较差、溶液不稳定、凝沉性强，具有抗油、抗水、无味等特点，与碘形成蓝色配合物，可以制备成透明薄膜、柔性纤维等形式，在食品包装中有较多的应用。

支链淀粉在水中溶解性较好，溶液性质稳定，具有较弱的凝沉性，与碘形成紫红色配合物，支链淀粉制备的透明薄膜具有较低的强度，遇水即溶。

（2）多孔淀粉结构

①比表面积和孔径。根据 IUPAC 分类方法，图 5-2 中等温线属于第 II 类多层吸附。两种淀粉吸附和脱附时等温线不重合，分别在分压段出现对应的

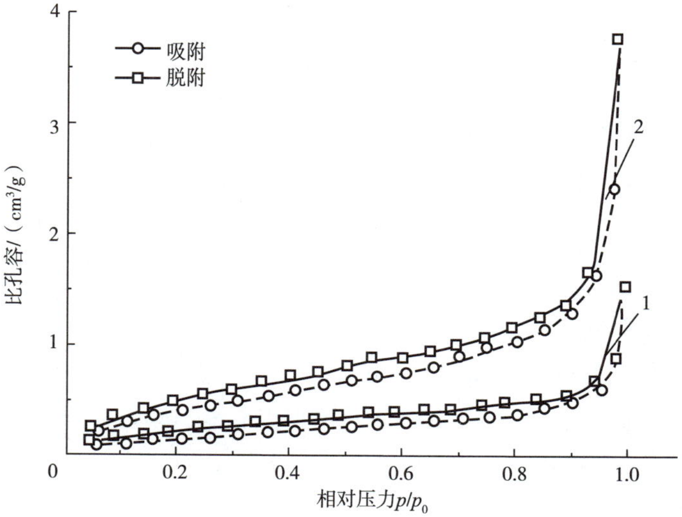

图 5-2　不同淀粉 N_2 吸附/脱附等温线

1—玉米淀粉　2—多孔淀粉

滞后环，多孔淀粉的滞后环要相对大于原淀粉滞后环，滞后环是由于 N_2 在淀粉内产生毛细凝聚的结果，环越大表示孔径越大，可见经过酶解处理后得到多孔淀粉的孔径相对更大。多孔淀粉的吸附等温线在原淀粉的上方，在相对压力 p/p_0 较小时，两条吸附线距离相差不大；当相对压力 p/p_0 接近 1 时，两者距离急剧变大，这说明原淀粉经过酶解产生了较多的孔。

图 5-2 中多孔淀粉的孔径分布曲线基本都在原淀粉的上方，特别是孔径小于 10nm 的区域，两条曲线的差别特别明显。表 5-2 列出了两种淀粉的孔结构测试结果，可知两种淀粉的孔均为介孔。

表 5-2　　两种淀粉的孔结构测试结果（BJH 法计算）

淀粉	比表面积/(m^2/g)	平均孔径/nm	比孔容/(cm^3/g)
玉米淀粉	0.5438	9.3	0.0013
多孔淀粉	1.297	9.6	0.0031

②形貌。根据扫描电子显微镜（SEM）照片（图 5-3），发现与原淀粉相比，多孔淀粉的表面变粗糙，外形轮廓变模糊，在颗粒表面分布着圆形小孔，大部分孔一直延伸到颗粒的中心附近，整个淀粉颗粒呈蜂窝状的中空结构；复合酶作用制备的产品表面孔的数目较多，孔密度均一，孔径、孔深适中，同时比表面积增大，对各类液体物质吸附能力增强，因此可以用吸水率、吸油率的大小来判断淀粉形成多孔的情况。

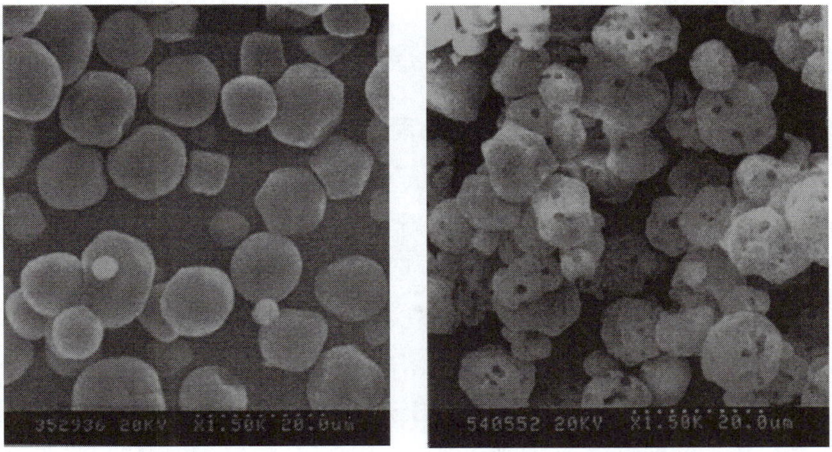

（1）玉米淀粉　　（2）多孔淀粉

图 5-3　淀粉扫描电子显微镜照片

③吸水率和吸油率、溶解率和膨胀率。多孔淀粉的吸水率、吸油率明显高于玉米淀粉（表 5-3），这说明经酶解处理后的淀粉在其表面形成了较多孔洞，具有较大的比表面积、比孔容，可以吸附更多的目标物质。

表 5-3　两种淀粉的吸水率和吸油率　单位：%

淀粉	吸水率	吸油率
玉米淀粉	51.2	37.5
多孔淀粉	135	80

多孔淀粉的溶解率和膨胀率数据如表 5-4 所示。可知，多孔淀粉的溶解率和膨胀率基本大于玉米淀粉，是因为淀粉颗粒在酶解过程中，结构受到了一定程度破坏，水分子易进入多孔淀粉颗粒内部，从而提高了溶解率和膨胀率。

表 5-4　两种淀粉的溶解率和膨胀率

指标	淀粉	温度/℃				
		65	75	85	90	95
溶解率/%	玉米淀粉	12.2	12.2	9.5	13.1	26.8
	多孔淀粉	5.5	11.2	13.3	18.4	27.0
膨胀率/%	玉米淀粉	11.4	11.3	19.0	21.5	31.1
	多孔淀粉	17.9	21.1	21.2	25.7	46.9

3. 多孔淀粉的制备方法

多孔淀粉主要有三种制备方法：物理方法（超声波照射、喷雾）、机械方法（机械撞击）、生化方法（醇变性、酸水解、酶水解）。在上述方法中，超声波照射、机械撞击方法的生产成本较高，不易实现产业化；而喷雾法与醇变性形成的是一种实心的端聚物球体，吸附作用只发生在表面凹凸不平的沟壑内，吸附量有限，应用前景不乐观；酸水解法在糊化温度下反应速率较慢，降解不一，随机性强，不易形成孔状，限制了其应用。最有实用价值的是酶水解法。酶水解法一般工艺流程是：颗粒态生淀粉（包括玉米淀粉、甘薯淀粉、籼米淀粉、木薯淀粉等）→在糊化温度下部分酶解（α-淀粉酶、葡萄糖淀粉酶、脱支酶等）→过滤→洗涤→干燥→形成多孔淀粉。

酶水解法制备多孔淀粉要先找到相互匹配的生淀粉酶和原淀粉才能形成多孔淀粉。由于酶解反应是酶和底物在一定条件下的作用过程，影响多孔淀粉酶解的因素主要有：①酶，包括生淀粉酶的品种、来源、浓度等；②底物，包括原淀粉的种类、来源、粒度等；③酶解条件，包括时间、温度、pH、搅拌程度及反应介质等。

（1）生淀粉酶的选择　生淀粉酶是指可以直接作用于未经蒸煮的淀粉颗粒的酶，生淀粉酶主要有 α-淀粉酶、β-淀粉酶、葡萄糖淀粉酶、异淀粉酶、脱支酶、普鲁兰酶、磷酸化酶等，其来源为动物、植物、微生物。不同来源的淀粉酶活力差别很大，在选择生淀粉酶时，除了大豆 β-淀粉酶没有生淀粉降解能力外，细菌 β-淀粉酶以及不同来源的糖化酶、α-淀粉酶均或多或少具有降解各种生淀粉的能力。Bhat 在实验中发现 α-淀粉酶产生的孔是倒锥形的，内大外小，而葡萄糖淀粉酶产生的孔是锥形的，内小外大。不破英次认为，生淀粉酶的活力、对淀粉的吸附能力以及具有协同效应的酶（如酸性蛋白酶、细胞膜水解酶）的存在都会影响淀粉的酶解程度。Whisler 等[15] 研究发现，在玉米淀粉和小麦淀粉中加入等量的 α-淀粉酶和糖化酶并在 pH5.0、25℃处理 8h，酶解制得多孔淀粉的孔径比单独使用一种酶大。姚卫蓉等[16] 也发现制备多孔淀粉时采用 α-淀粉酶和葡萄糖淀粉酶组合效果较好，两者的比例为 1∶1~1∶4 时形成多孔淀粉的吸水率、吸油率和淀粉颗粒的微观形态结构最佳。因此，制备多孔淀粉的生淀粉酶主要为 α-淀粉酶和葡萄糖淀粉酶，且复合酶协同制备多孔淀粉的效果优于单独使用某种酶。

（2）淀粉的选择　不同品种的淀粉对酶的敏感性差异很大，甚至在同一淀粉粒的不同区域也存在区别。Takahiro 等[17] 认为，生淀粉酶水解生淀粉一般受淀粉植物来源和酶来源的影响，谷类淀粉的水解要比块根类淀粉容易；同一种来源淀粉的水解率取决于品种、生长状态、组织层等。Fuwa[18] 采用胰酶作用不同的淀粉颗粒，得出不同淀粉对酶的敏感性顺序为：芋头>紫玉米>大米>小麦>普通玉米>甜马铃薯>日本栗子>莲子>高链玉米>中国甘薯（圆形）>银杏>百合>熟香蕉>生香蕉>中国甘薯（长形）>马铃薯。直链淀粉的含量、淀粉粒度、淀粉颗粒表面分子链非还原末端的分布等是造成这一差异的重要因素，直链淀粉质量分数高不利于生淀粉酶作用；淀粉粒度越小，越易被酶水解，但有时大颗粒能形成多孔结构，小颗粒只在表面腐蚀，这表明酶对颗粒的作用是不均一的。

实验证明，淀粉经过预处理后，能显著提高其对生淀粉酶的敏感性。Yamada 等[19] 发现小麦淀粉、马铃薯淀粉经过球磨处理后，溶解性提高，生淀粉酶敏感性增强。Célia 等[20] 发现在糖化酶酶解前对淀粉进行湿热预处理，能增加酶的敏感性，且谷物类淀粉的酶解效果好于根茎类淀粉。有关学者还研究发现，脱除淀粉粒中蛋白质和脂质可以增加生淀粉酶接近淀粉粒子的机会，提高酶解速度，更有利于多孔淀粉的形成。

目前国内外文献已有研究报道的制备多孔淀粉的生淀粉原料主要有玉米淀粉、甘薯淀粉、马铃薯淀粉、籼米淀粉。

（3）酶解条件的选择　酶水解法制备多孔淀粉，既要使淀粉粒表面布满小孔，又要保持颗粒的完整性。影响生淀粉酶解的因素主要有淀粉酶用量、作用时间、温度、pH 等。吸油率、吸水率是制备多孔淀粉的重要控制指标，能直接反映多孔淀粉的吸附性能。Lafayette 等[21] 研究认为，多孔淀粉的制备条件为：反应温度 50℃以下，反应时间 8~24h，酶液的添加量 0.5%~1.0%，pH 4.2~5.5。马嫄等[22] 提出酶复合处理制备多孔淀粉的反应条件：反应温度 50℃，pH5.0，反应时间 24h，复合酶用量 1.5%。

4. 多孔淀粉在卷烟降焦减害中的应用

多孔淀粉是一种变性淀粉，与天然淀粉相比，具有较大的比孔容、比表面积、较低堆积密度、良好的吸水吸油特性等优良性能，因此，多孔淀粉也是一类广泛研究的滤棒添加剂。如王宗英等[23]、武赟[24] 均研究了多孔淀粉对烟气焦油、烟碱和 CO 等常规成分的吸附效果，但吸附效率不高。为了提高多孔淀粉对烟气有害成分的吸附效果，往往需要进一步对多孔淀粉进行改性。如 Guo Li 等[25]、朱玉等[26] 考察了多孔淀粉和交联磷酸酯化多孔淀粉作为滤棒添加剂对卷烟主流烟气中焦油、氨，HCN、巴豆醛和总粒相物的吸附效率。结果表明，交联磷酸酯化多孔淀粉的吸附效果优于多孔淀粉，对烟气中氨、HCN、巴豆醛的最佳降低效果分别可达 39.1%，13.04%和 31.06%，对焦油和总粒相物的影响不大。徐阮园[27] 和孙晓莉[28] 也对交联酯化多孔淀粉对烟气中氨的吸附效果进行了考察。此外，马晓龙等[29] 制备了固定化过氧化氢酶多孔淀粉，并通过丝束制浆过程将多孔淀粉均匀分散在纺丝浆液中制备功能性醋酸纤维丝束，由功能性醋酸纤维丝束加工的滤嘴可使焦油量下降 10%，粒相自由基含量下降 38.4%，气相自由基含量下降 28.8%。

多孔淀粉在作为滤棒添加剂降低有害成分的同时，也被作为香料的载体，起到增香和改善抽吸品质的作用。研究人员[30,31] 在多孔淀粉上负载增香成分，制成二元或三元复合滤棒，在降低烟气焦油含量的同时，可有效降低烟气刺激性，提升烟气香气量，改善卷烟抽吸品质，该项技术已应用于卷烟中。

三、纤维素

地球上现存的各种矿物、石油和天然气等不可再生资源的储量是有限的。以石油和天然气等为原料的合成高分子材料（如合成纤维、合成塑料和合成橡胶三大合成材料）以及其他有机化工产品将面临原料来源逐渐枯竭的困境。纤维素是地球上最古老、最丰富的天然高分子材料，是人类最宝贵的天然可再生资源。全世界每年用于纺织造纸的纤维素达 800 多万 t，植物纤维素每年产量远远超过已知的石油储量，开发可再生资源替代石化资源是解决能源危机的正确方向。对生物资源的研究和开发利用，可以说是对生物高分子物质的研究和开发利用。

纤维素主要来源于植物的细胞壁，植物每年通过光合作用合成纤维素，纤维素自然年产量约为 9×10^{10}t，其中棉花的纤维素含量接近 100%，为最纯的天然纤维素来源。此外，禾本科和竹科等植物的纤维素含量也很丰富。木材是自然界中纤维素最主要的来源，木质纤维素除含有纤维素外，还有木质素和其他多糖（半纤维素），木材是由木质素作基质，纤维素作增强剂组成的三维体型结构的复合体系。这些材料可由化学制备、分离及纯化过程得到。某些特定的细菌、藻类或真菌也能合成纤维素，选择合适的基板、养殖条件、添加剂及菌株，可控制合成纤维素的相对分子质量、相对分子质量分布及超分子结构。最早的生物合成纤维素是利用纤维素酶催化反应，由纤维素二糖生成的；而最早的化学合成纤维素，则是通过开环聚合特戊酸取代的 D-葡萄糖后脱保护得到的。体外合成纤维素是近几年纤维素研究领域的热点。

1. 纤维素的化学结构

纤维素可看成是 n 个聚合的 D-葡萄糖苷（即失水葡萄糖），写成通式 $(C_6H_{10}O_5)_n$。纤维素是由通过 β-1,4-糖苷键连接脱水-D-葡萄糖单元（AGU）构成的天然高分子化合物，两个相邻的单元互成 180°交错。重复单元称为纤维素二糖（Cellobiose），每个纤维素链是定向的，具有化学不对称的末端结构：一端是半缩醛，具有还原性；另一端是糖环的羟基，为非还原端。天然纤维素中葡萄糖单元的数量也就是聚合度（DP）高达 20000。纤维素的分子结构中含有大量的羟基，这些羟基不仅决定其具有亲水性、可降解性及化学反应活性，而且使得纤维素的分子间存在非常强烈的氢键（图 5-4），使其具有高度的结构有序性、耐化学腐蚀性和耐溶剂性。

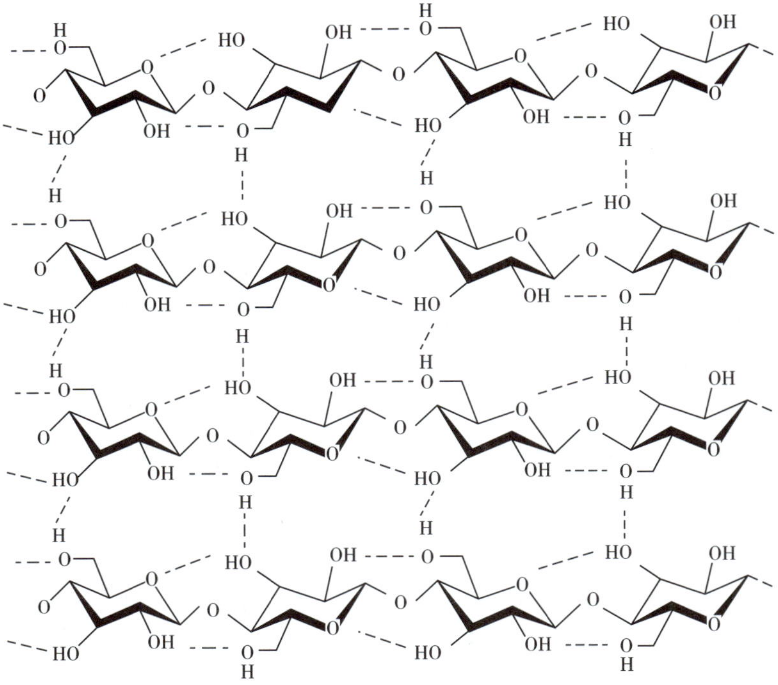

图 5-4　纤维素的分子间氢键示意图

2. 纤维素的物理性质

（1）结晶结构　纤维素是部分结晶高分子，具有多种结晶结构、多层次结构及特有形貌。这种多层次结构主要由纤维素分子链堆积成的初级纤维（直径 1.5~3.5nm）、次级纤维捆绑成纤丝和由纤丝构成多层次网络的微纤组成。这使得天然的木材、滤纸、细菌纤维素膜等具有模板作用，可用于制备不同形貌的无机材料。同时，微纤之间形成的孔状结构为化学反应及酶催化降解提供了有利条件。通过改变微纤之间孔的尺寸，能够制备某些专用薄膜或包装材料，使纤维素产品满足更广泛的应用需求。

（2）溶解性　常温下，纤维素比较稳定既不溶于水，又不溶于一般的有机溶剂，如酒精、乙醚、丙酮、苯等，也不溶于稀碱溶液。这是因为纤维素分子之间存在氢键。纤维素能溶于铜氨溶液 $Cu(NH_3)_4(OH)_2$ 和铜乙二胺溶液 $[NH_2CH_2CH_2NH_2]Cu(OH)_2$ 等。

3. 纤维素的制备方法

（1）纤维素是世界上蕴藏量最丰富的天然高分子化合物，生产原料来源于木材、棉花、棉短绒、麦草、稻草、芦苇、麻、桑皮、楮皮和甘蔗渣等。我国由于森林资源不足，纤维素的原料有70%来源于非木材资源。我国针叶材、阔叶材的纤维素平均含量43%~45%；草类茎秆的纤维素平均含量在40%左右。纤维素的工业制法是用亚硫酸盐溶液或碱溶液蒸煮植物原料，除去木质素，分别称为亚硫酸盐法和碱法，得到的物料称为亚硫酸盐浆和碱法浆；然后经过漂白进一步除去残留木质素，所得漂白浆可用于造纸；再进一步除去半纤维素，就可用作纤维素衍生物的原料。

（2）将纤维植物原料与无机酸捣成浆状，制成α-纤维素，再经处理使纤维素部分解聚，然后除去非结晶部分并提纯而得。

（3）将选好的工业木浆板疏解，然后送入已加1%~10%盐酸（用量为5%~10%）的反应釜进行升温水解，温度为90~100℃，水解时间0.5~2h，反应结束后经冷却送入中和槽，用碱液调至中性，过滤后滤饼在80~100℃干燥，最后经粉碎得产品。

（4）由木浆或棉花浆制成的纤维素，经漂白处理和机械分散后精制而成。

4. 纤维素在卷烟降焦减害中的应用

目前，普遍采用的过滤嘴丝束即为醋酸酯化后的二醋酸纤维素，若采用纤维素类作为滤棒添加剂有利于保持卷烟感官质量的稳定。但纤维素本身的吸附能力不强，需通过化学改性在其分子结构中引入具有特定吸附性能的官能团，从而提高其吸附能力。

河南中烟工业有限责任公司完成的“应用活泼亚甲基纤维材料选择性降低卷烟烟气中挥发性醛类化合物的技术研究”项目[32]，以纤维素为原料，通过在纤维素的活性羟基位上进行乙酰化反应，并添加致孔剂制备了多孔型乙酰化醋酸纤维素颗粒，采用二元醋纤复合滤棒的施加方式（添加量为30mg/支），将活泼亚甲基纤维素材料应用于卷烟，主流烟气中巴豆醛降低24.5%~27.4%，醛类化合物总量降低28.3%~32.1%，总体感官质量风格均与对照卷烟保持一致。

此外，孙培健等[33]采用双乳液溶剂挥发法与离子交联技术结合制备了负载铜离子的多孔醋酸纤维素/羧甲基纤维素复合微球，评价了其对主流烟气中氰化氢的吸附性能，发现微球添加量为15mg/支时，烟气中氰化氢的降低幅度在27%~50%，表明这种多孔纤维素复合微球在烟气有害成分去除方面具有巨大的潜在应用价值。金勇等[34] 制备了氧化改性的纤维素，添加于卷烟滤嘴（添加量 30~40mg/支），与未改性纤维素相比，焦油释放量降低 8%，氨释放量降低 19%。

四、海藻酸类

在海洋中丰富的褐藻类海藻中含有大量海藻酸钠，海藻酸钠是存在于褐藻中的天然高分子，是从褐藻类的海带或马尾藻中提取碘和甘露醇之后的副产物，海藻酸钠是线型的聚糖醛酸高分子电解质，在所有的海生褐藻细胞壁和一些特定的细菌中都存在这种亲水性的天然高分子。海藻酸钠被联合国粮食及农业组织（FAO）、世界卫生组织（WHO）等国际机构认为具有高度的安全性。海藻酸钠具有抗肿瘤、消除自由基和抗氧化、调节免疫能力、抗高血脂、降低血糖、抵抗放射、防护等作用，在体内有抗凝血作用，可用来辅助治疗心血管疾病，在体外具有止血作用，可用来开发外用医疗敷料。

1883 年，从海带中发现海藻酸钠，直至 1929 年才开始在美国应用于工业生产，1944 年用于食品工业。我国于 1957 年才开始工业化生产，1983 年美国食品与药物管理局（FDA）批准海藻酸钠可直接作为食品的成分；20 世纪 70 年代初期，我国棉纺织企业在纯棉织物、涤棉织物上使用海藻胶代替粮上浆，取得了较好的效果。

1. 海藻酸的化学结构

海藻酸（Alginic Acid）是海藻细胞壁和细胞间质的主要成分，是由单糖醛酸线型聚合而成的多糖，单体为β-D-甘露糖醛酸（M）和α-L-古罗糖醛酸（G）。M 单元和 G 单元以 M-M、G-G 或 M-G 的组合方式通过 1,4-糖苷键相连成为嵌段线型多糖聚合物，M 单元和 G 单元是 C_5 的差向异构体。G 单元中的羧酸基团位于 C—C—O 原子组成的三角形峰顶部，而 M 单元中的羧酸基团受到周围原子的束缚，使得 G 单元比 M 单元易于与金属离子结合，而 M 单元的生物相容性较 G 单元好。海藻酸用碱中和可得到海藻酸钠，海藻酸钠在水中溶解性良好，具有很高的电荷密度，属于具有生物降解性、生物相容性的聚电解质。海藻酸的性能受 G 单元和 M 单元含量的影响。如两种单体与 Ca^{2+}的结合力不同，形成的凝胶性能也有所差别：高 G 型海藻酸盐形成的凝胶硬度大但易碎，高 M 型海藻酸盐形成的凝胶则正好相反，胶体软，但弹性好，所以通过调整产品中 M 单元和 G 单元的比例可以生产不同强度的凝胶。

海藻酸的结构中均聚的 MM 嵌段，韧性较大、易弯曲，是由于两个 M 单

元的 O_5（环内氧）和 O_3—H 间存在较弱的链内氢键。均聚的 G 嵌段为双折叠螺旋构象，其分子链结构扣得很紧，形成的锯齿形构型灵活性低，不易弯曲，2 个 G 单元间以直立键的糖苷键相连，O_2—H 和 O_6（羧基氧，分子负电荷比 M 单元的环内氧大）间存在链内氢键。两均聚的 G 嵌段中间形成钻石形的亲水空间，当这些空间被 Ca^{2+} 占据时，Ca^{2+} 与 G 单元上的多个 O 原子发生螯合作用，Ca^{2+} 像鸡蛋一样位于蛋盒中，与 G 嵌段形成了“蛋盒”结构，海藻酸链间结合更紧密，产生较强协同作用，链间的相互作用会导致形成三维网络结构凝胶，GM 交替嵌段在生成凝胶的过程中起着将各嵌段连接起来的作用。均聚的 M 嵌段在 Ca^{2+} 浓度非常高的情况下，由羧基阴离子按聚电解质行为反应，生成伸展的交联网状结构，不能与 Ca^{2+} 形成类似的“蛋盒”结构。

在海藻酸分级提纯中，纯 M 段、纯 G 段海藻酸产品非常重要。古罗糖醛酸 G 和甘露糖醛酸 M 具有完全不同的分子构象，G 段呈螺旋卷曲型构象，M 段呈伸展型构象。两种糖醛酸在分子中的比例、所在的位置都会直接导致海藻酸的性质存在差异，如黏性、胶凝性、离子选择性等。M 段、G 段和 MG 交替段性质不同：G 段因为具有凝血、止血的特点，适宜织成止血纱布，生产止血剂、止血粉等；M 段的特点是其抗凝血性，适宜用作心脑血管及抗凝血药物。在水溶液中海藻酸盐的弹性按 MG、MM、GG 的顺序依次减少，在具有低 pH 的酸性环境中 M 段可溶，G 段难溶，MG 嵌段比其他两种嵌段共聚物的溶解性能更好。海藻酸具有较高 M 段含量时，具有较快的酯化速率，90% 以上的酯化度和突出的乳化稳定性能。

2. 海藻酸的理化性质

海藻有红藻、绿藻、褐藻（海带、马尾藻）等种类。海藻酸钠是无臭、无味、白色或淡黄色无定型粉末。海藻酸钠易溶于水，海藻酸钠的水溶液具有较高的黏度，加入温水使之膨化，吸水后体积可膨胀 10 倍，其水溶液黏度主要随聚合度和浓度而变，糊化性能良好，水溶液在 pH 6~9 时黏性稳定，吸湿性强，持水性能好，不溶于乙醇、乙醚、氯仿和酸（$pH<3$）。海藻酸在单元糖环上具有羧基和羟基等功能基团，是一种阴离子聚电解质，海藻酸钠溶液因保持着呈负离子的基团（$—COO^-$），故有负电荷，疏水性悬浊液有凝集作用，海藻酸钠可以和大多数添加剂分子共溶（带正电荷分子除外），已被用作食品的增稠剂、稳定剂、乳化剂等。海藻酸钠是无毒食品，早在 1938 年就已收入美国药典。聚阴离子型聚合物的生物黏附性要优于聚阳离子型和非离

子型聚合物，海藻酸钠溶液具有一定的黏附性，可用于治疗黏膜组织的药物载体（黏性药物释放系统是通过增加药物在病灶部位的停留时间来提高药物吸收利用率的）。

海藻酸钠的 pH 敏感性源于海藻酸钠中的—COO^-，在酸性条件下会逐渐形成海藻酸凝胶，—COO^-转变成—COOH，电离度大大降低，海藻酸钠的亲水性降低，海藻酸钠水溶液遇酸会析出强度较弱、较软的海藻酸凝胶。pH 增加时海藻酸会溶解，恢复原先黏度，—COOH 不断地解离，海藻酸钠的亲水性增加。海藻酸钠能够耐受短暂的高碱性（$pH>11$），但较长时间的高碱性会使黏度下降。海藻酸钠的稳定性以 pH 6~11 较好，$pH<6$ 时海藻酸析出，$pH>11$ 时凝聚，在 pH 7 时黏度最大，但随温度的升高而显著下降。海藻酸钠的 pH 依赖性对于作为口服药是相当有利的，在胃液中，海藻酸钠会发生收缩，形成致密不溶解的膜，其包裹的药物不会释放出来，当到达高 pH 的肠道时，海藻酸钠膜溶解，释放出所包裹的药物。

调低 pH 时，海藻酸形成较弱凝胶强度、较软的凝胶。海藻酸钠可以与二价离子发生配合作用，作为螯合剂在温和条件下与二价阳离子（Ca^{2+}、Zn^{2+}）等形成凝胶，如将少量的 Ca^{2+}添加到溶液中时，Ca^{2+}与海藻胶体系中部分 Na^+和 H^+发生交换，G 单元堆积形成交联网络结构，得到热不可逆凝胶海藻酸钙。海藻酸钠形成凝胶的条件温和，可以避免敏感性药物、蛋白质、细胞和酶等活性物质的失活。

3. 海藻酸钠的提取方法

降解是限制海藻酸钠提取与应用的一个重要因素。海藻酸钠在水溶液或含定量水分的干品中，都会发生不同程度的降解，低于 60℃ 降解速率较慢，性质较稳定。海藻酸钠在近中性条件下（pH 6~7）较稳定，降解速率较慢。

海带是一种天然产物，海带品种不同，成分差别很大，在一定程度上增加了海藻酸钠的提取难度，致使海藻酸钠的提纯步骤繁杂、产品成本高。酸凝-酸化法、钙凝-酸化法、钙凝-离子交换法以及酶解法等海藻酸钠提取工艺各有优点和不足。由于钙凝-离子交换法产品提取率、纯度较高，稳定性较强，是目前较理想的工业化生产工艺。酸凝-酸化法工艺流程中，酸凝的沉降速率很慢，沉淀颗粒很小，不易过滤、海藻酸易降解、提取率低、纯度低、工艺复杂，此法已逐渐被淘汰。钙凝-酸化法是目前我国大部分生产厂家采用的海藻酸钠提取工艺，在此工艺流程中钙析速率比较快，沉淀颗粒较大，在脱钙过程中加入的盐酸使海藻酸易降解，造成产物提取率、黏度低。钙凝-酸化法工艺烦琐，而钙凝-离子交换法钙析速率快，沉淀颗粒大。离子交换法脱钙减少了工序，产品收率明显提高，稳定性较强，均匀性好，所得产品在储存过程中黏度稳定。酶解法提取是在一定条件下用纤维素酶溶液浸泡海带，海带细胞壁被分解，加快海藻酸钠的溶出。超滤法提取海藻酸钠是将膜处理技术用于海藻酸钠提取工艺，可降低能耗、降低杂质质量分数，提高产量，是一种较理想的新工艺。

4. 海藻酸在卷烟降焦减害中的应用

穆丽娟等[35]针对烟用聚丙烯纤维滤嘴材料极性小、烟气吸附效果差、降焦性能低等问题，以海藻酸钠为改性剂，对聚丙烯纤维进行物理涂覆改性后，焦油及烟碱释放量分别降低 23.2%和 8.7%。张建平等[36]在海藻酸钠水溶液中加入金属氯化物，制备了交联的海藻酸钙或海藻酸铜聚合物，其中海藻酸钙聚合物对氨的降低效果更好，可选择性降低氨释放量 32%。沈晓晨等[37]将海藻酸或海藻酸盐与保湿剂混合后作为滤棒添加剂以颗粒形式应用于卷烟滤棒，可降低卷烟烟气中氨释放量 30%。

第三节　合成高分子材料在卷烟降焦减害中的应用

合成高分子材料可针对目标化学物的特性，合成具有特定孔径和功能基的高分子材料，因此合成高分子材料可实现对焦油和 7 种有害成分的高效吸附，目前，此类材料是滤棒添加剂研究中最重要的组成部分之一。合成高分子材料主要包括高分子多孔材料、液体高分子材料、分子印迹聚合物及无机/高分子复合材料。

一、高分子多孔材料

与无机多孔材料相比，高分子多孔材料具有易加工成型、合成途径多样化、可以分子形态存在、密度低等优势，受到广泛重视。高分子多孔材料加工可以随模具的变化而制备成块状、球状、膜状等多种形状。有些聚合物可以溶解在溶剂当中，或者以未发生聚合的单体形式存在，使通过溶液相关的技术（如乳液、自组装等）来制备高分子多孔材料成为可能，这对许多其他类型的材料来说是很难做到的。此外，由于聚合途径的多样性，可以在高分子多孔材料中引入多种官能基团，使高分子多孔材料具有功能响应性。如通过改变外界环境来改变多孔材料的开合、改变孔洞的尺寸和形状。此外，由于聚合物是轻质材料（主要由 C、H、O 三种元素组成），高分子多孔材料比其他多孔材料的密度都要低。

1. 高分子多孔材料的制备方法

（1）直接模板法　直接模板法是通过注模的方法复制出模型对应的反结构，制备过程主要包括 3 个步骤：①将预聚合物通过浸润或者吸附的方式注入到模板的表面或者模板的内部空间；②通过原位聚合或者交联的方式使预聚物固化；③去除模板。常见的模板有纳米硅球、阳极氧化铝、聚合物微球等。

通过直接模板法成功制备高分子多孔材料需要满足以下几个要求：①选定模板的表面必须与注入的原材料相容，如果不相容，使用前应进行化学改性；②模板的结构必须是可控的；③模板必须容易去除；④骨架材料必须有一定的强度，以防止高界面能和毛细效应使孔洞坍塌；⑤聚合物骨架材料必须能引入功能基团，使材料具备应用性。直接模板法制备多孔材料缺点是需要牺牲模板，很难实现量产；此外该法只产生单一类型的孔洞（只有介孔或大孔）。

直接模板法代表性例子是反光子晶体法制备多孔材料。图 5-5 是 Zhang Y 等[38] 利用单分散硅球作为模板制备三维有序大孔聚乙烯材料（3DOM PE）

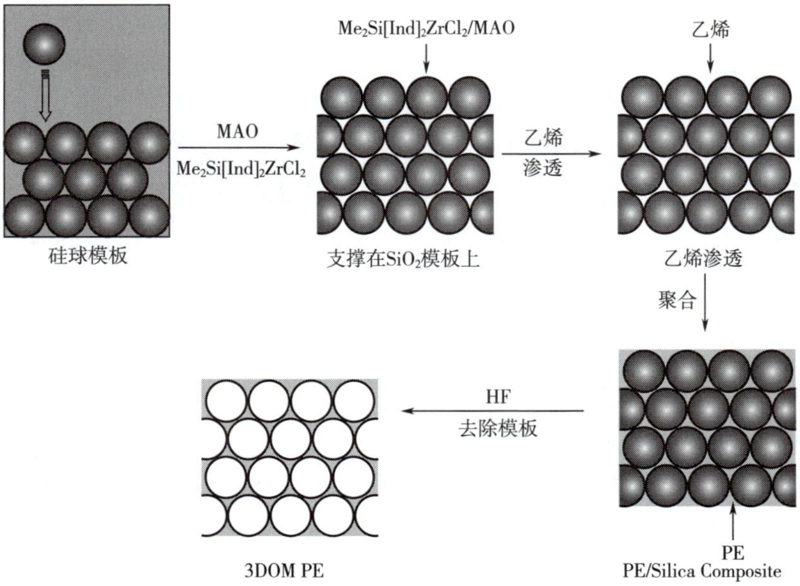

图 5-5　聚乙烯多孔材料制备流程图

的示意图。首先按照 Stöber-Fink-Bohn 方法制备由不同尺寸的硅球紧密堆积而成的光子晶体模板，模板用甲基氧化铝（MAO）改性后引入催化剂 $Me_2Si[Ind]_2ZrCl_2$，在60℃通入乙烯气体聚合反应2h，最后用10%氢氟酸（HF）将硅球模板除去，得到三维有序大孔聚乙烯材料。

（2）嵌段共聚物自组装法　用于自组装的嵌段共聚物含有两种或两种以上化学性质相差很大的共聚物链段，它们因热力学不相容性会产生相分离，但由于不同链段是通过共价键连接在一起的，相分离只能在小范围内发生（即纳米级别，微相分离）。这种方法能够得到规整排列的孔洞（长程有序），孔径的大小可以控制。但是，两亲嵌段共聚物的制备要求很高，且价格昂贵，用该法制备多孔材料很难实现大批量生产；另外，同直接模板法一样，嵌段共聚物自组装法也只能产生单一类型的孔洞。

Rzayev 等[39] 首先通过开环聚合得到聚丙交酯，将聚丙交酯接上 RAFT 试剂后，依次引发二甲基丙烯酰胺和苯乙烯聚合，得到聚丙交酯-二甲基丙烯酰胺-苯乙烯（PLA-PDMA-PS）的三嵌段共聚物；然后将该嵌段共聚物粉末填充到模具内并加热至160℃，嵌段共聚物在熔融状态下发生自组装和微相分离；最后，用 NaOH 溶液将聚丙交酯刻蚀掉，得到多孔二甲基丙烯酰胺-苯乙烯的管状多孔材料（图5-6）。管壁表面的二甲基丙烯酰胺经水解可变成聚丙烯酸（PAA），而羧酸基团通过连接其他功能基团使该多孔材料具有广泛的用途。

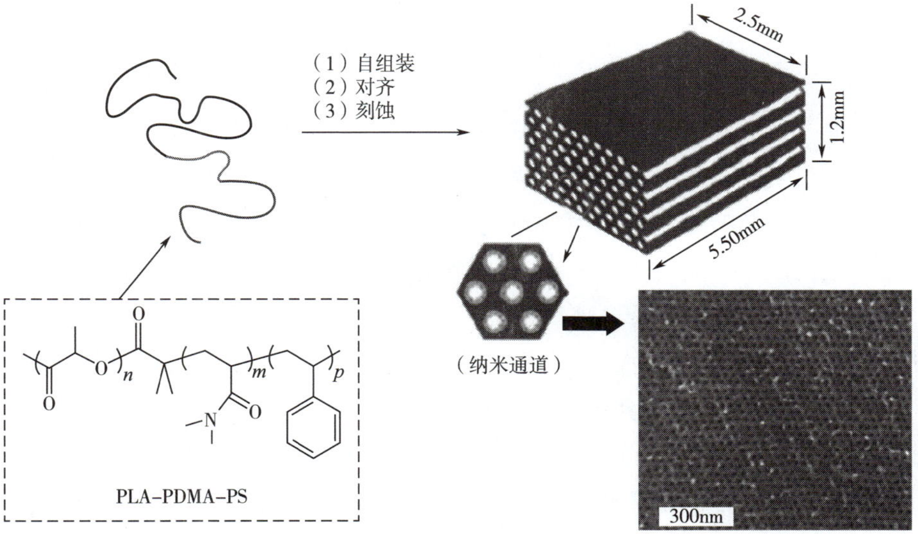

图5-6　聚丙交酯-二甲基丙烯酰胺-苯乙烯（PLA-PDMA-PS）三嵌段共聚物制备高分子多孔材料示意图

(3) 直接合成法　直接合成法是通过选择特定的聚合条件，反应结束去除溶剂，直接得到高分子多孔材料。这种方法得到的孔洞可分为两种：一种来源于高度交联部分与非交联部分的空隙，这些空隙尺寸很小，得到的多孔材料为微孔材料（图 5-7）[40,41]；另一种来源于聚合反应诱导产生的相分离(溶剂与聚合物的相分离)，这种孔洞通常是介孔，甚至是大孔。

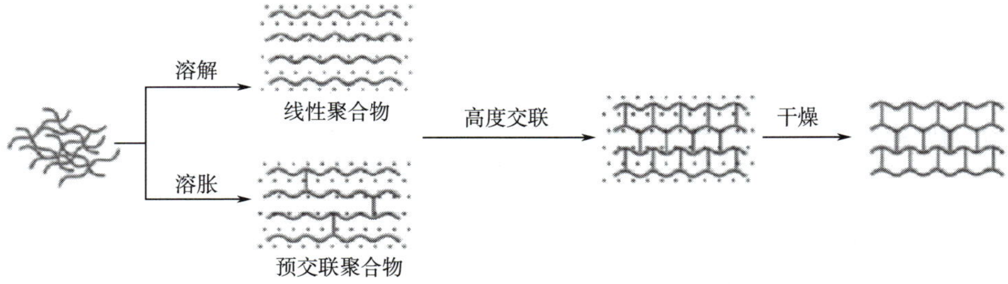

（1）通过Friedel-Crafts交联反应制备超高交联聚苯乙烯微孔聚合物

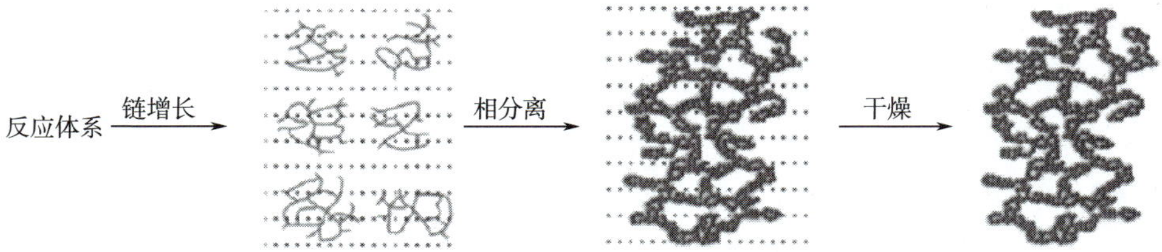

（2）通过反应诱导相分离制备多孔聚合物

图 5-7　直接合成法制备高分子多孔材料

与介孔和大孔聚合物多孔材料的制备相比，微孔聚合物多孔材料的制备面临更大的挑战，因为要克服更高的比表面能和更大的毛细效应，这对单体的选择和化学链接方式提出了很高的要求。目前，制备微孔聚合物材料主要采用缩聚的聚合方式将多官能团单体聚合，这些单体必须提供足够的强度使微孔结构不被破坏。与介孔和大孔聚合物材料相比，微孔聚合物具有更高的比表面积，可达 $6461m^2/g$[42]。图 5-8 是从文献[43] 中摘录的最大比表面积（$>2000m^2/g$）的微孔聚合物材料所采用的功能单体和反应方式，以及对应的比表面积和微孔孔径。

通过相分离法制备介孔和大孔聚合物材料的体系通常包括单体、交联剂、引发剂和溶剂（可作致孔剂），这些物质在聚合前形成均相体系，单体和交联剂被引发聚合时，形成的交联聚合物链段与溶剂的相容性下降，导致微相分

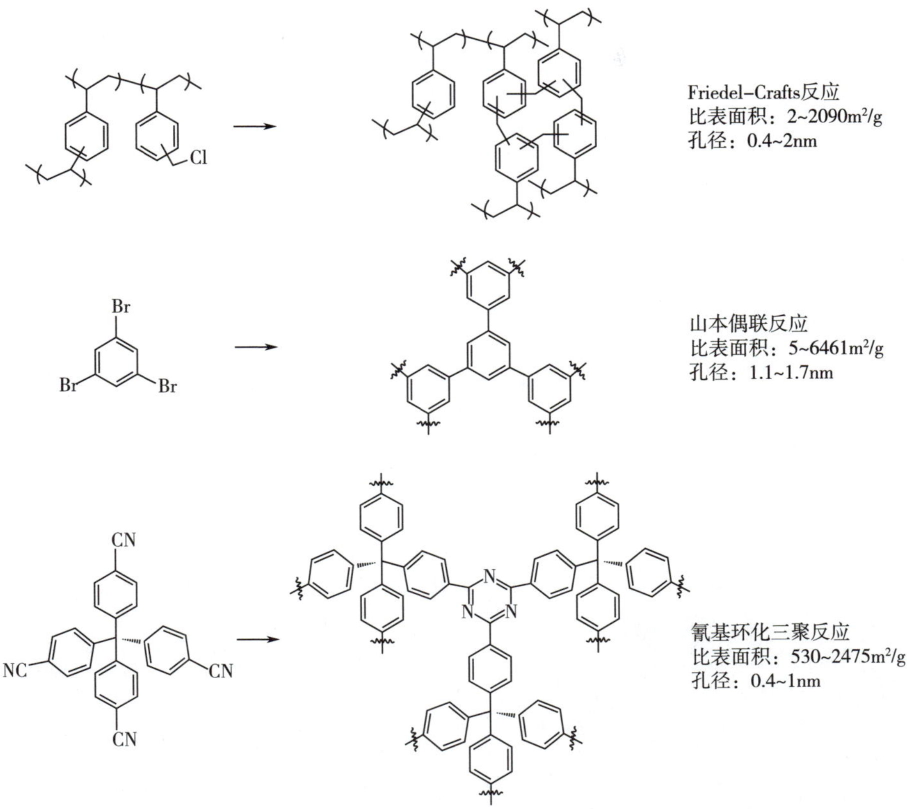

图 5-8 微孔聚合物的制备及材料孔结构数据

离，致孔剂被去除后就形成了介孔或者大孔。图 5-9 是自由基聚合制备介孔和大孔聚合物材料常用的交联剂。致孔剂通常为有机小分子，它能与单体和其他组分相容，但是不能与形成的聚合物相容。通过这种方式能够得到聚合物的交联网络结构，但是这种结构的强度比微孔聚合物差很多，即使开始能形成微孔，这些微孔也会在去除致孔剂的时候因为极高的界面能和毛细效应而坍塌。

（4）呼吸相图法 这种方法通过在高湿度条件下将溶有聚合物的易挥发性溶剂涂膜，得到蜂窝状聚合物多孔膜，其机理示意如图 5-10 所示[44]。溶剂挥发导致聚合物溶液表面温度降低，水汽凝结成水珠覆盖在溶液表面，水珠由于表面电荷或者毛细效应紧密排列，溶液中的聚合物吸附到水珠和溶剂界面上起稳定作用，溶剂挥发后得到蜂窝状的聚合物多孔材料。该法操作简

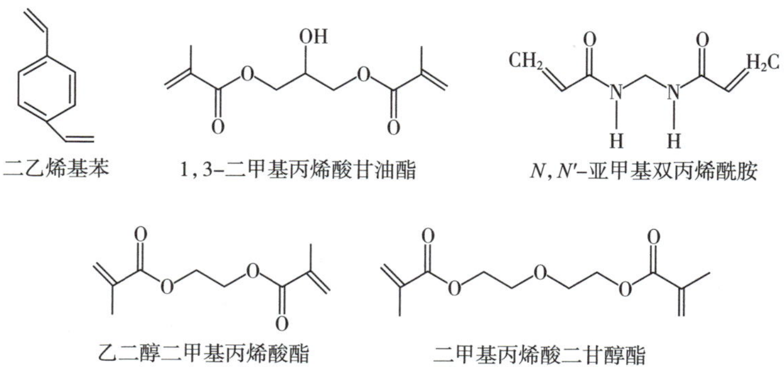

图 5–9　制备介孔和大孔聚合物材料常用的交联剂

单，能够得到孔洞规整排列的多孔聚合物膜，已经被应用到除尘、传感器、分离膜等领域。

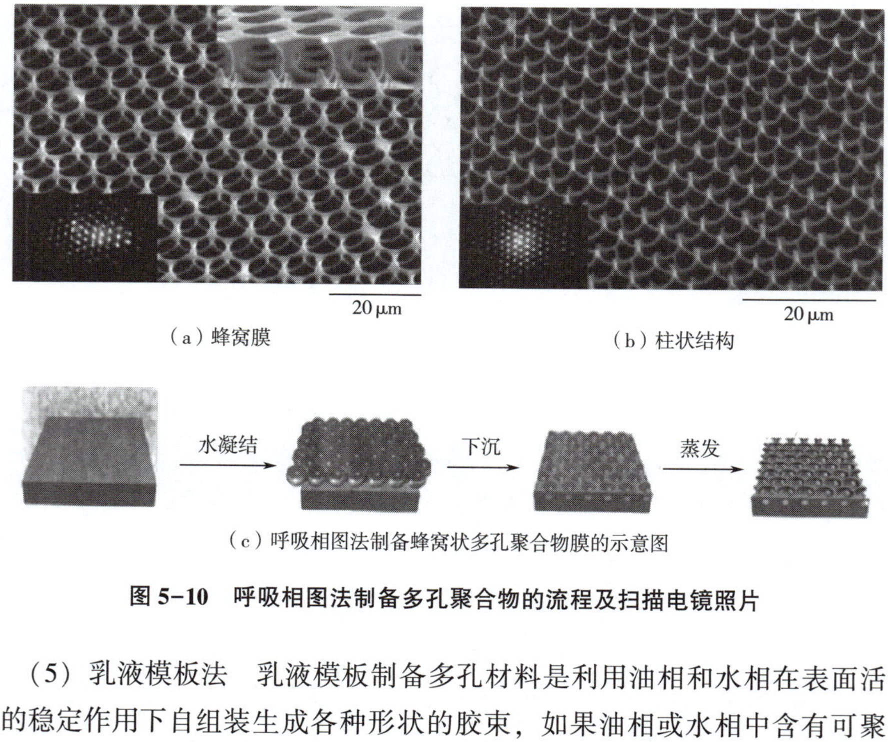

图 5–10　呼吸相图法制备多孔聚合物的流程及扫描电镜照片

（5）乳液模板法　乳液模板制备多孔材料是利用油相和水相在表面活性剂的稳定作用下自组装生成各种形状的胶束，如果油相或水相中含有可聚合的单体，则引发聚合将此形态固定下来成为高分子多孔材料。这种方法制备多孔材料具有很多优点：①使用经济的乳化剂、水、油构成乳液模板，成本低；②模板的移除简单，通常只需要干燥或者洗涤；③乳液模板属于软模板，形貌的调控很简单；④可以制备各种孔洞类型的高分子多孔材料。常见的用于制备多孔材料的乳液有高内相乳液和双重乳液。

①高内相乳液法。高内相乳液（High Internal Phase Emulsions，HIPEs）是内相体积分数大于74%的乳液[45]，这一数值是单分散球在一定空间内紧密堆积所能达到的最大体积分数。

高内相乳液同样可分为正相和反相两种类型，其制备方法与常规的乳液类似。反相高内相乳液（W/O HIPEs）是将水相分散到油相中，正相高内相乳液（O/W HIPEs）是将油相分散到水相中。对于常规乳液，当分散相增加到一定程度时（通常小于50%体积分数），乳液会发生相反转（从正相乳液转变成反相乳液，或者从反相乳液转变成正相乳液）。高内相乳液由于许多因素的影响，分散相体积分数即使高于74%也不会发生相转变，某些高内相乳液中分散相的体积分散甚至能达到99%。

通常采用反相高内相乳液作为模板制备高分子多孔材料（图5-11）。在反相高内相乳液中，使用油溶性的单体（如苯乙烯、氯苯乙烯等）、交联剂、低的亲水亲油平衡（HLB）值的乳化剂、致孔剂作为连续相，含无机盐水溶液作为分散相，引发连续相聚合并干燥除水后，就能得到块状的高分子多孔材料，通常称PolyHIPEs。如果要制备亲水性高分子多孔材料，就要采用正相

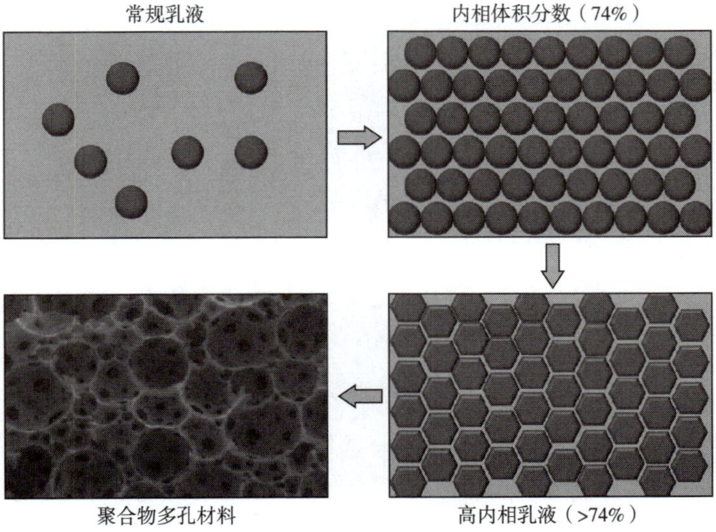

图5-11　高内相乳液及制备高分子多孔材料的示意图

高内相乳液，即采用水溶性单体（如丙烯酰胺、丙烯酸等）作为水相连续相，油相作为分散相。但通过这种方法制备亲水性高分子多孔材料时需要使用大量的油作为分散相，后处理较麻烦，而且会带来一定的环境污染。最近，有研究发现采用临界二氧化碳代替油相稳定含亲水性单体的正相高内相乳液，可以得到相应的高分子多孔材料，这种方法绿色环保，具有很好的应用前景。

②双重乳液法。双重乳液又称多重乳液，是将水包油（O/W）乳液或油包水（W/O）乳液经二次乳化进一步分散在油相或水相中形成的一种多相分散体系。双重乳液包括 W/O/W 型和 O/W/O 型两种类型，其中 W/O/W 型是研究和应用最多的一种双重乳液。目前，双重乳液被广泛应用于化妆品、食品、环境仿生等行业。

利用双重乳液作为模板制备多孔微球有两种途径：一种是将可聚合的单体引入双重乳液中，通过引发单体聚合获得多孔聚合物微球；另外一种是将非交联线性聚合物引入双重乳液中，通过溶剂挥发法或者溶剂萃取法得到多孔聚合物微球。

③单体聚合物法。聚合物分子是由单体构成的，单体一般都是以液态或固态小分子存在，将这些单体或其溶液引入双重乳液中，就能形成含可聚合单体的双重乳液。通常，O/W/O 型的双重乳液采用亲水性的单体（如丙烯酰胺、丙烯酸等）作为水相的组分，而 W/O/W 型双重乳液则采用亲油性的单体（如苯乙烯、甲基丙烯酸甲酯、丙烯酸丁酯等）作为油相的组分。Zou S 等[46] 首先用亲油性的纳米二氧化硅和 Span 80 稳定油相为苯乙烯、二乙烯基苯和偶氮二异丁腈（AIBN，油溶性引发剂）混合物的反相乳液；然后将该反相乳液分散到含 Fe_3O_4 磁性纳米粒子的水溶液中，形成 W/O/W 型双重乳液（图 5-12）；最后将该双重乳液静置在 70℃ 的烘箱中反应聚合，得到了多孔无机-聚合物复合微球［图 5-12（c）］，但其表面无孔，而且内部为闭孔结构。

④非交联线性聚合物法。有些聚合物［如聚己内酯（PCL）、聚丙交酯（PLA）等］由于不能在含水的乳液中聚合，可以先将其溶解到非极性溶剂中，再制备成双重乳液，通过溶剂挥发法或者溶剂萃取法得到该聚合物的多孔微球。Shi X 等[47] 首先将 4mL 5%（质量分数）NH_4HCO_3 水溶液加入到 4mL 含有 6.25%（质量分数）聚丙交酯的二氯甲烷中，在高速机械搅拌（>8000r/min）下形成 W/O 反相乳液；然后将该反相乳液分散到 150mL 的 0.1%（质量分数）聚乙烯醇水溶液中形成 W/O/W 型双重乳液；低速搅拌 4h 使溶

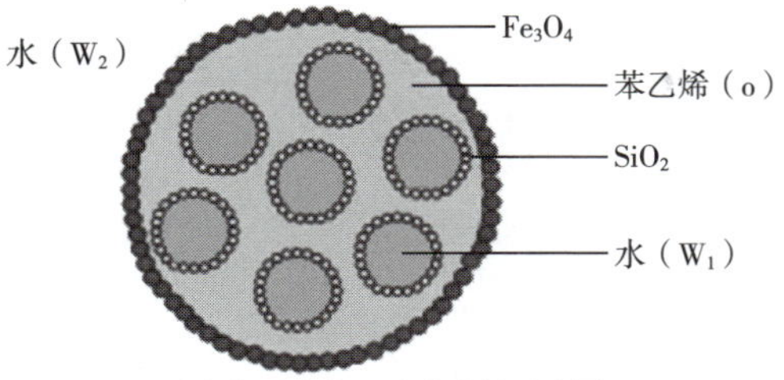

（a）通过纳米粒子稳定双重乳液的示意图

（b）双重乳液的光学照片

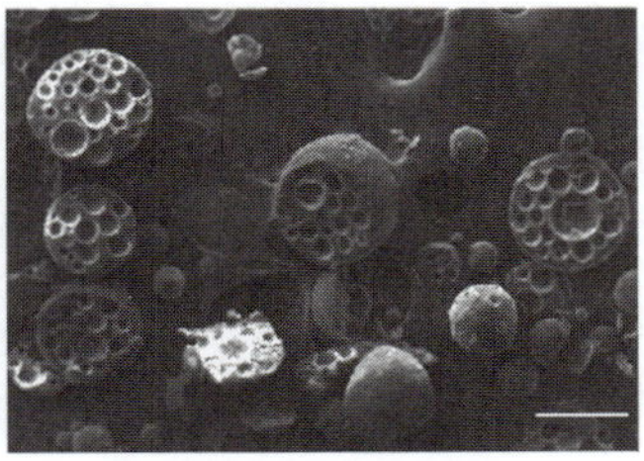

（c）微球的扫描电镜照片

图 5-12　纳米粒子稳定的双重乳液及多孔微球

剂挥发，即可得到聚丙交酯的贯通多孔微球（图 5-13）。这种方法的缺点是制备条件需要严格控制，且存在污染环境等问题。

表面

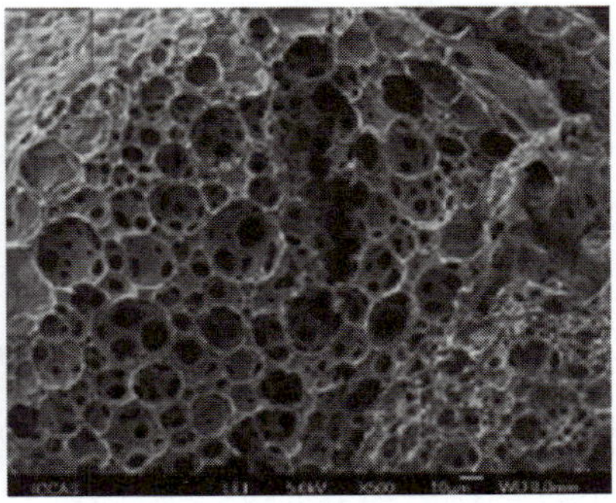

外部

图 5-13　聚丙交酯多孔微球的扫描电镜照片

2. 高分子多孔材料在卷烟降焦减害中的应用

高分子多孔材料具有大比表面积，再根据目标有害成分的特性，对其进行修饰和改性，以实现对目标有害成分的选择性去除。

如郑州烟草研究院完成的“应用碱性及络合材料选择性降低卷烟烟气中

氢氰酸技术研究”项目[48]，通过悬浮聚合法制备了高分子多孔材料，针对 HCN 的弱酸性以及 CN^- 的络合作用，采用氨基化试剂和金属离子对其进行功能化，制备的碱性和过渡金属双功能基聚合物材料最高可选择性降低 HCN 74.7%。该技术以涂布纸-醋纤二元复合滤棒方式应用于卷烟。安徽中烟工业有限责任公司完成的“功能性高分子材料降低‘都宝’卷烟烟气中氨和氰化氢释放量的研究”项目[49]，筛选出吸附型高分子多孔材料，可降低卷烟烟气中 HCN。孙学辉等[50] 采用反相悬浮聚合，将丙烯酸和含胺基的功能单体共聚制备了一种含氨基的功能化多孔水凝胶微球，添加量为 30mg/支时，烟气中 HCN 降低 16%～48%。Brantona 等[51,52] 分别将氨基改性的离子交换树脂 CR20L 用于去除卷烟烟气中的 HCN，材料用量为 60mg/支时，主流烟气 HCN 降低率达 55%。

郑州烟草研究院完成的“应用亲核功能化材料选择性降低烟气中挥发性羰基化合物技术研究”项目[53]，制备了具有氨基等亲核功能基的多孔聚合物材料，以醋纤-醋纤加料二元复合滤棒形式在多个卷烟应用结果表明，材料添加量 30mg/支，巴豆醛选择性降低 29.8%～52.3%，卷烟总体感官质量与对照卷烟基本一致，具有广泛的适用性和优良的减害稳定性。Lee、Brantona、Sun Xuehui[54~56] 等制备了富含胺基的多孔离子交换树脂，添加于卷烟滤嘴实现巴豆醛的大幅降低。

郑州烟草研究院完成的“应用氢键功能基多孔材料选择性降低烟气中苯酚技术研究”项目[57]，开发了一系列高分子多孔材料，如通过高内相乳液聚合的方法制备了具备环氧基团和互通多孔结构的聚甲基丙烯酸缩水甘油酯互通多孔材料[58]，以二元复合滤棒形式应用于卷烟，结果表明试验卷烟烟气苯酚释放量选择性降低 20%以上，卷烟感官质量无明显差异。此外，该研究还制备了聚甲基丙烯酸甲酯互通多孔材料、聚醋酸乙烯酯大孔吸附树脂、聚苯乙烯大孔吸附树脂等高分子多孔材料，均可实现烟气中苯酚的选择性吸附。

此外，原湖北烟草（集团）有限公司完成的“采用聚硅氧烷网络高分子选择降低烟气中的 3,4-苯并芘技术研究和应用”项目[59]，开发了孔径、极性可调的聚硅氧烷网络高分子材料，可选择性降低卷烟烟气中苯并[a]芘 25%。

二、液态高分子材料

考虑到固态聚合物作为滤棒添加剂时需以二元或三元复合滤棒的形式进行应用，而液态聚合物材料可直接施加到醋纤丝束、滤棒成型纸或纸质滤棒上，宜于工业化应用，因此，本节着重介绍液态高分子材料的相关研究。

液态高分子材料主要是指在常温下为液体的高分子材料，分为两大类，一类为熔点较低的高分子，如相对分子质量较低的聚乙二醇、聚丙二醇、聚乙烯亚胺等；另一类为聚离子液体。广义的聚离子液体是指结构中含有离子的液体聚合物，兼具离子液体和聚合物的优良性能。按照化学结构，聚离子液体可分为以下几类（图 5-14）：①聚阳离子型离子液体，即阳离子以共价键与聚合物主链相连；②聚阴离子型离子液体，即阴离子以共价键与聚合物主链相连；③两亲型离子液体，即阳离子和阴离子都通过共价键与聚合物主链相连。由于聚离子液体兼具离子液体和聚合物的优点，因此近年成为高分子科学领域的热点之一。以下主要介绍聚离子液体的性质及制备方法。

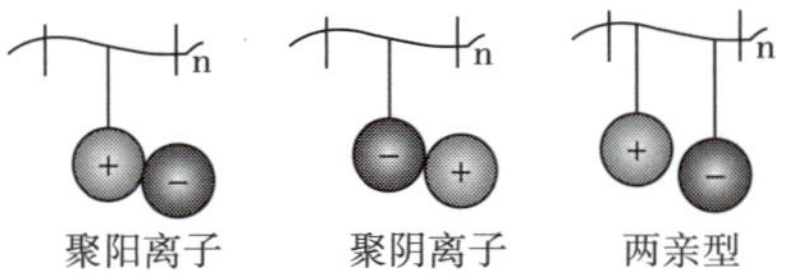

图 5-14　常见聚离子液体的结构组成

1. 聚离子液体的性质

离子液体具有一系列优异的物理化学性质，如宽电化学窗口、良好的溶解能力、高热稳定性及良好的化学稳定性，引起了研究人员的广泛关注。部分离子液体可以作为聚合反应的催化剂，如严锋等制备并研究了碱性离子液体 [Bmim] [OH]、[Bmim] [CO_3]、[Bmim] [HCO_3] 催化甲基丙烯酸甲酯（MMA）的 AGET 原子转移自由基聚合（ATRP）反应，在 AGET ATRP 体系中加入碱性离子液体可以快速提高聚合反应的速率，并且得到可控性较好的聚合物。离子液体的阴阳离子结构也决定了它具有较高的离子传导率。

聚离子液体不仅具有离子液体的一系列优异的物理化学性质，且具有聚合物的性质，尤其是其结构可设计性引起了广泛关注。聚离子液体也具有导电性，可以作为导电高分子材料，设计聚离子液体的主链和侧链结构可制备性质不同的导电聚合物材料。Odriozola 课题组合成了吡啶基的聚离子液体电解质并对其电导率进行了研究，研究表明在 25℃下，该聚离子液体电解质的离子电导率为 2. 4mS/cm，当温度上升到 100℃，其电导率上升至 10. 2mS/cm。聚离子液体也可以作为吸附剂，其结构中的某些特定基团与气/液体具有选择性作用可以选择性地吸附气/液体。Jason E. Bara 课题组报道的一种咪唑聚离子液体可以选择性吸附极性有机溶剂，特别是碳酸丙烯酯和二甲亚砜。此外，聚离子液体中的阳离子结构可以作为抗菌基团，可用于制备抗菌材料。

2. 聚离子液体的制备方法

聚离子液体的制备方法可分两类：①在聚合物结构中通过接枝或共价反应将离子液体基团引入到聚合物中形成；②由可聚合的离子液体单体聚合而成。聚离子液体的合成可通过自由基引发聚合离子液体单体的方法实现。与离子液体性质类似，人们可通过对聚离子液体的阴离子或阳离子的设计与组合，对聚离子液体进行分子结构设计，合成多种不同结构和功能的聚离子液体。目前，利用咪唑盐阳离子单体聚合制备聚离子液体的研究较多。利用阴离子交换对其功能化，可以在聚合前（单体），也可以在聚合后进行（图 5-15）。如 Marcilla R 等[60] 制备并聚合了 1-乙烯基-3-丁基咪唑氯化物和溴化物，并通过与 PF_6^-、BF_4^-、$(CF_3SO_2)_2N^-$、$CF_3SO_3^-$等离子交换，调节聚合物的亲疏水性。Yan F 等[61] 利用微乳液聚合制备聚离子液体凝胶，通过阴离子交换，制备具有溶剂响应性多孔物材料。

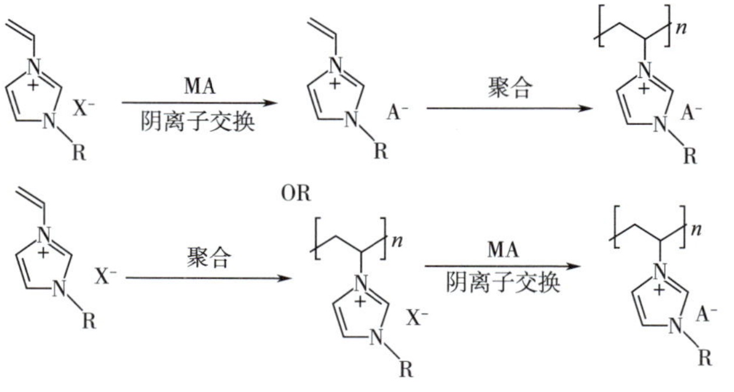

图 5-15　咪唑盐聚离子液体常规合成路径

近年来，可控活性原子转移自由基聚合、可逆加成-断裂链转移（RAFT）聚合、开环易位聚合（ROMP）、原位聚合、环化聚合、脱氢偶联聚合等现代聚合方法也被初步引入用于合成聚离子液体。

3. 液体高分子材料在卷烟降焦减害中的应用

考虑到固体聚合物作为滤棒添加剂时需以二元或三元复合滤棒的形式进行应用，而液体聚合物材料可直接添加到醋纤丝束、滤棒成型纸或纸质滤棒上，宜于工业化应用，因此，利用液体聚合物降低烟气中有害成分受到越来越多的关注，目前报道较多的主要有聚乙二醇、聚丙二醇、聚乙酰亚胺及聚离子液体等。

如湖南中烟工业有限责任公司完成的“功能性沟槽滤棒成型纸降低‘芙蓉王’卷烟烟气中苯酚和巴豆醛释放量的研究”项目[62]，研制了对烟气中苯酚和巴豆醛具有较好选择性去除效果的系列功能涂料，其中聚乙二醇功能涂料可降低苯酚释放量 32%，对焦油和卷烟感官质量没有明显影响，以沟槽滤棒成型纸涂布形式应用于卷烟。此外，关于聚乙二醇的研究主要有：塞拉尼斯公司将液体聚乙二醇、聚丙二醇、聚丁二醇和聚甲醛等在滤棒成型时施加到丝束表面，可对酚类化合物起吸附作用[63]。Eastman Kodak 公司则将聚乙二醇直接添加到醋纤的纺丝液中纺成丝束，该丝束经滤棒成型后接装卷烟，烟气中苯酚释放量较未加聚乙二醇的丝束大幅降低[64]。谢兰英等[65] 将聚乙二醇、乙酰丙酸、三甘醇二乙酸酯等涂覆在沟槽滤棒的成型纸上，对烟气中的氨具有 30%的降低效果。聚乙酰亚胺方面，Eastman Kodak 公司将醋酸锌和聚乙烯亚胺的混合水溶液喷洒到纸上，随后卷制成纸滤棒，烟气中酚类化合物的降低率可达到 56%[66]。英美烟草公司[67] 将相对分子质量为 600～50000 的聚亚烷基亚胺浸渍滤棒丝束，制备的滤棒对烟气中的酚类化合物具有更高的吸附能力，如在 15mm 长纸质滤嘴中添加 5%的聚醚酰亚胺（PEI），HCN 截留效率从 18%提高至 48%。

聚离子液体方面，Sun Xuehui 等[68] 制备了聚乙烯亚胺-氨基酸离子液体，评价了其对主流烟气中氰化氢和巴豆醛的去除性能。研究表明，聚乙烯亚胺相对分子质量和氨基酸种类均影响离子液体的吸附性能，材料添加量为 10mg/支，烟气中 HCN 和巴豆醛分别降低 32%～53%和 20%～40%，表明该聚离子液体在同时去除烟气中 HCN 和巴豆醛等有害成分方面具有潜在应用价值。

三、分子印迹聚合物

采用人工方法制备对目标化合物具有特异识别能力的聚合物的技术，被称作分子印迹技术（Molecular Imprinting Technique，MIT）。用此技术制备的聚合物称为分子印迹聚合物（Molecular Imprinted Polymers，MIPs）。

分子印迹这个概念是在研究抗原-抗体、酶-底物专一性识别的过程中诞生的。20 世纪 40 年代，Pauling 提出抗原与抗体的关系就像锁与钥匙，这种观点成为了分子印迹理论的基础。1949 年，Dickey 制备了染料硅胶吸附剂，并提出了“专一性吸附”的理念。1972 年 Wulff 研究小组成功利用共价法合成了对糖类和氨基酸衍生物具有特异性识别能力的聚合物，分子印迹技术有了突破性的进展。20 世纪 80 年代，Norrlow 进一步发展了这个技术，合成了对目标分子具有特异识别位点的聚合物，并将其应用于小分子物质、辅酶等的分离纯化。1993 年，一篇茶碱分子印迹聚合物的文章发表在《自然》（*Nature*）杂志上[69]，分子印迹技术成为了研究热点。近年来，分子印迹技术迅速发展，分子印迹聚合物已广泛应用于色谱分离、固相萃取、膜分离、酶催化、生物传感等领域。

1. 分子印迹技术原理及特点

在制备分子印迹聚合物的过程中，模板分子与功能单体首先以共价键、半共价键或非共价键作用进行预配位，然后通过交联剂进行交联聚合，将模板分子固定在三维网状结构中，最后用物理或化学方法将模板分子洗脱，得到空间结构和官能团与模板分子相匹配的分子印迹聚合物。如图 5-16 所示，印迹空穴的大小和空间结构与模板分子相匹配，空穴表面含有与模板分子官能团高度互补的基团，因而聚合物对模板分子具有专一选择性，能够从复杂样品中选择性分离模板分子，达到分离和纯化的目的。

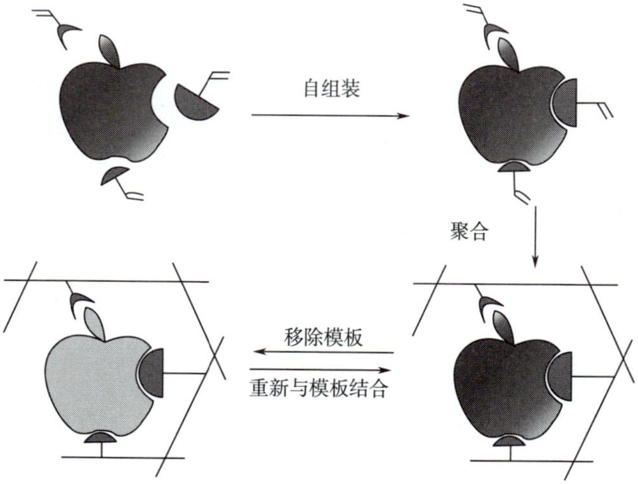

图 5-16　分子印迹聚合物制备原理示意图

分子印迹技术有以下特点。

（1）可调控性　印迹聚合物具有预先调控的优点，可以根据印迹聚合物的用途来选择模板分子、聚合方法以调整聚合物的性质。

（2）特异识别性　为模板分子量身定做的分子印迹聚合物中具有与模板分子高度匹配的空间结构与官能团，因而能很好地吸附结合模板分子，对模板分子表现出专一识别性。

（3）稳定性与广泛应用性　与天然的生物识别系统（酶与底物、抗原与抗体、受体与激素等）相比，分子印迹聚合物物理结构和化学性质很稳定，使用寿命长且制备过程简单，因此具有广泛的应用前景。

2. 分子印迹聚合体系构成

分子印迹聚合体系的构成主要包括：模板分子、功能单体、交联剂、引发剂、反应溶剂。一个合理的印迹体系，对于是否能够制备出具有识别能力的印迹聚合物至关重要。

（1）模板分子　一个理想的模板分子通常需要满足以下两个要求：①具有能够与功能单体进行预配位的官能团，且官能团不会阻碍聚合反应；②模板分子在聚合过程中具有很好的化学稳定性。在制备分子印迹聚合物中，一般选择待分析目标物作为模板分子，但有时由于目标物性质不稳定或难获得，也可选择目标物结构类似物作为虚拟模板分子。此外，在分离多种物质时，可选择两种或多种分子制备多模板分子印迹聚合物。近些年来也成功制备了一些离子印迹聚合物来选择性富集金属离子，但当仅用金属离子作为模板分子时，由于金属离子的离子半径、电荷相差无几，导致离子印迹聚合物缺乏选择性。为了解决这个问题，可以用金属离子的配合物作为模板分子合成印迹聚合物，以增强聚合物的选择识别性能。也有以细胞、病毒、蛋白质作为模板分子的，但至今制备活性大分子印迹聚合物仍然是一个挑战。

（2）功能单体　功能单体分为两个部分，一部分是配位基团，功能单体含有能够和模板分子发生预配位的识别官能团，且功能单体与模板分子之间的作用力大小要合适，作用力过强印迹分子难以洗脱，作用力弱印迹聚合物的选择性不高。另一部分是可聚合基团，如乙烯基双键和硅羟基，按照与模板分子之间的作用类型可以将功能单体分为共价键型单体、半共价型单体、非共价型单体与配体型单体。一些常用的典型功能单体如图 5-17 所示，甲基丙烯酸（MAA）是一种最为广泛使用的功能单体，MAA 分子中含有一个双键和一个羧基，双键可以和交联剂发生共聚合，羧基既是氢键的受体又是氢键

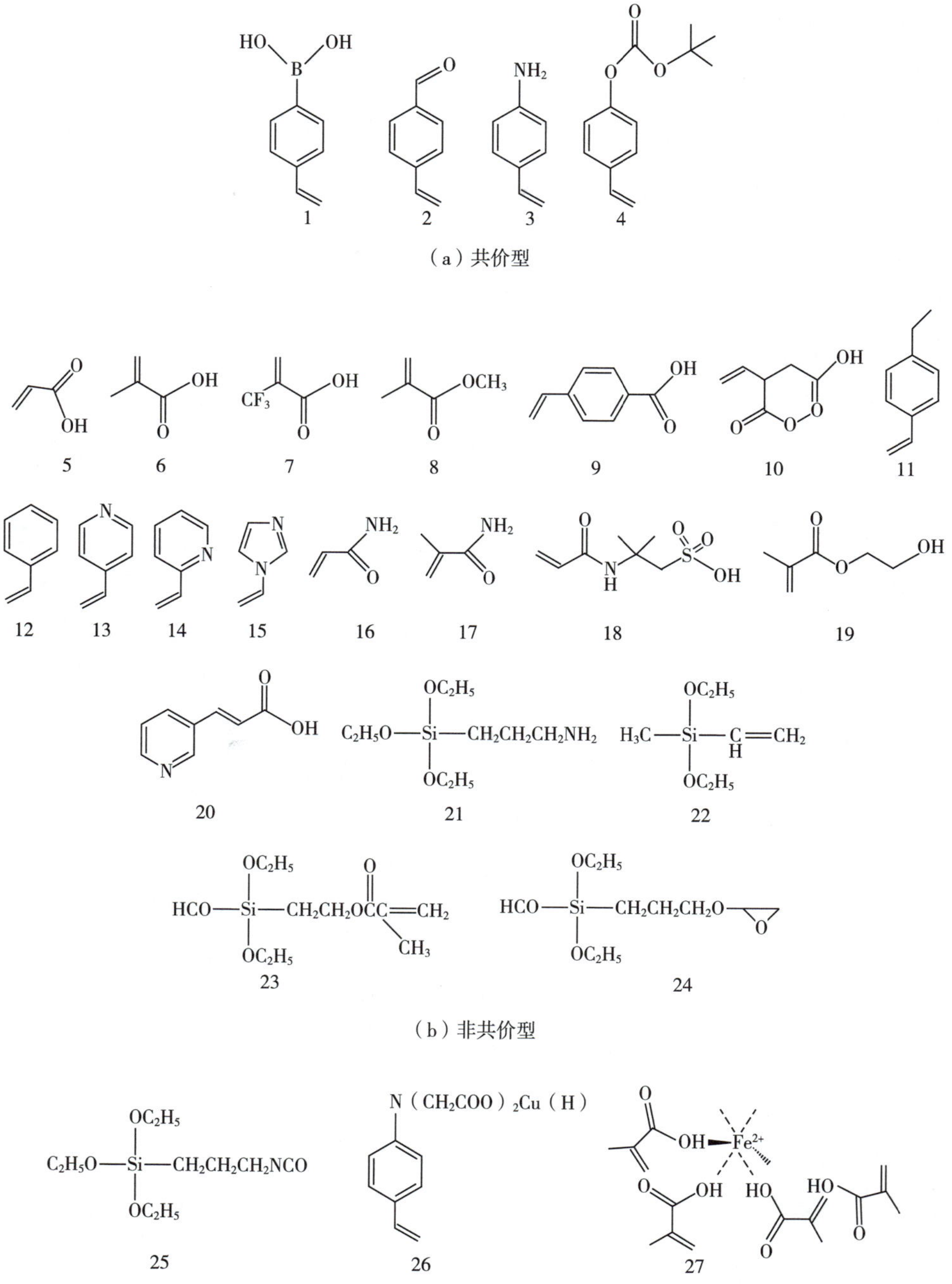

（a）共价型

（b）非共价型

（c）半共价型

（d）配体交换型

图 5-17　分子印迹常用功能单体

的供体。因此，MAA 可以作为脂肪醇、脂肪胺等分子的功能单体。有研究证明，MAA 二聚体能够增强印迹效果，且 MAA 摩尔分数的增加能够使聚合物的孔径增加，进一步增加聚合物对模板分子的结合能力。带有双键的丙烯酰胺、乙烯基吡啶也是性能优异的功能单体，其中以丙烯酰胺为功能单体制备的分子印迹聚合物，在极性溶剂中具有较强的氢键作用，这是 MAA 不具备的。

（3）交联剂　在聚合过程中，交联剂通过连接功能单体将模板分子固定在聚合网络结构中，交联剂的选择与用量对印迹聚合物的选择性及吸附能力具有重要的影响。当交联剂的用量小时，交联度低，制备的聚合物刚性不足、稳定性不强，聚合物中与模板分子匹配的三维空穴结构易发生塌陷。随着交联剂用量的增加，聚合物刚性增强的同时，聚合物的孔径变小使模板分子很难或无法进入网状聚合物内部，导致吸附量降低。交联剂的选择性有限，为了获得交联度高同时扩散性好的聚合物，急需合成一些新型的交联剂。如通过 Diels-Alder 反应合成马来酸松香乙二醇丙烯酸酯（MRGA）和乙二醇马来酸松香酸丙烯酸酯（EGMRA），这两种交联剂都有很好的刚性结构且 MRGA 分子结构中有 3 个双键（图 5-18），在同等用量的条件下能够提高聚合物的交联度。

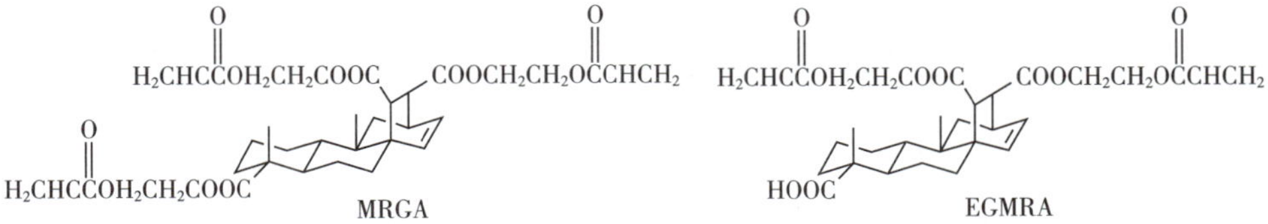

图 5-18　新型功能单体 MRGA 和 EGMRA 的结构式

（4）引发剂与溶剂　制备印迹聚合物的引发方式主要为自由基聚合、光聚合。前者主要以过氧化物、偶氮化合物作为引发剂，引发单体发生聚合，其用量一般占可聚合分子总摩尔数的 1%~2%。此外，自由基聚合反应前，常采用通入惰性气体的方式去除氧气，使聚合反应在无氧环境下顺利进行。

印迹体系中溶剂的选择有两个要求：①能溶解反应的各个组分；②在聚合过程中能够充当致孔剂，使聚合物表面生成多孔通道，利于传质过程。常用溶剂有甲醇、乙腈、四氢呋喃、氯仿、*N*,*N*-二甲基甲酰胺、甲苯等。反应溶剂的种类和用量对聚合物的形貌和识别能力有很大的影响，一般可根据模板分子与功能单体之间的作用力类型，进行溶剂的选择。当作用力为氢键时，强极性溶剂会破坏模板分子与功能单体之间的作用力，应该选择甲苯、氯仿等低极性溶剂。当离子键、范德瓦尔斯力、疏水作用为主要作用力时，则应选择极性大的溶剂。

3. 分子印迹聚合物的制备方法

分子印迹聚合物的制备方法有本体聚合、沉淀聚合、分散聚合、悬浮聚合、原位聚合、表面印迹聚合等。

（1）本体聚合　本体聚合是分子印迹传统的制备方法，是将模板分子、功能单体、交联剂及引发剂按照一定的比例溶于合适的溶剂中，通氮气除氧后，密封引发聚合得到块状或者棒球状的聚合物，最后通过研磨、过筛，制备出合适粒径的分子印迹聚合物。这种方法得到的聚合物表面不规则，部分空穴被包埋在聚合物内部，导致模板分子难以洗脱，同时，传质速度慢，模板分子难以到达空穴内部，导致吸附容量低。

（2）表面印迹聚合　表面印迹聚合是一种在基质载体表面合成分子印迹聚合物的方法。相较其他的制备方法，由表面印迹聚合得到的分子印迹聚合物，印迹空穴分布在聚合物材料的表面或外层，因此表面分子印迹聚合物具有模板易洗脱、传质速度快的优点。表面分子印迹聚合物的制备方法主要有牺牲载体法、聚合加膜法和化学接枝法。

①牺牲载体法中，模板分子首先被键合到基质载体表面，然后通过聚合反应将模板分子包裹在网络聚合物中，最后洗脱模板分子，通过化学法将载体溶解得到表面分子印迹聚合物。

②聚合加膜法主要通过电聚合法或物理吸附聚合法直接在载体表面合成印迹聚合物，如 Liu K 等[70] 直接在金电极表面电聚合多巴胺，制备烟碱生物传感器。

③化学接枝法是指将功能单体或者引发剂首先固定在载体表面，再进行聚合制备表面分子印迹聚合物的方法。Wu Q 等[71] 首先合成二氧化硅包裹的四氧化三铁，再通过硅烷偶联剂修饰在其表面引入乙烯基团，最后以 4-乙烯基吡啶为功能单体，二甲基丙烯酸乙二醇酯为交联剂，合成表面分子印迹聚合物并成功应用于水样品中痕量四溴双酚 A 的分离。

（3）悬浮聚合与乳液聚合　悬浮聚合是在分散剂的作用下，通过磁力搅拌将单体分散成小液滴悬浮在水或高极性溶剂中，由油溶性引发剂引发而进行的聚合反应。悬浮聚合是制备球形聚合物常用的方法，但此方法制备的微球分散性差。在悬浮聚合反应体系中单体通常是疏水性的，溶剂则为水或其他强极性的溶剂，反应溶剂能够极大降低模板分子与功能单体之间的作用力，影响聚合物的印迹效果。

乳液聚合先将模板分子、功能单体、交联剂分散在水中，然后在搅拌或超声的作用下形成均匀的乳液，再通过加入引发剂引发聚合。此方法制备的聚合物比表面积大、粒径均一，但因加入乳化剂，导致后处理过程烦琐，且产品中易存留杂质，若洗脱不净会影响聚合物的性质，特别是对材料性质要求高的催化及药物释放等领域。

（4）沉淀聚合　沉淀聚合是一种非均相聚合方式，1993 年，Stöver 以乙腈为反应溶剂，制备了二乙烯基苯（DVB）与苯乙烯、丙烯酸酯类单体、氯甲基苯乙烯等乙烯基单体的聚合物微球。Stöver 等认为，沉淀聚合分为两个阶段。第一阶段，在自由基沉淀聚合中，当低聚合物达到临界链长后因溶解性而析出，凝聚成核；第二阶段，在低聚合度的初级粒子上仍含有双键，这些双键进一步与可溶性的低聚合物或单体进行反应，聚合物微球粒径增大。相较悬浮聚合，沉淀聚合得到的聚合物粒径均匀，但微球产率低，溶剂毒性高。

4. 分子印迹聚合物在卷烟降焦减害中的应用

选择目标有害成分作为模板分子，合成能够选择性识别目标有害成分的分子印迹聚合物，是降低卷烟烟气中有害成分释放量的一个思路。目前，采用分子印迹聚合物降低的目标有害成分主要有苯酚、NNK、苯并[a]芘和巴豆醛等。

Chen Qian 等[72] 以 NNK 结构类似物 3-吡啶甲醇为模板分子，在硅胶表面通过接枝聚合制备了分子印迹聚合物，可降低卷烟烟气中烟草特有亚硝胺总量 24.6%、NNK 5.4%。吴亦集等[73] 以烟酰胺为模板，甲基丙烯酸为功能单体，制备了分子印迹聚合物微球，能够降低 NNK 23%而对焦油无明显影响。庹苏行等[74] 以芘为模板，由热引发本体聚合合成了芘分子印迹聚合物，可分别降低卷烟烟气中 B[a]P、苯并[a]蒽（B[a]A）和䓛（CHR）的释放量 31.1%、25.7%和 27.3%。张丽丽[75] 在硅胶基质表面修饰苯酚分子印迹聚合物制备功能材料，该材料对卷烟烟气中苯酚释放量的降低具有一定的选择性。曾晓鹰等[76] 采用牺牲硅胶骨架法进行分子印迹聚合，使功能单体苯酚与印迹分子在硅胶载体上结合，交联聚合后除去载体硅胶得到溶胀性能较好的聚合物，将该聚合物应用于三元复合嘴棒中，苯酚选择性降低率最高可达 19.5%。者为等[77] 以正丁醛为假模板，以 α-甲基丙烯酸、丙烯酰胺、2-乙烯基吡啶或 4-乙烯基吡啶为功能单体，以甲醇为致孔剂，以乙二醇二甲基丙烯酸酯为交联剂，采用本体聚合法合成的分子印迹聚合物，可选择性降低烟气巴豆醛释放量 10.7%。

四、无机/高分子复合材料

自从 20 世纪初发明合成塑料、合成橡胶和合成纤维，人类就一直受益于高分子材料。高分子材料应用的成功与否取决于它们具有综合的硬度、轻量、耐腐蚀、耐老化、阻燃、刚性和韧性的组合性能。但当今的人类社会需求已经不是单一高分子材料就可以满足的了，单一高分子材料存在的种种缺陷必然会在使用时受到限制。设计和开发新的高分子材料涉及合成新材料和优化现有材料两种途径，这两种途径是互补的。通过合成途径创造新的高分子材料需要设计和筛选大量的单体、催化剂、相对分子质量及其分布、反应时间和反应温度等。高分子共混与复合材料是根据结构、性能和市场的需要进行优化和组合的材料，其研究开发和应用在高分子材料中占有重要地位。共混与复合是高分子材料在不同结构层次的改性，实现高分子材料超韧化、高强化、功能化和在极限条件下适应性的两个最重要和常用的手段。

高分子复合材料由高分子基体和增强体（包括纤维和颗粒填料）组成，但由于界面相对复合材料性能的影响很大，目前将高分子复合材料定义为由高分子基体、增强体和界面相组成。高分子基体材料包括热塑性树脂和热固性树脂两大类。根据基体材料也可将高分子复合材料分为热塑性复合材料和热固性复合材料。根据增强体的形态，高分子复合材料可分为颗粒填充、短纤维增强、连续纤维增强和织物增强四类。根据复合材料的连通性（Newnham 等提出的标记法），0 表示点（颗粒），1 表示线（纤维），2 表示面（薄膜或布），3 表示三维网络和连续相，以高分子为基体的颗粒填充复合材料可表示为 0-3，短纤维复合材料为 1-3，连续纤维布复合材料为 2-3，立体织物复合材料为 3-3。高分子复合材料的成型技术包括各种制备方法（如原位复合、梯度复合、模板复合等）、各种成型加工方法（如往射成型、模压成型、拉挤成型、树脂传递模塑成型等）、复合材料的结构设计和界面相的设计。

1. 高分子复合材料的种类

（1）颗粒填充高分子复合材料　填料按来源可分为天然的和合成（人

造）的，按组成可分为金属的、无机的和有机的，按形状可分为球形、针形、片形和晶须等。填料在高分子复合材料中的作用是提高物理机械性能、改善尺寸稳定性、改善加工性能、降低成本或改善颜色等。天然填料是自然界存在的矿物质，经加工后成颗粒状。天然填料来源于硅质（二氧化硅、硅酸盐）、碳酸盐（碳酸钙、碳酸镁）、硫酸盐（重晶石、石膏）、金属氧化物（尖晶石）和碳质（石墨）矿物质。合成的填料经过化学方法制备，常用的有 $CaCO_3$、SiO_2、云母、石墨和炭黑等。随着纳米技术的发展，纳米金属粉末、纳米无机粒子、纳米碳管等合成填料应运而生，为高分子复合材料的开发奠定了基础。纳米材料除了用物理的粉碎法和球磨法外，还用化学方法如溶胶凝胶法、化学气相沉积法、超重力场法等。

填料的增强性取决于填料的形状和纤维长径比，小粒径的球状填料也有增强性，颗粒直径>103nm 时失去增强性。此外，颗粒填料还具有聚集的倾向，形成 $10^3 \sim 10^6$ 的团簇形态，在与基体复合时需要破坏团簇形态。

某些填料具有特殊的物理或化学功能性。如三氧化二锑具有阻燃性；石墨、炭黑和金属粉末具有导电性；二硫化钼、石墨、炭黑和氧化铝具有耐磨性；氢氧化铝、氢氧化镁和金属粉末具有导热性。某些填料具有特殊的形态，如云母呈片状，用片状填料填充的复合材料称为片状复合材料。

颗粒填充的高分子复合材料有很多种，如钙塑板是 $CaCO_3$ 填充聚丙烯、聚乙烯或聚氯乙烯复合材料，炭黑补强的轮胎制品、自润滑复合材料、汽车摩擦材料、填充型导电塑料。在高分子基如聚酰胺、聚酰亚胺、聚醚醚酮中加入润滑剂如聚四氟乙烯、石墨、MoS_2 可制备具有低摩擦系数的自润滑复合材料，而在酚醛树脂中加入多种无机和金属填料可制备具有高摩擦系数的制动材料。

（2）晶须增强塑料　晶须增强体是由高纯度单晶生长而成的短纤维，具有高度取向的结构和高强度、高模量和高伸长率的力学性能。在晶须增强塑料中常用的晶须有钛酸钾（$K_2Ti_6O_{13}$）晶须、碳化硅（SiC）晶须、碳酸钙晶须、硫酸钙晶须、碳晶须（气相生长炭纤维）和聚合物晶须。碳酸钙晶须、硫酸钙晶须和钛酸钾晶须的价格较低，常用于晶须增强的高分子复合材料。用 20%的碳酸钙晶须增强的聚丙烯不仅强度提高 1 倍，冲击强度也提高 1 倍。用钛酸钾晶须可提高聚酰胺和聚甲醛的强度达 1 倍。

（3）高分子基纳米复合材料　纳米复合材料是含尺寸 1~100nm 增强体

（纳米材料）的复合材料。纳米材料的基本特征有体积效应、表面效应和宏观量子隧道效应。纳米材料的体积效应是指当纳米粒子的尺寸与传导电子的德布罗意波长或超导态的相干波长相当或更小时，其周期性的边界条件将被破坏。纳米材料的表面效应是指纳米粒子的表面原子与总原子数之比随粒径变小而增大，并引起材料物理化学性质的变化。纳米材料的宏观量子隧道效应是指纳米粒子的磁化强度也具有隧道效应，即它们可以穿越宏观系统的势垒而产生变化。纳米塑料是含纳米增强剂的塑料，在塑料中加入纳米粒子或纳米纤维如纳米碳管，可在不降低塑料透明性的同时提高塑料的力学性能、耐热性、阻燃性、阻隔性和摩擦性能。将不同的纳米粒子复合使用还可以制备功能纳米塑料。导电纳米塑料的导电阈值比一般颗粒填充的导电塑料要小。用 TiO_2、Fe_2O_3、ZnO 等纳米粒子制备的半导体纳米塑料具有很好的静电屏数性能。纳米 WO_3 与聚苯胺复合具有光致变色性。纳米 Al_2O_3 与橡胶复合可以提高橡胶的耐磨性。纳米 SiO_2/环氧树脂具有较好的抗老化性能。纳米塑料的制备方法有溶胶凝胶法、插层复合法和原位复合法等。根据形态，高分子纳米复合材料可分为填充型、互穿网络型、二维插层型、主体-客体（三维）型、金属核型五类。

（4）玻璃钢和短纤维增强复合材料

①玻璃纤维及其复合材料称为玻璃钢，为常用复合材料。玻璃纤维主要由 SiO_2 组成，具体如表 5-5 所示。E-玻璃纤维（无碱）具有较高的强度和模量，是一种通用的玻璃纤维。C-玻璃纤维是耐腐蚀性的玻璃纤维，强度相对较低。S-玻璃纤维具有高模量，但其价格较高。

表 5-5　　玻璃纤维组成

组成	E-玻璃纤维	C-玻璃纤维	S-玻璃纤维
SiO_2	52.4	64.4	64.4
Al_2O_3，Fe_2O_3	14.4	4.1	25.0
CaO	17.2	13.4	—
MgO	4.6	3.3	10.3
Na_2O，K_2O	0.8	9.6	0.3
Ba_2O_3	10.6	4.7	—
BaO	—	0.9	—

玻璃钢有很多种类且应用广泛。20%~40%的短玻璃纤维可使树脂的强度和刚性提高 2 倍，而连续玻璃纤维可以提高 4 倍。除了增加强度和模量，玻璃纤维还可改善树脂的耐热性（提高热变形温度）、尺寸稳定性和减少热膨胀系数和蠕变速率。片状模塑料（Sheet Molding Compound，SMC）是无规取向的短玻璃纤维（25mm，纤维含量 15%~30%）、单向取向的长玻璃纤维（200~300mm，纤维含量可达 65%）、单向或交叉取向的高强度片状模塑料（XMC，纤维含量可达 80%）、连续玻璃纤维的不饱和聚酯或酚醛树脂的片材。团状模塑料（Bulk Molding Compound，BMC）的组成与 SMC 类似，但不是片材而是团状。玻璃钢筋（C-筋）可以取代环氧树脂涂层的钢筋。C-筋的芯由对苯二甲酸树脂浸润的单向玻璃纤维组成，外层由不饱和聚酯涂层的单向玻璃纤维毡和短玻璃纤维组成，基体树脂是聚氨酯改性的乙烯基酯。与钢筋相比，C-筋无磁性和耐腐蚀，并且与水泥的热膨胀系数适应，可应用于建筑行业。

②短炭纤维增强复合材料。短炭纤维或短玻璃纤维复合材料在注射成型的取向呈分层结构，即皮层、芯层和中间层。纤维在不同层的取向源于充模过程的分枝、汇合、拉伸和剪切流动。除了分枝流动造成纤维垂直于流动方向取向外，其他流动方式均使纤维平行于流动方向取向。分层结构随炭纤维含量的提高而更明显。

③增韧增强复合材料。一般情况下，在橡胶增韧塑料的同时，塑料的刚性降低；而纤维在增强塑料的同时，塑料的韧性降低。同时使用橡胶增韧剂和纤维增强体，可制备既增韧又增强的高分子复合材料。马来酸酐接枝的氢化苯乙烯丁二烯苯乙烯三嵌段共聚物（SEBS-*g*-MA）是一种反应性橡胶，其马来酸酐可与聚酰胺发生化学反应，用 SEBS-*g*-MA 可增韧聚酰胺。当 SEBS-*g*-MA 含量为 2.5%~10%时，阻止裂纹增长和提高冲击强度的作用很明显。用玻璃纤维可增强聚酰胺 66。SEBS-*g*-MA/聚酰胺 66/玻璃纤维复合材料可达到同时增韧和增强的效果。用玻璃纤维或炭纤维强化橡胶增韧的效果对很多热塑性树脂都有效。

（5）先进复合材料

①炭纤维及其复合材料。炭纤维是由>90%碳元素组成的纤维增强体。根据所用原料，炭纤维可分为聚丙烯腈基、沥青（稠芳环碳氢化合物）基和黏胶（一种纤维素纤维）基。聚丙烯腈基炭纤维具有高强度，沥青基炭纤维具

有高模量，黏胶基炭纤维具有相对低的力学性能和较低价格。

高性能、轻质化和低成本是炭纤维复合材料应用的推动力。炭纤维复合材料应用的第一阶段是在高尔夫球棒柄、网球拍、钓竿等具有高附加值市场的体育运动器材；第二阶段是在航空航天等高技术领域的应用，如飞机的机翼和机身，在一定程度上忽略成本追求精度和可靠性；第三阶段的应用目标是汽车这类代表大量生产商品化的市场，需特别强调成本同时保证可靠性。

②碳化硅纤维及其复合材料。聚碳硅烷以二甲基二氯硅烷为原料脱氯得到聚二甲基硅烷，经裂解可制备聚碳硅烷纤维。用电子束辐照处理聚碳硅烷纤维并炭化可得无氧碳化硅烷纤维（Hi-Ni-Calon）。用氧化处理聚碳硅烷纤维并炭化可得含氧碳化硅烷纤维。与易氧化的炭纤维（在氧化条件下400℃开始氧化）相比，碳化硅纤维的耐高温、抗氧化性能更好。

（6）功能材料　功能材料主要包括导电复合材料、导热复合材料、磁性复合材料、吸波复合材料、光功能复合材料、高分子太阳能电池、梯度功能复合材料、生物复合材料、仿生和智能复合材料等。这些材料通过高分子材料和其他无机材料的复合，实现了高分子材料的多功能性，如导电、导热、磁性、吸收微波、光功能、生物降解性等，使这类材料具有异常广阔的应用前景。

复合材料定义为两种或多种组分按一定方式复合而产生的材料，该材料的特定性能优于每个单独组分的性能。复合材料有四要素：基体材料、增强材料、成型技术和界面相，为了满足特定工程应用目标的要求，可以通过正确选择复合材料组分和制备工艺来设计复合材料。复合材料以性能分类，可分为常用复合材料（以颗粒增强体、短纤维和玻璃纤维为增强体）和先进复合材料（以炭纤维、芳纶、碳化硅纤维等高性能连续纤维为增强体）。复合材料从使用的角度分类，可分为结构复合材料（力学性能为主）和功能复合材料（除力学性能外的物理化学性质，如电、热、光、声、生物医用、仿生、智能等）。常用复合材料在国民经济的各个领域有广泛的应用。先进复合材料在航空航天等高技术领域有广泛的应用。功能复合材料在信息、能源等高技术领域有广泛的应用。复合材料以基体分类，可分为金属基、陶瓷基、碳基和高分子基复合材料。

2. 无机/高分子复合材料在卷烟降焦减害中的应用

无机/高分子复合材料结合了高分子材料和无机材料的特性，有利于实现对烟气中有害成分的高效吸附。

Zhou Guojun 等[78] 构筑了椰壳炭复合功能聚阳离子的保水复合材料，作为卷烟滤棒添加剂，可同时降低卷烟主流烟气中巴豆醛和 HCN 释放量 30%以上。Verdolotti 等[79] 将超细氧化铝粒子分散于聚氨酯前体中制备了聚氨酯/氧化铝复合泡沫，并将聚氨酯/氧化铝复合泡沫与醋纤复合制备了三元滤嘴，可降低焦油 17%、CO 35.3%、NNK 91.8%、多环芳烃 29.2%及苯酚 26.7%。秦亮生等[80] 以共轭微孔聚合物（CMP）为活性组分，以活性炭、壳聚糖、海藻酸钠等作为载体，制得复合材料，将其添加到卷烟滤棒中制备复合滤棒，能有效降低烟气中的苯酚含量 10%～35%。周顺等[81] 采用聚氨酯/无机纳米材料杂化软质泡沫，与普通醋酸纤维复合制备成二元复合滤棒，可降低主流烟气中苯酚释放量 30%以上。王诗太等[82] 以粗孔硅胶、分子筛、活性炭等为载体，将含有胺基的聚胺引入载体中得到多孔载体/聚胺复合材料，添加于滤嘴中能降低卷烟烟气巴豆醛 15%以上。

参考文献

[1] 欧阳涟，谢宇，洪小伟，等．化学法制备壳聚糖的研究［J］．河南工业大学学报（自然科学版），2009，30（06）：56-58，70.

[2] 贺淹才，许庆清，许嫣红，等．从黑曲霉提取甲壳素和壳聚糖［J］．生物技术，2000（2）：20-23.

[3] 曹健，代养勇，王红军，等．甲壳素微波法脱乙酰制备壳聚糖的研究［J］．食品科学，2005（11）：100-105.

[4] 王进，杨占平，曹建华，等．壳聚糖改性醋纤滤嘴对烟碱和焦油的吸附效果［J］．无锡轻工大学学报，2004，23（5）：34-37，41.

[5] 胡苏林，周仕禄，巩文萍，等．酸溶壳聚糖对卷烟主流烟气中苯并［a］芘、苯酚释放量的影响［J］．食品工业科技，2014，35（9）：109-112.

[6] 王晓葵，许萍，叶侠英，等．不同脱乙酰度的壳聚糖对降低卷烟焦油和烟碱释放量的作用［J］．郑州轻工业学院学报，2002，17：104-107.

[7] Austin. Chitin as an extender and filter for tobacco：US，3987802-A［P］．1976-08-26.

[8] 王晓葵，夏文水．壳聚糖对卷烟烟气中低相对分子质量醛类物质的特殊作用［J］．无

锡轻工大学学报，2002，21，397-399.

[9] 舒俊生．降低卷烟主流烟气中羰基化合物和一氧化氮研究［D］．无锡：江南大学，2010.

[10] 王宏伟，方鼎，徐志强，等．壳聚糖-亚铁离子络合物在卷烟滤嘴中的应用［J］．安徽农业科学，2009，10，4371-4372.

[11] 谢山岭，王凯，倪朝敏，等．壳聚糖-分子筛复合物选择性吸附卷烟烟气中挥发性羰基化合物的应用研究［J］．化工技术与开发，2009，(11)：15-18.

[12] 谢山岭，王凯，朱瑞芝，等．应用壳聚糖-分子筛复合材料选择性吸附卷烟烟气中低分子醛酮［J］．理化检验（化学分册），2009，45（12）：1373-1376，1379.

[13] 刘治涛．卷烟主流烟气中挥发性羰基化合物的吸附研究［D］．无锡：江南大学，2011.

[14] 王凯，龚为民，朱瑞芝，等．应用活性炭-壳聚糖复合材料选择性吸附主流烟气中挥发性醛酮［J］．理化检验（化学分册），2010，11：1266-1268，1272.

[15] Whisler R L. Microporous granule starch matrix composition：US 4985082［P］.

[16] 姚卫蓉，姚惠源．多孔淀粉的研究 I：酶和原料粒度对形成多孔淀粉的影响［J］．中国粮油学报，2001，16（1）：36-38.

[17] Takahiro Noda，Yasuhiro Takahata，Tadahiro Nagata. Factors Relating to Digestibility of Raw Starch by Amylase［J］．淀粉科学（日），1993，40（3）：271-276.

[18] Fuwa H. Takaya T. Sugimoto Y. Mechanisms of Saccharide Polymerization and Depolymerization［M］. Pittsburgh：Academic Press Inc，1980.

[19] Yamada Y.，Hisamatsu M.，Teranishi K.，et al. Components of the porous maize starch granule prepared by amylase treatment［J］. Starch，1995，46（9）：358-361.

[20] Célia M L. Franco，Sáo José do Rio Preto，César F. Ciacco. Factors that Affect the Enzymatic Degradation of Natural Starch Granules — effect of the Size of the Granules［J］. Starch/Stärke，1992，44（11）：422-426.

[21] Lafayette Applied Chemistry Inc. Microporous granule starch matrix composition：US 4985082［P］．1991-01-15.

[22] 马嫄，阚建全，陈宗道，等．复合酶处理制备微孔淀粉的研究［J］．食品科技，2004，(7)：7-10.

[23] 王宗英，王建民，邓宝安，等．多孔淀粉在卷烟滤嘴中的应用研究［J］．郑州轻工业学院学报（自然科学版），2010，25（1）：9-11.

[24] 武赟．多孔淀粉制备工艺的研究及其在卷烟过滤嘴中的应用［D］．合肥：安徽农业大学，2008.

[25] Guo Li，Zhu Y，Du XF，et al. The effect of modified starches on the adsorption of cigarette

mainstream smokecomposition［J］. Starch-Starke, 2012, 64（7）: 552-562.
［26］朱玉，郭丽，杜先锋，等．变性多孔淀粉吸附卷烟烟气气相物的研究［J］．中国粮油学报，2012，27（8）：24-30.
［27］徐阮园．大米多孔淀粉制备工艺的优化及在卷烟过滤嘴中的应用［D］．合肥：安徽农业大学，2010.
［28］孙晓莉．磷酸酯化大米多孔淀粉的工艺优化及其在卷烟过滤嘴中的应用［D］．合肥：安徽农业大学，2011.
［29］马晓龙，宋敏峰，张杰，等．固定化过氧化氢酶多孔淀粉制备功能性醋酸纤维丝束的研究［J］．烟草科技，2009，(10)：5-11.
［30］冯守爱，白家峰，张雨夏，等. 加香纳米多孔淀粉颗粒的制备方法及在卷烟滤嘴中的应用：102605018［P］. 2012-07-25.
［31］房华伟，向有新，覃健兴，等. 一种含有火麻增香纳米多孔淀粉颗粒的三元复合滤棒：202566268［P］. 2012-12-05.
［32］马宇平．泼亚甲基纤维材料选择性降低卷烟烟气中挥发性醛类化合物的技术研究［R］．河南中烟工业有限责任公司，2014.
［33］孙培健，黄溢清，孙学辉，等．多孔纤维素复合微球的制备及其吸附性能研究［C］. 2013 年全国高分子学术论文报告会论文摘要集，2013.
［34］金勇，王诗太，谭海风，等．氧化改性纤维素过滤材料对卷烟烟气的影响研究［C］．中国烟草学会工业专业委员会 2010 年烟草工艺学术研讨会论文集，2010，239-243.
［35］穆丽娟，魏俊富，张环，等．海藻酸钠改性聚丙烯滤嘴材料对烟气的吸附过滤研究［J］．天津工业大学学报，2011，30（1）：8-11.
［36］张建平，黄朝章，邓其馨，等. 一种可选择性降低烟气中氨的氨络合物复合材料：103071459［P］. 2013-05-01.
［37］沈晓晨，庄亚东，刘献军，等. 一种用于降低卷烟主流烟气中氨含量的添加剂的制备方法及其应用：102920022［P］. 2013-02-13.
［38］Zhang Y, Zhao L, Patra P K, et al. Synthesis and catalytic applications of mesoporous polymer colloids in olefin hydrosilylation［J］. Advanced Synthesis & Catalysis, 2008, 350 (5): 662-666.
［39］Rzayev J, Hillmyer M A. Nanochannel array plastics with tailored surface chemistry［J］. Journal of the American Chemical Society, 2005, 127（38）: 13373-13379.
［40］Jiang J-X, Cooper A I. Microporous Organic Polymers: Design, Synthesis, and Function［J］. Topics in current chemistry, 2010, 293: 1-33.
［41］Mckeown N B, Budd P M. Exploitation of Intrinsic Microporosity in Polymer-Based Materi-

als [J] . Macromolecules, 2010, 43 (12): 5163-5176.

[42] Yuan D, Lu W, Zhao D, et al. Highly stable porous polymer networks with exceptionally high gas-uptake capacities [J] . Advanced Materials, 2011, 23 (32): 3723-3725.

[43] Wu D, Xu F, Sun B, et al. Design and preparation of porous polymers [J] . Chemical Reviews, 2012, 112 (7): 3959-4015.

[44] Yabu H, Takebayashi M, Tanaka M, et al. Superhydrophobic and lipophobic properties of self-organized honeycomb and pincushion structures [J] . Langmuir, 2005, 21 (8): 3235-3237.

[45] Lissant K J, Peace B W, Wu S H, et al. Structure of high internal phase ratio emulsions [J] . Journal of Colloid and Interface Science, 1974, 47 (2): 416-423.

[46] Zou S, Liu H, Yang Y, et al. Multihollow nanocomposite microspheres with tunable pore structures by templating Pickering double emulsions [J] . Reactive & Functional Polymers, 2013, 73 (9): 1231-1241.

[47] Shi X, Sun L, Jiang J, et al. Biodegradable polymeric microcarriers with controllable porous structure for tissue engineering [J] . Macromolecular Bioscience, 2009, 9 (12): 1211-1218.

[48] 聂聪．应用碱性及络合材料选择性降低卷烟烟气中氢氰酸技术研究 [R] . 中国烟草总公司郑州烟草研究院, 2015.

[49] 舒俊生．功能性高分子材料降低“都宝”卷烟烟气中氨和氰化氢释放量的研究 [R] . 安徽中烟工业有限责任公司, 2015.

[50] 孙学辉，黄溢清，孙培健，等．功能化多孔水凝胶微球的制备及其吸附烟气氰化氢性能研究 [C] . 2013 年全国高分子学术论文报告会, 2013.

[51] Dawson E. A. , Parkes G. M. B. , Branton P. , et. al. Synthesis of vegetable-based activated carbons with mixed micro-and mesoporosity for use in cigarette filters [J] . Adsorption Science & Technology, 2012, 30 (10): 859-866.

[52] Brantona P, Lub, et al. The effect of carbon pore structure on the adsorption of cigarette smoke vapour phase compounds [J] . Carbon Carbon, 2009, 47, 1005-1011.

[53] 刘惠民．应用亲核功能化材料选择性降低烟气中挥发性羰基化合物技术研究 [R] . 中国烟草总公司郑州烟草研究院, 2015.

[54] Lee John-Tae, Kim Hyo-Keun, Hwang Keon-Joong, et al. Synthesis and characteristic of the ion exchanger for selective removal of aldehyde compounds in mainstream smoke [C] . CORESTA Congress, Smoke Science/Product Technology Groups, 2005.

[55] Brantona, P Kevin G McAdam, Dinah B Winter, et al. Reduction of aldehydes and hydrogen cyanideyields in mainstream cigarette smoke using anamine functionalised ion exchange resin

［J］. Chemistry Central Journal, 2011, 5: 15.

［56］ Sun Xuehui, Zhao Le, Peng Bin, et al. Preparation of hydrophilic quaternary ammonium functionalized porous material for selectively reducing hydrogen cyanide in cigarette smoke ［C］. CORESTA Congress, 2011.

［57］ 张晓兵. 应用氢键功能基多孔材料选择性降低烟气中苯酚技术研究［R］. 中国烟草总公司郑州烟草研究院, 2015.

［58］ 杨松, 聂聪, 孙学辉, 等. 聚甲基丙烯酸缩水甘油酯互通多孔材料选择性降低卷烟烟气中的苯酚［J］. 烟草科技, 2012, (8): 44-48.

［59］ 程占刚. 采用聚硅氧烷网络高分子选择降低烟气中的3,4-苯并芘技术研究和应用［R］. 湖北烟草（集团）有限公司, 2008.

［60］ Marcilla R, Alberto Blazquez J, Rodriguez J, et al. Tuning the solubility of polymerized ionic liquids by simple anion-exchange reactions ［J］. Journal of Polymer Science Part A: Polymer Chemistry, 2004, 42, 208-212.

［61］ Yan F, Texter J. Solvent-Reversible Poration in Ionic Liquid Copolymers ［J］. Angewandte Chemie International Edition, 2007, 46, 2440-2443.

［62］ 金勇. 功能性沟槽滤棒成型纸降低"芙蓉王"卷烟烟气中苯酚和巴豆醛释放量的研究［R］. 湖南中烟工业有限责任公司, 2016.

［63］ Huffman R J, Corrello C G. FILTER: CA 893499-A ［P］. 1972-02-22.

［64］ Kiefer J E, Touey G P. Cigarette filter tow: US 3476120-A ［P］. 1969-11-04.

［65］ 谢兰英, 金勇, 刘琦, 等. 一种功能成形纸滤棒: 202035470［P］. 2011-11-16.

［66］ Totton H G H, Tolman T W C. Cigarette filters: US 3550600-A ［P］. 1970-12-29.

［67］ British American Tobacco Co. LTD. Polyalkylenimine tobacco smoke Filters: NL 132090-B ［P］. 1963-08-22.

［68］ Sun Xuehui, Dong Lu, Wang Hongwei, et al. Preparation of amino Acid ionic liquids for reducing HCN and crotonaldehyde from smoke and evaluation of cigarette application ［C］ 73rd TSRC, 2019.

［69］ Vlatakis G, Andersson L I, Müller R, et al. Drug assay using antibody mimics made by molecular imprinting ［J］. Nature, 1993, 361: 645-647.

［70］ Liu K, Wei WZ, Zeng JX. et al. Application of a novel electrosynthesized polydopamine-imprinted film to the capacitive sensing of nicotine ［J］. Analytical and Bioanalytical Chemistry, 2006, 385: 724-729.

［71］ Wu Q, Li M, Huang Z, et al. Well-defined nanostructured core-shell magnetic surface imprinted polymers (Fe_3O_4@SiO_2@MIPs) for effective extraction of trace tetrabromobisphenol A from water ［J］. Journal of Industrial and Engineering Chemistry, 2018, 60, 268-278.

[72] Chen Qian, Yin Donghong, Ding Shichao, et al. Studies on molecularly imprinted materials for selective reduction of TSNAs in cigarette smoke [C]. CORESTA Congress, Smoke Science/Product Technology Groups, 2009.

[73] 吴亦集，朱全红，陶红，等. 一种对烟草特有亚硝胺具有特异性吸附功能的分子印迹单分散微球及其制备和应用：103601855 [P]. 2014-02-26.

[74] 庹苏行，吴名剑，戴云辉. 分子印迹聚合物选择性降低烟气中稠环芳烃类物质 [J]. 应用化学，2014，31 (1)：89-95.

[75] 张丽丽，杨俊，苏庆德，等. 硅胶表面修饰添加剂选择性降低卷烟烟气中的苯酚 [J]. 光谱实验室，2011，3：1396-1399.

[76] 曾晓鹰，者为，王明锋，等. 一种选择性降低卷烟烟气中苯酚含量的吸附剂的制备方法：102974323 [P]. 2013-03-20.

[77] 者为，曾晓鹰，夏建军，等. 能选择性降低卷烟烟气中巴豆醛含量的吸附剂的制备方法：102935357 [P]. 2013-02-20.

[78] Zhou Guojun, Jin Xin, Liu Jinli, et. al. A novel polycationic composite material with moisture retention ability applied to reduce phenolic compounds in cigarette smoke [C]. CORESTA Congress, Smoke Science/Product Technology Groups, 2010.

[79] Verdolotti L., Salerno A., Lamanna R., et. al. A novel hybrid PU-alumina flexible foam with superior hydrophilicity and adsorption of carcinogenic compounds from tobacco smoke [J]. Microporous and Mesoporous Materials2012, 151: 79-87.

[80] 秦亮生，银董红，杜文，等. 一种具有降低主流烟气中苯酚含量作用添加剂及其制备和应用方法：102920021 [P]. 2013-02-13.

[81] 周顺，徐迎波，王程辉，等. 降低卷烟主流烟气有害成分释放量的方法：102754921 [P]. 2012-10-31.

[82] 王诗太，谭海风，银董红，等. 多孔载体/聚胺复合材料在选择性降低卷烟烟气有害醛类物质中的应用研究 [C]. 湖南烟草创新与发展研讨会文集，2009，38-47.

第六章 天然植物及提取物类材料

天然植物及提取物类材料是指从天然植物中提取的天然有机化合物，这些材料具有较高的营养和生物活性，相较于化学合成材料，具有较低的毒性和副作用，常用于制备化妆品、药品和食品等。由于该类材料均来自于大自然，原料来源广泛、安全性高、成本较低，是降低卷烟烟气有害成分的滤棒添加剂中研究较多的一类材料。本章主要介绍天然植物及提取物类材料的分类及其作为滤棒添加剂降低烟气有害成分的应用。

第一节　天然植物及提取物类材料概述

一、植物提取物来源与分类

植物提取物是以植物为原料，经过物理化学提取分离过程，定向获取和浓集植物中的某一种或多种有效成分，而不改变其有效成分结构的产品。植物提取物以其天然、毒副作用小等优点，广泛应用于食品、药品、化妆品等行业。中国中医科学院研究员屠呦呦，从传统中草药植物青蒿里提取出了青蒿素，进而找到了战胜疟疾的新疗法，获得 2015 年诺贝尔生理学或医学奖，这是我国中草药植物提取物领域的一次伟大突破。

植物提取物的来源包括陆生植物、水生植物等，陆生植物是最常见的来源。在陆生植物中，草本植物含有大量的活性组分，如黄酮、酚酸、生物碱、苷类、多糖类等，常见的如银杏叶、葡萄籽、绿茶、丹参等。在水生植物中，如水藻和海带的多糖类，绿藻和硅藻的氨基酸、苷类、酚酸等有很好的应用前景。在微生物中，发酵生产的菌种、产生的代谢产物也是植物提取物的来源，如红曲、酵母、大肠杆菌等。

植物提取物按照最终产品的性状不同，可分为油、浸膏、粉、晶体等；按照提取目的不同，可分为比例提取物和标准提取物两类；按提取成分分类，有生物碱、苷类、有机酸、树脂（包括树脂酸、树脂醇和树脂烃类）、挥发油、糖类（包括淀粉、菊粉、树胶和黏液质等）、氨基酸、蛋白质和酶、鞣质、植物色素（包括叶绿素、胡萝卜素、黄酮类、甜菜红碱类和醌类等）、油脂和蜡以及无机成分（微量元素）。

1. 生物碱类

生物碱是存在于生物界的一类含氮有机化合物，多数具有复杂的氮杂环结构，具有碱性和生物活性。其中的氮原子大多经氨基酸中氨基转移而来，通常分布于环状骨架中。例如，吲哚类生物碱中的氮原子分布于吲哚环中，主要由色氨酸衍生而来。生物碱类化合物广泛存在于高等植物的双子叶植物中，又称植物碱。广义来讲，除生物体必需的含氮化合物，如氨基酸、多肽、蛋白质及 B 族维生素外，其他所有含氮有机化合物都可称作生物碱。

根据氮原子所处状态，生物碱的存在形式主要分为 6 类：①游离碱，少数碱性极弱的生物碱；②生物碱盐类，多数与草酸、柠檬水等有机酸及盐酸、硫酸等无机酸成盐；③酰胺类，如秋水仙碱、喜树碱等；④*N*-氧化物，如苦参碱；⑤氮杂缩醛类，如阿马林；⑥其他，极少数生物碱以亚胺、烯胺、苷、季铵碱、酯的形式存在。

（1）分类　生物碱按植物来源分类，如乌头碱、苦参碱等；按化学结构分类，如萜类生物碱、异喹啉生物碱等；按来源结合化学分类，如来源于鸟氨酸的吡咯生物碱。总体来说，来源结合化学分类法最能反映生物碱的化学本质，被广泛采用，主要生物碱的分类如表 6-1 所示。

表 6-1　生物碱分类（按照来源结合化学分类法）

代谢来源		生物碱结构类别
氨基酸	鸟氨酸	吡咯类、吡咯里西啶类
	赖氨酸	哌啶类、石松碱类、吲哚里西啶类、喹诺里西啶类
	邻氨基苯甲酸	吖啶酮类、苯丙胺类
	苯丙氨酸或酪氨酸	苄基四氢异喹啉类、苯乙基四氢异喹啉类、苄基苯乙胺类、吐根碱类
	色氨酸	β-咔啉类、半萜吲哚碱类、单萜吲哚碱类、喹啉类
	多种氨基酸	肽类生物碱
异戊烯	萜类	单萜、倍半萜、二萜、三萜
	甾体	孕甾烷生物碱、环孕甾烷生物碱、胆甾烷生物碱

主要的生物碱有：烟叶中的烟碱，咖啡及茶叶中的咖啡因，黄连中的小檗碱等。几种主要生物碱的分子结构如图 6-1 所示。

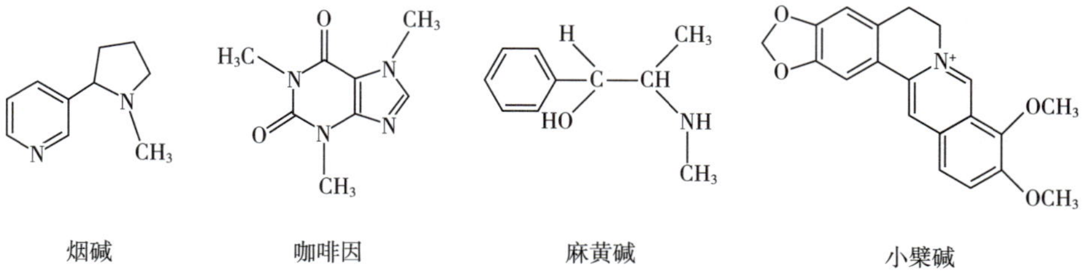

图 6-1　主要生物碱的结构式

烟碱，化学式 $C_{10}H_{14}N_2$，是一种存在于茄科植物中的生物碱，也是烟草的重要成分。烟碱是一种味苦、有刺激性臭味、无色透明的油状液体，挥发性强，在空气中极易氧化，易溶于水，极易溶于醇、醚、氯仿及石油醚。烟碱能与盐酸等无机酸、酒石酸等有机酸生成结晶的单盐和双盐。烟碱会使人上瘾或产生依赖性，重复使用会增加心跳速率、升高血压并降低食欲。大剂量的烟碱会引起呕吐以及恶心，严重时致人死亡。

咖啡因，化学式为 $C_8H_{10}N_4O_2$，是一种黄嘌呤生物碱化合物，主要来源于咖啡、茶叶。咖啡因是一种白色结晶性粉末，无臭、味苦，溶于氯仿、水、乙醇，易溶于稀酸，微溶于乙醚。咖啡因是一种中枢神经兴奋剂，能够暂时驱走睡意并恢复精力，临床上用于昏迷复苏。

小檗碱又称黄连素，是从中药黄连中分离的一种季铵生物碱。无臭，味极苦，在乙醚中可析出黄色针状晶体，熔点 204～206℃，其盐类在水中的溶解度较小，用不同 pH 的碱溶液处理，可得到季铵式、醇式和醛式三种形式的小檗碱，其中季铵式最稳定。小檗碱主要由带有环状双醚基的苯环以六元环与一个邻位接双甲氧基的异喹啉相接构成，其原子位于整个分子的近中央处，孤对电子与键共用，带正电，易与带负电荷的离子或分子结合。带正电荷的原子是其活性部位，其活性受分子立体结构排列的影响。小檗碱具有抗菌杀虫等药理作用。

（2）理化性质

①碱性。生物碱能与无机酸或有机酸结合形成易溶于水的盐，生物碱盐遇强碱又可游离出生物碱，可用于生物碱的提纯精制。

②沉淀反应。大多数生物碱能与生物碱沉淀剂反应生成难溶于水的盐而沉淀，常用的生物碱沉淀剂有酸、重金属盐、碘化钾的复盐等。

③显色反应。生物碱能与生物碱显色剂发生颜色反应，常见的显色剂有浓硝酸、浓硫酸、甲醛-浓硫酸等。

2. 黄酮类

黄酮类化合物也称黄碱素，是自然界中广泛存在的一大类化合物，多数具有颜色，在植物界主要分布在豆科、芸香科、唇形科、菊科等双子叶植物中，在银杏科等裸子植物中也有较多分布。黄酮类化合物多分布在植物体的花、果、叶部位，且多以糖苷形式存在。黄酮类植物成分是一类重要的天然抗氧化剂，其清除自由基主要依赖于黄酮类物质提供的氢原子或电子，使得过氧化物或其他自由基生成稳定的过氧化物，从而阻断自由基的链式反应。

（1）分类　黄酮类化合物原是指以2-苯基色原酮为骨架衍生的一类化合物（图6-2），现泛指两个苯环通过三个碳原子相互连接而成的一系列化合物，即具有 C_6-C_3-C_6 结构的一类化合物（图6-3）。

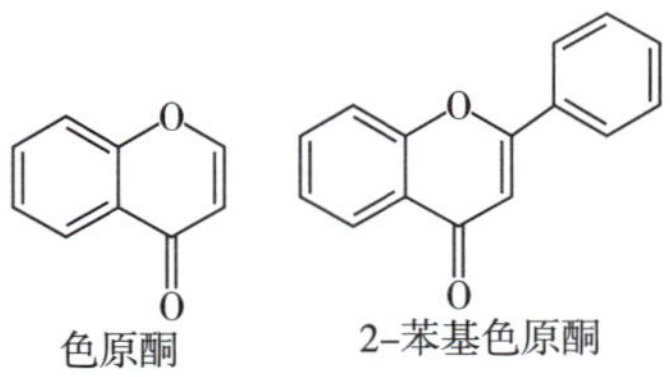

图6-2　色原酮和2-苯基色原酮的结构式

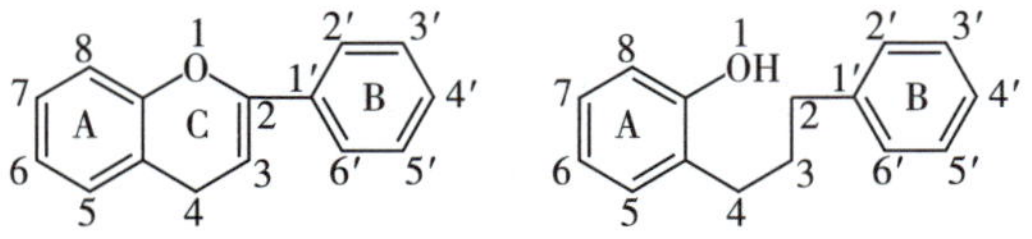

图6-3　黄酮类化合物的基本碳架

根据中间三碳链的氧化程度、B环联接位置（2-或3-位）以及三碳链是否构成环状等特点，黄酮类化合物的主要结构类型如表6-2所示。

表 6-2　　　　　　　黄酮类化合物的主要结构类型

名称	三碳链结构	名称	三碳链结构
黄酮类 (Flavones)	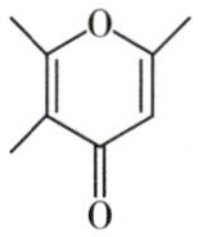	黄酮醇类 (Flavonols)	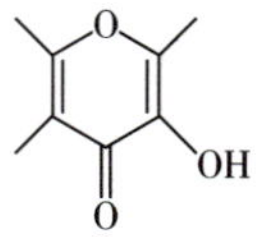
二氢黄酮类 (Flavanoes)	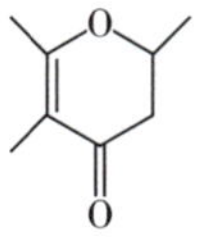	二氢黄酮醇类 (Flavanonols)	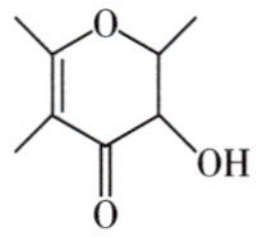
异黄酮类 (Isoflavones)	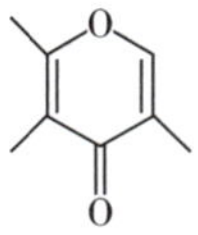	二氢异黄酮类 (Isoflavanones)	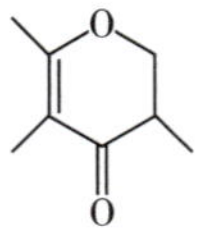
查耳酮类 (Chalcones)	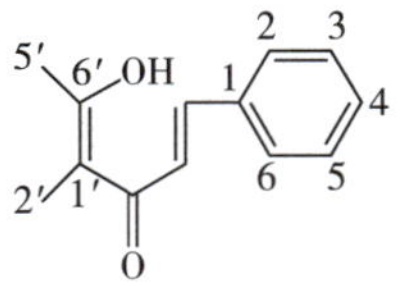	二氢查耳酮类 (Dihydrochalcones)	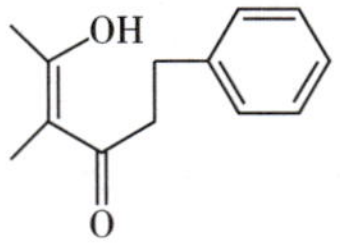
花色素类 (Anthocyanidins)	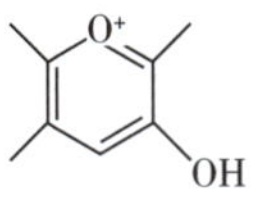	橙酮类 (Aurones)	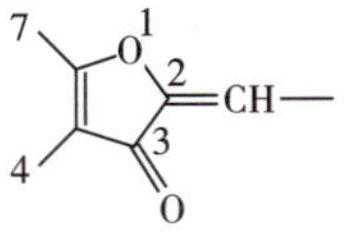

天然黄酮类化合物可分为：①黄酮及黄酮醇类，其中槲皮素及其苷类为植物界分布最广、最多的黄酮类化合物，尤其是水果蔬菜的外皮中含量更高；②二氢黄酮及二氢黄酮醇类，主要存在于精炼玉米油中；③异黄酮及二氢异黄酮类，主要存在于豆科、鸢尾科等植物中，如葛根素、大豆素；④查耳酮及二氢查耳酮类，查耳酮类主要分布于菊科、豆科、苦苣苔科等植物中，二氢查耳酮类在植物界分布很少，在豆科等有分布；⑤橙酮类，多数存在于菊科、玄参科等植物的花中，大多数呈橙黄色；⑥花色素类，是一类分布十分广泛的植物色素，在中草药材中也普遍存在，主要有天竺葵素、矢车菊素、飞燕草素、芍药色素、甲花翠素和锦葵色素；⑦双黄酮类，是两分子黄酮或二氢黄酮及各一分子黄酮与二氢黄酮按 C—C 或 C—O—C 方式联结而成，多见于银杏黄酮等裸子植物中。

（2）理化性质

①性状。游离黄酮类化合物多数为结晶性固体，黄酮苷等少数为无定型粉末。黄酮类化合物多呈黄色，其颜色主要与分子中是否存在交叉共轭体系有关，助色团（—OH、—OCH_3 等）的种类、数目以及取代位置对颜色也有一定影响，如黄酮、黄酮醇及其苷类多呈灰黄-黄色，查耳酮为黄-橙黄色，而二氢黄酮、二氢黄酮醇因不存在共轭体系或共轭体系少不显色，异黄酮类呈微黄色，花色素及其苷元的颜色随 pH 不同而改变，一般显红（$pH<7.0$）、紫（pH 8.5）、蓝（$pH>8.5$）。

②溶解性。游离黄酮类化合物一般难溶或不溶于水，易溶于甲醇、乙醇、乙酸乙酯、氯仿、乙醚等有机溶剂及稀碱液中。二氢黄酮及二氢黄酮醇较易溶于水。花色素以离子形式存在，具有盐的性质，故水溶性较大。黄酮苷一般易溶于水、甲醇、乙醇等强极性溶剂，而难溶或不溶于苯、氯仿、乙醚等亲脂性有机溶剂。

③旋光性。黄酮苷均具有旋光性，且多为左旋。只有分子中含手性碳原子的游离黄酮类化合物才具有旋光性。

④酸碱性。大多数黄酮类化合物中具有酚羟基，因而显酸性，其酸性强弱与酚羟基的数目和位置有关。黄酮类化合物由于 1 位氧原子上未共用的孤电子，表现出微弱的碱性，可与强酸生成盐。黄酮类化合物的提取多利用其酸性，采用碱提取酸沉淀的方法，分离时则可利用酸性差异而采用 pH 梯度萃取方法。

⑤呈色反应。黄酮类的呈色反应多与分子中的酚羟基及 γ-吡喃酮环有关，主要有还原反应（盐酸-镁粉反应、盐酸-锌粉反应、四氢硼钠/钾反应）、金属盐类络合反应、硼酸显色反应、碱性试剂显色反应、碳苷反应、Wessely-Moser 重排反应等。多数黄酮、黄酮醇、二氢黄酮、二氢黄酮醇及对应的苷，与盐酸-镁粉反应会显橙红色至紫红色，少数显紫色至蓝色，而查耳酮、橙酮和黄烷类则不反应，因此该反应可作为多数黄酮类化合物的鉴别反应。四氢硼钠/钾反应是二氢黄酮类的专属反应，反应机理如图 6-4 所示。

（3）功效　黄酮类化合物具有很强的抗氧化作用，可有效清除体内的氧自由基。例如，花青素可以抑制油脂性过氧化物的溢出。黄酮可以抑制炎性生物酶的渗出，促进伤口愈合和止痛。肝脏中微量的黄酮能在一定程度上抑制药物代谢酶的活性。

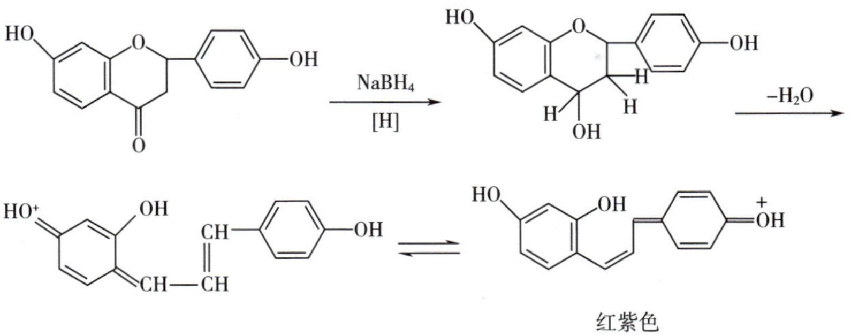

图 6-4　二氢黄酮类化合物与四氢硼钠的反应

3. 多糖类

多糖是自然界中最丰富的生物聚合物，广泛存在于植物、动物和微生物中，是构成生命的四大物质之一。多糖是由糖苷键结合的糖链，超过 10 个单糖聚合而成，可用通式（$C_5H_{10}O_5$）n 表示，相对分子质量从几万到几千万，常见多糖的糖单元结构如图 6-5 所示，结构单位单糖之间以糖苷键相连接，常见的糖苷键有 α-1,4-糖苷键、β-1,4-糖苷键、α-1,6-糖苷键；结构单位可以 α-1,4-糖苷键、β-1,4-糖苷键连接成直链，或者以 α-1,6-糖苷键连接

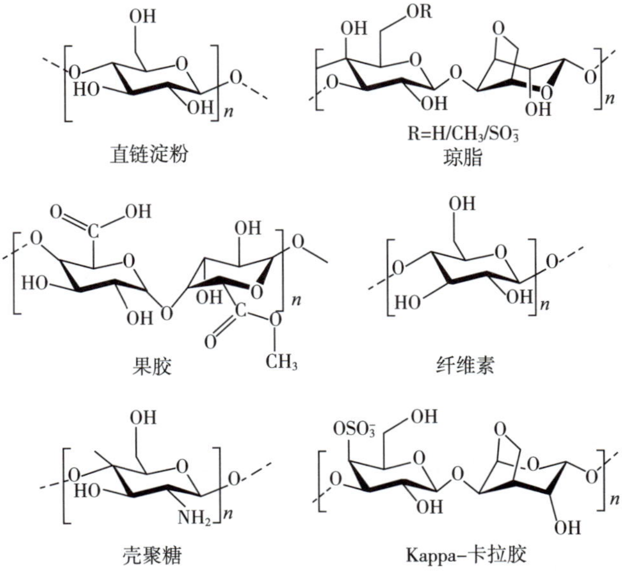

图 6-5　常见多糖的糖单元结构

成支链。多糖类物质具有复杂多样的生物活性和功能，如增强免疫功能、抗肿瘤、抗氧化、抗衰老等作用。多糖因其来源广泛、毒副作用小、生物学活性多样，可用作食品添加剂，起到乳化、增强持水性、提高食品稳定性等作用。

（1）分类　与蛋白质分子类似，多糖具有明确的三维空间结构，可以用一级、二级、三级、四级结构来描述。其中，一级结构指线性链中通过糖苷键连接的单糖残基的顺序，不涉及任何次级键的相互作用，包括糖链中糖基排列顺序、糖基的构型（D/L）、糖苷键的键型（α/β）、相邻糖基的连接方式、糖链有无分支及分支的位置与长短等，如直链淀粉是由250～300个α-D-麦芽糖通过α-1,4-糖苷键连接而成。二级结构指多糖骨架链间以氢键结合形成的各种聚合体，只涉及多糖分子的构象而不涉及侧链的空间排布，常见的二级结构有带状、螺旋状和无规卷曲，更多介于带状和螺旋状之间。三级结构指具有二级结构的多糖链段与分链的其他链段进一步相互作用构成较紧密的结构形式。多糖链在形成三级结构后，分子表面仍有一些基团可以和其他多糖分子链相互作用，装配成更为完善的体系，这种组合和结构方式是多糖的四级结构。

多糖按照来源可分为真菌多糖、高等植物多糖、藻类地衣多糖、动物多糖、细菌多糖五类。根据组成单糖的类别，多糖可分为均聚多糖（由一种单糖缩合、失水组成的多糖，如淀粉、纤维素等）、杂多糖（由两种或两种以上不同的单糖分子组成的多糖，如果胶、半纤维素等）、糖缀合物（多糖与其他非糖部分如蛋白质、肽、脂类、核酸等结合形成）。根据连接方式可分为支链多糖和直链多糖。

（2）理化性质

①性状。多糖多为无定型粉末，无甜味，一般不具有还原性。

②溶解性。多糖分子中含有大量极性基团，对水分子有较大的亲和力，但多糖相对分子质量较大，其疏水性也随之增大。因此，相对分子质量较小、分支程度低的多糖在水中有一定的溶解度，而相对分子质量大、分支程度高的多糖在水中溶解性较差。

③多糖的黏度。由于多糖在溶解性能上的特殊性，使得多糖水溶液具有较大的黏度甚至形成凝胶。

④多糖具有旋光活性。

⑤多糖水解，指在一定条件下，糖苷键断裂，多糖转化为低聚糖或单糖的反应过程，主要包括酶促水解和酸碱催化水解。

（3）功效　糖类作为构成植物和动物的骨架材料，除提供能量外，还能稳定活性多肽三维结构，帮助糖蛋白延长活性寿命；可作为免疫促进剂，对预防肿瘤、肝炎和心血管疾病等有潜在应用价值。

4. 苷类

苷类，又称配糖体，是由糖或糖衍生物的端基碳原子与另一类非糖物质（称为苷元或配基）连接形成的化合物。大多数苷类无色，无臭，具苦味。少数苷类有色如黄酮苷、蒽苷、花色苷等。少数具甜味，如甘草皂苷。

（1）分类　据苷元的结构类型分为氰苷、酚苷、醇苷、蒽苷、黄酮苷、皂苷、强心苷、香豆素苷和环烯醚萜苷等；根据糖的种类分葡萄糖苷、鼠李糖苷、三糖苷、芸香糖苷等；根据糖的数目分为单糖苷、双糖苷、三糖苷等；根据苷在生物体中是原生的还是次生的，分为原生苷与次生苷；根据苷原子不同分为氧苷、硫苷、氮苷、碳苷，自然界中氧苷最为常见。

（2）理化性质

①酸碱性。多数苷类呈中性或酸性，少数呈碱性。

②溶解性。多数苷类可溶于水、乙醇，有些苷类可溶于乙酸乙酯和氯仿，难溶于乙醚、石油醚、苯等极性小的有机溶剂。苷类在水或其他极性较大的溶剂中的溶解度，一般随结合的糖分子数的增加而加大。苷元的性质亦可影响苷的溶解度，如氰醇苷在水中易溶而黄酮苷较难溶。苷元不溶于水，能溶于有机溶剂。

③苷类水解。苷类易被稀酸或酶水解生成糖与苷元，但是有些植物体内原存在的苷中有数个糖分子，称为一级苷，水解时可先脱去部分糖分子生成含糖分子较少的次级苷，次级苷进一步水解得糖与苷元。苷类水解成苷元后，在水中的溶解度与疗效都大为降低，因此在采集、加工、贮藏与制造含苷类成分的中草药时，必须注意防止水解。如在采集时尽量减少植物体的破碎，采集后尽快干燥，贮藏中保持干燥，提取时不要在水溶液或酸性溶液中长时间放置等。

④天然苷类一般具有一定的光学活性，即旋光性，大多为左旋性而无还原性。水解后由于生成还原糖，往往变为右旋性并具有还原性。

（3）功效　皂苷类成分能降低液体表面张力而产生泡沫，故可作为表面活性剂。内服后能刺激消化道黏膜，反射地促进呼吸道和消化道黏液腺的分泌，故具祛痰止咳的功效，如桔梗、远志、紫菀常用作祛痰药。川桑寄生、接骨木中的皂苷祛风湿作用。人参皂苷具强壮、大补元气作用，并对某些病理状态的机体起双向调节作用或称适应原样作用。不少皂苷还有降胆固醇、抗炎、抑菌、免疫调节、兴奋或抑制中枢神经、抑制胃液分泌等作用。有些甾体皂苷也有抗肿瘤、抗真菌、抑菌及降胆固醇作用，大量用作合成甾体激素的原料。

5. 类胡萝卜素

类胡萝卜素（Carotenoids）是一类重要的有机色素，广泛分布于动物、高等植物、真菌、藻类的黄色、橙红色或红色的色素之中。类胡萝卜素是体内维生素 A 的主要来源，同时还具有抗氧化、免疫调节等功效。现已从自然界分离出多种类胡萝卜素，均为具有两个双键的类异戊二烯结构。β-胡萝卜素是类胡萝卜素典型代表，由 4 个异戊二烯双键首尾相连，可通过提供电子抑制活性氧的生成，达到清除自由基的目的。研究发现，具有显著抗氧化性的类胡萝卜素有叶黄素、番茄红素、花青素等。

（1）分类　类胡萝卜素属于四萜类色素分子，是由 40 个碳原子组成的不饱和烃及其衍生物，以异戊二烯残基为单元组成的共轭双键长链为基础。目前已发现了 700 余种的类胡萝卜素，按照分子中是否含有氧元素可以分为两大类，即分子中仅含有碳氢两种元素的胡萝卜素类色素，以及分子中含有碳、氢、氧三种元素的叶黄素类色素。自然界中常见的类胡萝卜素主要有属于胡萝卜素类的番茄红素、β-胡萝卜素和 α-胡萝卜素，以及属于叶黄素类的叶黄素和玉米黄质等。

（2）理化性质

①溶解性。类胡萝卜素属于脂溶性化合物，其中胡萝卜素类溶于石油醚，微溶于甲醇、乙醇；叶黄素类溶于甲醇、乙醇和石油醚。

②类胡萝卜素分子中的共轭双键体系，使其在可见光范围内存在明显的吸收而呈现多种颜色，类胡萝卜素分子表现出较强的还原性。

③清除自由基。类胡萝卜素通过电子转移实现自由基清除，当失去一个电子变为阳离子胡萝卜素，电子均匀分散于整个共轭链，比单一原子带电更稳定，因此类胡萝卜素能猝灭单线态氧、过氧自由基等多种自由基，保护机体生物大分子如 DNA 和蛋白质等免受氧化损伤。

（3）功效　在生物体内，类胡萝卜素表现出明显的抗氧化活性，能够有效地对因光合作用或呼吸作用产生的活性氧成分进行猝灭，从而保护细胞免受氧化伤害。同时，类胡萝卜素与心血管疾病发生率的降低有关。

6. 多酚类

多酚类化合物是一类广泛存在于植物体内的具有多个羟基酚类成分，是植物体内重要的次生代谢产物，主要存在于植物体的皮、根、叶、壳和果肉中。多酚类化合物是在植物性食物中发现的，具有潜在促进健康作用，存在于一些常见的植物性食物中，如可可豆、茶、大豆、红酒、蔬菜和水果。茶多酚是最常见的多酚类物质。茶多酚多从茶叶中提取，占绿茶干重的15%~25%，其中儿茶素含量最高，占茶多酚总量的60%~80%。

（1）分类　多酚类物质一般由含一个或多个羟基的芳香环化合物组成，分为酚酸类、芪类、香豆素类和单宁类，也可大致分为黄酮类化合物（以花青素为代表）和非黄酮类化合物（以酚酸类为代表）。

（2）理化性质

①溶解性。多酚类物质的溶解度随其相对分子质量的增加而下降。一般而言，多酚类物质在水中的溶解度很低，但能够在水与其他有机溶剂的混合物中溶解。

②颜色。多酚类物质的颜色因其化学结构的不同而异，如花青素类的多酚类物质为蓝色或紫色，而类黄酮的多酚类物质通常为黄色。

③紫外吸收与荧光。多酚类物质能够吸收紫外线和可见光，并在其光谱图上表现出一些特征性的峰值。同时，多酚类物质在特定的波长下也具有荧光特性。

④水解、氧化和聚合。多酚类物质容易被水解、部分物质可被氧化，并可以参与不同程度的聚合反应。在加热的条件下，多酚类物质会失去其生物活性并分解。

（3）功效　多酚具有广泛的作用和功效，除了最常见的抗氧化、抗炎等作用外，还有抑制多种病毒和有害细菌的繁殖、抗癌、预防及辅助治疗各种心血管疾病等作用；将多酚同其他特定物质结合，在抗氧化、细菌、病毒及肿瘤等方面存在协同作用。

二、植物提取物的生产工艺

植物提取物常用的提取方法有溶剂提取法、水蒸气蒸馏法、升华法等，近年来随着科学技术的不断发展，涌现出了许多现代化分离提取技术，如超临界流体萃取技术、微波提取技术等，加快了提取过程，优化了提取效果。

1. 溶剂提取法

溶剂提取法是根据各种成分在溶剂中的溶解性质，选用对有效成分溶解度大，对不需要溶出成分溶解度小的溶剂，将有效成分从植物组织内溶解出来的方法。溶剂的选择是溶剂提取法的关键，具体基于以下原则：①溶剂对有效成分溶解度大，对杂质溶解度小；②溶剂不能与植物有效成分起化学反应；③溶剂要经济、易得、使用安全等。

根据拟提取有效成分的结构，选择合适的溶剂。常见的提取溶剂可分为以下三类。

①水（强极性溶剂）。植物中亲水性成分，如无机盐、糖类、低相对分子质量多糖类、氨基酸、蛋白质、有机酸盐、生物碱盐及苷类等都能被水溶出。为了增加某些成分的溶解度，常采用酸及碱作为提取溶剂。酸提取可使生物碱与酸生成盐类而溶出，碱提取可使有机酸、黄酮、蒽醌、内酯、香豆素以及酚类成分溶出。但用水提取易酶解的苷类成分，易霉坏变质。加温可以增大植物有效成分的溶解度，还可能对其他成分产生助溶作用，使一些水中溶解度小的亲脂性强成分的溶解度增加。但多数亲脂性成分在沸水中的溶解度不大，即使有助溶现象存在，也不容易提取完全。②亲水性有机溶剂，常用的有乙醇、甲醇、丙酮。乙醇的溶解性能比较好，对植物细胞的穿透能力较强，水溶性杂质溶出少，提取液不易发霉变质，且乙醇毒性小、价格便宜、来源方便，是最常用的溶剂。亲水性成分除蛋白质、黏液质、果胶、淀粉和部分多糖等外，大多能在乙醇中溶解。难溶于水的亲脂性成分，在乙醇中的溶解度也较大。还可以根据被提取物质的性质，采用不同浓度的乙醇进行提取。③亲脂性有机溶剂，常见的有石油醚、苯、氯仿、乙醚、乙酸乙酯、二氯乙烷等。这些溶剂选择性强，不能或不容易提取亲水性杂质。但这类溶剂挥发性大，多易燃（氯仿除外），一般有毒，价格较贵，设备要求较高，且它们透入植物组织的能力较弱，往往需要长时间反复提取才能提取完全。溶剂提取有效成分，常用浸渍法、渗漉法、煎煮法、回流提取法、超声法等。同时，原料的粉碎度、提取时间、提取温度、设备条件等因素也影响提取效率，须加以考虑。

2. 水蒸气蒸馏法

该法适用于提取能随水蒸气蒸馏而不被破坏的有效成分，此类成分沸点多在100℃以上，与水不相混溶或仅微溶。当与水在一起加热，其蒸气压和水的蒸气压总和为一个大气压时，液体就开始沸腾，水蒸气将挥发性物质一并带出。如挥发油、麻黄碱、槟榔碱、牡丹酚等，都可采用本法提取。有些挥发性成分在水中的溶解度稍大些，常将蒸馏液重新蒸馏，在最先蒸馏出的部分，分出挥发油层，或在蒸馏液水层经盐析法并用低沸点溶剂将成分提取出来。

3. 升华法

植物中有些成分具有升华的性质，如樟木中升华的樟脑，早在《本草纲目》中已有应用升华法提取药材有效成分的记录。茶叶中的咖啡碱在178℃以上就能升华而不被分解。游离羟基蒽醌类、香豆素类及有机酸类成分，有些也具有升华的性质。该法虽然简单易行，但植物炭化后往往产生挥发性的焦油状物，黏附在升华物上，不易精制除去；另外，升华不完全，产率低，有时还伴随分解现象。

4. 超临界流体萃取技术

超临界流体萃取是一种以超临界流体（SCF）代替常规有机溶剂对目标组分进行萃取和分离的新型技术。其原理是利用流体在临界点附近某区域（超临界区）内与待分离混合物中的溶质具有异常相平衡行为和传递性能，且对溶质的溶解能力随压力和温度的改变而在相当宽的范围内变动来实现分离。利用SCF作溶剂，可以从多种液态或固态混合物中萃取出待分离组分。CO_2具有无毒、不易燃易爆、价廉、临界压力和温度较低、易于安全地从混合物中分离等优点，是植物有效成分提取分离过程中最常用的一种SCF。

与传统的提取分离法相比，该法最大的优点是可在近常温条件下提取分离不同极性、不同沸点的化合物，几乎保留产品中全部有效成分，无有机溶剂残留，因此，其产品纯度高，而且收率高、操作简单、节能。通过改变萃取压力、温度或添加适当的携带剂，还可改变萃取剂的溶解性和选择性。但CO_2是亲脂性的，只能有选择地萃取脂类物质，如酯、醚、内酯类、环氧化合物、类酯化合物、油脂等相对分子质量小的物质。另外，超临界CO_2提取还存在设备昂贵、运行费用高、操作危险等问题，给实际应用带来了一定难度。

5. 微波提取技术

由于物质介电常数不同，物质吸收微波的能力不同，使得提取体系中不同组分被选择性加热，因此，微波提取具有较好的选择性，使目标组分直接从基体分离。微波提取受提取溶剂亲和力的限制较小，因而可供选择的溶剂较多，且微波所具有的非热效应可以松弛氢键，击穿细胞膜，加速溶剂分子对基体的渗透和目标组分的溶剂化，提高提取效率。该法具有操作时间短、溶剂消耗少、能耗低、有效成分损失少、目标组分得率高等优点，已作为一种新型技术应用于植物有效成分的提取。

6. 酶法

酶反应具有专一性高、催化活性强及作用条件温和等特点，应用酶法可以提高植物有效成分的提取率。提取时酶的浓度、底物浓度、温度、酸碱度、抑制剂等对提取物有一定影响。为了进一步提高提取率，可采用复合酶技术及酶法与其他提取工艺组合优化来提高细胞破碎率，如酶法和热水提取法联用、超声波辅助酶法提取、酶法协同超高压提取、酶法协同微波提取等。植物细胞壁是由纤维素构成的，植物的有效成分往往包裹在细胞壁内。目前，酶法提取方面研究较多的是纤维素酶，纤维素酶可以破坏植物细胞壁，有利于有效成分的提取。同时，酶法可用于多糖、黄酮类、苷类、生物碱类、有机酸类、油类物质等的提取。

7. 膜提取分离技术

膜提取分离技术的应用原理是以压力为推动力实现溶质与溶剂的分离，可分离不同相对分子质量的分子。其特点是有效膜面积大、滤速快、不易形成表面浓差极化现象、无相态变化、低温操作破坏有效成分的可能性小、能耗低等。使用膜提取分离技术（包括微滤、超滤、纳滤和反渗透等）可以在原生物体系环境下实现物质分离，可以高效浓缩富集产物，有效去除杂质。

8. 大孔吸附树脂分离纯化技术

大孔吸附树脂是一种不含交换基团、具有孔状结构的高分子吸附剂，根据其骨架材料的不同可分为极性、中性和非极性三类。大孔吸附树脂因本身范德瓦尔斯力或氢键的作用具有吸附性，又因其网状结构和高比表面积而具有筛选性能，可使天然产物按照吸附力及相对分子质量的不同，在树脂上经过一定的溶剂洗脱而分离。大孔吸附树脂分离纯化的特点是吸附容量大、工艺流程短、得率高、纯度高、树脂再生容易、效果可靠，已用于黄酮类、生物碱类、皂苷类、多糖等成分的吸附分离。

9. 高速逆流色谱技术

高速逆流色谱技术（HSCCC）是一种结合液-液萃取和分配色谱两者优点的新型色谱技术。HSCCC 无需固体载体，不涉及样品被不可逆吸附，具有制备量大和溶剂消耗少等优点，广泛应用于黄酮类、多酚类、皂苷类、香豆素类、生物碱类等成分的分离。溶剂体系的选择是影响 HSCCC 分离效果的主要因素，一般原则如下：①两相能快速分层、稳定，不易发生乳化现象；②两相不与样品发生化学反应，不造成成分分解或变性；③样品在溶剂中溶解度较高；④样品在两相溶剂有合适的分配系数（K 值），K 值一般在 0.5～2；⑤有较高的固定相保留，通常体积比不低于 50 %。如采用乙酸乙酯-正丁醇-水（2∶1∶3）体系，经 HSCCC 法一次分离纯化得到包括葛根素在内的 6 种相对纯净的异黄酮。此外，HSCCC 可与其他分离技术联用，以获取更好的分离效果。

10. 双水相萃取技术

双水相萃取技术是利用被提取物质在不同的两相系统间分配行为的差异进行分离。双水相体系由两种互不相溶的水溶液组成，在萃取过程中，分子间氢键、盐析作用、电荷相互作用、范德瓦尔斯力、聚合现象、疏水作用、界面性质作用等都十分重要。这些作用力导致待萃取物在两相间产生浓度差异，从而实现分离。双水相萃取在提取中兼具分离功能，具有较高的生物相溶性、易于放大、可连续化操作、不易引起蛋白质的变性失活。双水相萃取技术具有较高的选择性和专一性，已应用于多糖、多酚、黄酮、生物碱、萜类等生物活性物质的分离和纯化。

植物提取分离时既要考虑有效成分的性质，也要考虑植物本身特有的性质，结合不同提取分离方法的特点，选择合适的提取分离技术，可使有效成分提取分离达到最佳效果。

第二节　天然植物及提取物类材料在卷烟降焦减害中的应用

天然植物或其提取物可作为滤棒添加剂用于降低卷烟烟气中有害成分。由于该类材料均来自大自然，原料来源广泛、安全性高、成本较低，是滤棒添加剂中广泛研究的一类材料。

一、天然植物颗粒

云南中烟工业有限责任公司完成的“天然植物多孔材料在‘云烟’品牌减害增香中的应用研究”项目[1]，利用天然植物自身的微观结构特征和化学性质，针对性地开发了既能降低 HCN、巴豆醛释放量，又具有增香功能的多孔葛根颗粒、复合植物颗粒和植物模板多孔材料等滤棒添加剂。其中，多孔葛根颗粒在卷烟焦油量未降低的情况下，主流烟气 HCN 释放量降低 34.1%、巴豆醛释放量降低 16.4%，已应用于云烟低焦高端系列产品中。云南瑞升烟草技术完成的“三元多孔烟梗颗粒材料研制及产业化”项目[2]，采用气体-微波烟梗膨胀技术制备了三元多孔烟梗颗粒，应用于卷烟滤嘴中可降低卷烟烟气有害成分。目前该技术已实现了在卷烟企业中推广应用。郑州轻工业学院以茶叶颗粒为主要原料自制茶质滤嘴，与普通的醋纤滤嘴比较，茶质滤嘴可降低卷烟烟气中的烟草特有亚硝胺、自由基、苯并［a］芘等主要有害成分，同时保持卷烟的风格特征[3,4]。

此外，报道的天然植物颗粒还有豆渣颗粒、木材颗粒、茭白颗粒、苦瓜颗粒、茶叶梗颗粒、橘子皮颗粒、柚子皮颗粒、大豆豆粕颗粒、山楂颗粒及大豆纤维蛋白颗粒[5~17] 等。如蒋举兴等[6] 使用电镜对大豆纤维蛋白颗粒表面形貌进行表征，观察发现大豆蛋白由许多球状蛋白颗粒组成，颗粒表面粗糙，布满沟壑，将其应用于卷烟滤嘴中，可以有效降低焦油和有害物质，和对照组相比，多种有害成分均明显降低，其中焦油下降 5.88%、苯并［a］芘降低幅度达 22.0%、NNK11.1%、巴豆醛 23.0%以及苯酚 10.1%；且该复合滤嘴还可以改善卷烟抽吸的舒适性，增加卷烟的甜润感。李晓等[7] 分析比较了辛夷滤嘴降低卷烟主流烟气中有害成分的作用，结果表明：辛夷滤嘴对烟碱、总粒相物和焦油等分别降低了 8.1%、12.6%和 14.5%；对烟气中的酚类截留明显，其中苯酚、对甲苯酚和 4-乙基间苯二酚分别降低了 56.8%、32.8%和 50.0%。东传斌等[8] 将地黄颗粒添加到二醋酸纤维素丝束中，制成多单元段复合卷烟滤棒，该复合滤棒过滤效果好，可有效地吸附多环芳烃，降低烟气中的致癌物质，且不改变卷烟的吸食口味。王涛等[9] 将木材颗粒添加到醋酸纤维滤棒中制成的复合滤嘴能够降低卷烟主流烟气中的焦油和 7 种主要有害物质，和对照组相比较，苯并[a]芘降低 22.2%，HCN 降低 20.4%，苯酚降低 21.2%，焦油降低 8.6%，CO、NNK 及氨离子也有一定的降低。将天然植物炭化后加工用于卷烟滤嘴中，能使滤嘴具有较好的吸附性。王保兴等[10] 将烟梗、烟杆、茶饼、毛竹和山毛榉中的一种或几种炭化处理，制成的炭化颗粒应用于卷烟滤棒中，能够有效降低卷烟烟气有害成分，并且不会影响卷烟的抽吸品质和风格特征。谷向春等[11] 将竹子炭化、粉碎后制成纤维用于卷烟滤嘴中，对卷烟烟气中的焦油及小分子有害物质具有较好的吸附性能，吸附效率高。迟广俊等[12] 将粉碎的普洱茶附着在卷烟成型纸的一面，应用到卷烟滤嘴中，能够有效减少主流烟气中的挥发和半挥发性有害物质，如苯并［a］芘、亚硝酸盐和焦油等。

这些天然植物材料通常具有多孔结构，具有较大的比表面积，通过物理吸附达到降焦减害的目的，或者天然植物材料中含有抗氧化功能化学成分，与主流烟气中有害成分反应，通过化学吸附达到降焦减害的目的。

二、植物提取物

将天然植物应用到卷烟滤嘴中，能够减少主流烟气中的多种有害成分。江西中烟工业有限责任公司完成的“利用滤嘴添加中草药技术降低‘金圣’品牌卷烟烟气中 HCN 含量研究”项目[18]，通过对传统中医药学的深度挖掘，运用现代药学方法和思路，开发出了可降低烟气 HCN 释放量的海螵蛸-金圣本草香复合减害颗粒，以复合双沟槽棒为应用方式，可降低卷烟烟气 HCN 释放量 26.7%，选择性降低率为 23.0%，已应用于卷烟产品中。同时，湖北中烟工业有限责任公司完成的“利用天然植物降低‘黄鹤楼’卷烟烟气中苯酚等有害成分的研究”项目[19]，从天然植物花、叶、果实等组织中提取黄酮类化合物，调配出特定香精应用到卷烟中，苯酚降低率达 30%以上，并能够明显降低烟气抽吸对呼吸系统造成的刺激感，缓解喉部不适，提高卷烟抽吸的舒适感。

此外，还有黄连生物碱、谷胱甘肽、环糊精、大豆蛋白、β-胡萝卜素、茶叶提取物、茶多酚、五倍子酸、羊齿类天然植物提取物、姜黄素等[20-27] 的应用研究。如马宇平[20] 从茶叶中提取茶多酚及其他香味成分，将其添加到卷烟滤棒中得到新型滤棒，能够很好地改善卷烟的吸食品质，且该新型滤棒在降低卷烟焦油和烟碱、清除自由基、减少烟草特有亚硝胺以及其他有害成分方面有显著效果。高文全等[21] 在复合滤嘴中添加茶多酚，卷烟气相自由基降低 36.7%。戴亚等[23] 采用超声波-有机溶剂法，从豆科植物中提取的酮类和酚类，从动物新鲜血液中提取血红素制成卟啉类化合物，将两者制成复合制剂，负载到茶末上，将其添加到卷烟滤嘴中，能够较大幅度降低主流烟气中多种多环芳烃、烟草特有亚硝胺和自由基等有害成分的含量。吴金凤等[24,25] 从黄连根茎中提取出黄连生物碱，将其添加在卷烟滤嘴中，对添加工艺进行优化，得到以活性炭纤维材料为载体，负载15mg黄连生物碱的复合滤嘴，该滤嘴对烟气中的HCN和焦油的降低率分别达到23.8%和20.7%。其发明的另一种滤嘴添加剂，对黄连、黄柏、三颗针和黄天竹等中药进行提取，将提取的生物碱负载到活性炭纤维上，应用于卷烟滤棒中能够降低主流烟气中的HCN释放量和焦油量25%以上，达到降焦减害的目的。

具有抗氧化活性的植物提取物和中草药提取物可有效降低卷烟烟气中自由基含量，从而降低吸烟对人体的危害。李丛民等[26] 将类胡萝卜素加在卷烟中用于研究其清除焦油中自由基的作用，研究结果表明，在卷烟烟丝中加入的胡萝卜素和叶黄素，可使焦油中的自由基浓度降低。金亚波等[27] 开发了一种胡萝卜素与角鲨烯组合物，将其添加在卷烟中可发挥胡萝卜素与角鲨烯的协同增效作用，高效清除卷烟烟气中气相和固相自由基。

三、其他提取物

其他提取物添加剂还有复合生化制剂[23]、血红蛋白[28,29]、原卟啉衍生物[30]、β-乳球蛋白[32,33] 等。如戴亚等[23] 研制了复合生化制剂-卟啉类化合物与酮酚类衍生物，选择绿茶为载体，以复合滤棒形式应用于卷烟，用于降低卷烟烟气中的有害成分。与对照卷烟相比，苯并［a］芘降低27.8%，烟草特有亚硝胺总量降低45.9%，气相自由基降低30.6%，固相自由基降低32.6%，芳香胺总量降低24.9%，研究成果成功应用于卷烟中。

参考文献

［1］曾晓鹰．天然植物多孔材料在“云烟”品牌减害增香中的应用研究［R］．云南中烟工业有限责任公司，2013.

［2］杨伟祖．三元多孔烟梗颗粒材料研制及产业化［R］．云南瑞升烟草技术，2011.

［3］姚二民，张峻松，毛多斌，等．茶质纸-醋纤二复合滤嘴在卷烟中的应用［J］．烟草科技，2008（8）：49-52.

［4］李晓，刘凤珠，张峻松，等．不同种类茶叶减轻吸烟危害的研究［J］．茶叶科学，2010，30（3）：213-217.

［5］李景权，马涛，尧珍玉，等．豆渣颗粒在卷烟滤嘴中的应用研究［J］．大豆科学，2012，31（5）：827-830.
［6］蒋举兴，李景权，温光和，等．大豆蛋白颗粒在卷烟滤嘴中的应用［J］．湖北农业科学，2013，52（8）：1913-1915.
［7］李晓，姚二民，王震，等．辛夷滤嘴降低卷烟烟气中的有害成分研究［J］．中国农学通报，2010，26（4）：57-60.
［8］东传斌，朱红，金钟国，等. 醋纤加 NaY 型分子筛二元复合滤棒：2689721［P］.2005-04-06.
［9］王涛，温光和，牟定荣，等．木材颗粒在卷烟滤嘴中的应用研究［J］．应用化工，2012，41（1）：110-112.
［10］王保兴，李军，陈婉，等. 烟梗颗粒在非织造滤布和纸质滤芯滤嘴中的应用：101822422［P］.2010-09-08.
［11］谷向春，黄正虹，周小文．一种竹炭纤维及其制备方法以及它在卷烟滤嘴中的应用：102302219［P］.2012-01-04.
［12］迟广俊，何金星. 一种降低卷烟有害物质的过滤嘴及其制备方法：1513390［P］.2004-07-21.
［13］蒋举兴，段焰青，夏建军，等. 茭白在卷烟中的应用：102742936［P］.2012-10-24.
［14］蒋举兴，段焰青，夏建军，等. 苦瓜在卷烟中应用：102763899［P］.2012-11-07.
［15］邓其馨，叶仲力，吴清辉，等. 一种降低卷烟主流烟气中亚硝胺释放量的吸附剂：103386292［P］.2013-11-13.
［16］罗丽莉，温光和，马涛，等. 一种卷烟滤嘴用吸附材料及其制备方法：101317695［P］.2008-12-10.
［17］司卫丽，杨继国，蓝启添. 一种香烟过滤嘴吸附材料及其制备方法：102553543［P］.2012-07-11.
［18］王迪汗．利用滤嘴添加中草药技术降低“金圣”品牌卷烟烟气中 HCN 含量研究［R］．江西中烟工业有限责任公司，2014.
［19］李丹．利用天然植物降低“黄鹤楼”卷烟烟气中苯酚等有害成分的研究［R］．湖北中烟工业有限责任公司，2015.
［20］马宇平．茶叶香味成分、茶多酚提取及在新型卷烟滤棒中的应用研究［D］．杨凌：西北农林科技大学，2006.
［21］高文全，金承红，郑莹光，等．降低吸烟过程中焦油及自由基成分的 ESR 研究［J］．烟草科技，1999（2）：25-26.
［22］黄天辉，黄泰松，邹克兴，等．茉莉花茶提取物降低卷烟气中有害成分的研究［J］.

安徽农业科学，2011，39（23）：14367-14368.

［23］戴亚，汪长国，朱立军，等．一种复合生化制剂在卷烟减害中的应用［J］．烟草科技，2008，（5）：5-8.

［24］吴金凤，李学刚，戴亚，等．黄连生物碱降低卷烟主流烟气中 B[a]P 的研究［J］．食品工业科技，2012，33（12）：101-104.

［25］吴金凤．黄连生物碱降低卷烟烟气中有害成分的作用及机理研究［D］．重庆：西南大学，2012.

［26］李丛民，田卫群．类胡萝卜素清除焦油中自由基的研究［J］．烟草科技，2000（8）：22-23.

［27］金亚波．一种角鲨烯与β-胡萝卜素组合物液态前体脂质体的制备及其降焦减害［R］．广西中烟工业有限责任公司，2018.

［28］Wang N，Hu S X，Cheng Z G，et al. Preparation of hemoglobin immobilized mesoporous hydrogel filter material for selective reduction of hazardous constituents in cigarette smoke［C］. CORESTA Congress，Smoke Science/Product Technology Groups，2009.

［29］Wang N. Preparation of hemoglobin immobilized self-assembling nanoporous filter material and its application for selective reduction of harmful components in cigarette smoke［C］. CORESTACongress，Smoke Science/Product Technology Groups，2011.

［30］银董红，刘建福，秦亮生，等．选择性降低卷烟烟气中 CO 含量的催化剂研究［C］．中国烟草学会 2004 年学术年会论文集，2004，132-136.

［31］戴亚，陶飞燕，汪长国，等．一种降低卷烟烟气中氨的滤嘴添加剂制备方法及应用：102697182［P］. 2012-10-03.

［32］Ono J，Ogasa K，Maeda K，et al. Preferential Retention of Benzo a Pyrene in Tobacco-Smoke by Beta-Lactoglobulin in the Cigarette Filter Structure［J］. Journal of Agricultural and Food Chemistry，1981（1）：173-177.

［33］黄作能．在纸烟滤嘴中用β-乳球蛋白阻留烟草中的 3,4-B[a]P［J］．烟草科技，1983（3）：183-184.

第七章
降低卷烟烟气有害成分的功能材料应用实例

卷烟烟气7种代表性有害成分中，氰化氢、巴豆醛、苯酚3类成分同时分布在主流烟气的气相和粒相中，可以采用滤嘴功能材料进行选择性吸附，即在烟气焦油量不降低的前提下，实现目标有害成分的降低。本章简要介绍降低卷烟烟气有害成分的功能材料应用实例，分别为碱性及络合材料降低烟气HCN技术，亲核功能化材料降低烟气挥发性羰基化合物技术，氢键功能基多孔材料降低烟气苯酚技术，旨在为滤嘴功能材料的开发、评价及卷烟应用提供参考。

第一节　滤棒添加剂减害性能模拟评价方法

对于卷烟滤棒特殊添加剂降焦减害性能的评价，通常采用以下两种方法：一种是采用单管装置进行评价，即用单纯的目标化合物或含有目标化合物的简单混合体系通过装有特殊添加剂的单管装置来考察添加剂对目标化合物的降低性能。这种方法的优点是比较快捷、耗费低、效率高，缺点是仅考虑目标化合物而忽略了卷烟烟气复杂基质对添加剂的影响，得到的结果与卷烟实际应用偏差较大，不能真实反映添加剂应用于卷烟的实际效果。另一种是复合滤棒法，即将材料直接添加至滤棒，制备成二元或三元复合滤棒，再卷接成卷烟，对比分析试验卷烟和对照卷烟（接装不含吸附剂的空白滤棒）烟气中目标化合物。该方法的优点是真实地体现了吸附剂应用于卷烟后的实际减害效果，缺点是周期长、耗费大、效率低。

因此，本节介绍了一种滤棒添加剂减害性能模拟评价装置[1,2]，该装置可与吸烟机联用，对吸烟机的抽吸行为影响很小，能够真实反映材料在烟气环境下的减害性能，为材料减害性能评价提供了准确、可靠、快速的方法，解决了传统单管模拟实验评价数据难以反映卷烟应用效果和卷烟应用试验周期长、费用高的问题。

一、模拟评价装置的设计

模拟评价装置的设计思路是在保证吸附剂能够平铺在装置的情况下尽可能降低死体积，设计的模拟评价装置以及与吸烟机的连接如图 7-1 所示。该评价装置由一个直径为 3cm、容积为 35mL 的玻璃容器和玻璃塞堵组成，内部放入脱活玻璃棉作为支撑材料用来支撑添加剂。其中，玻璃容器的物料填装口与玻璃塞堵采用相互配合的磨砂面紧密装配在一起，其目的一是方便取放支撑材料和试验添加剂，二是保证模拟装置密闭不漏气。同时，支撑材料选择脱活的惰性玻璃棉，使得装置在抽吸时基本无阻力，解决了烧结玻璃作为支撑材料引起装置的吸阻过大而导致与吸烟机连接后不能正常抽吸的问题。

评价时，将一定重量的滤棒添加剂均匀地铺在脱活玻璃棉上，塞上磨砂面涂有少许凡士林的玻璃塞，再将模拟装置两端接上软管按图中顺序与吸烟机连接，卷烟插入卷烟夹持器，烟气进入到模拟装置后与添加剂发生作用，其粒相部分由剑桥滤片捕集。

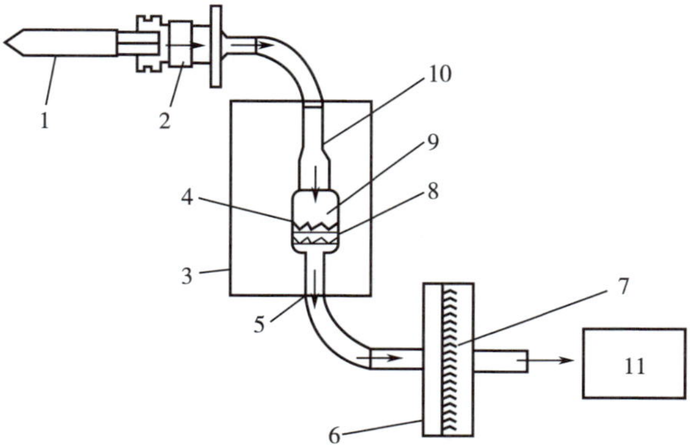

图 7-1　模拟评价装置示意图

1—卷烟　2—卷烟夹持器　3—卷烟添加剂性能模拟评价装置　4—玻璃容器　5—连接管口　6—捕集器　7—剑桥滤片　8—支撑材料　9—添加剂　10—玻璃塞堵　11—吸烟机

二、模拟评价装置对吸烟机抽吸行为的影响

为考察模拟评价装置与吸烟机连接后对吸烟机抽吸行为的影响，将模拟评价装置（内装脱活玻璃棉）与吸烟机连接，在标准抽吸模式下测量吸烟机抽吸流量图，同时测量正常抽吸情况下（未连接模拟评价装置）的抽吸流量，其抽吸参数如表 7-1 所示。结果显示，两种方式下抽吸流量图（图 7-2）均为钟形，最大抽吸流量分别为 25. 57mL/s 和 25. 30mL/s，最大抽吸流量时间

分别为 1.03s 和 1.02s，均符合 GB/T 24618—2009《常规分析用吸烟机 附加测试方法》最大抽吸流量（25～30mL/s）和最大抽吸流量时间（0.8～1.2s）的规定，说明模拟评价装置的引入基本不影响吸烟机的抽吸行为。

表 7-1 两种方式下抽吸流量图的参数

抽吸方式	容量/（mL/口）	最大抽吸流量/（mL/s）	抽吸持续时间/s	最大抽吸流量时间/s
未连接模拟评价装置	35.07	25.57	2.13	1.03
连接模拟评价装置	34.97	25.30	2.17	1.02

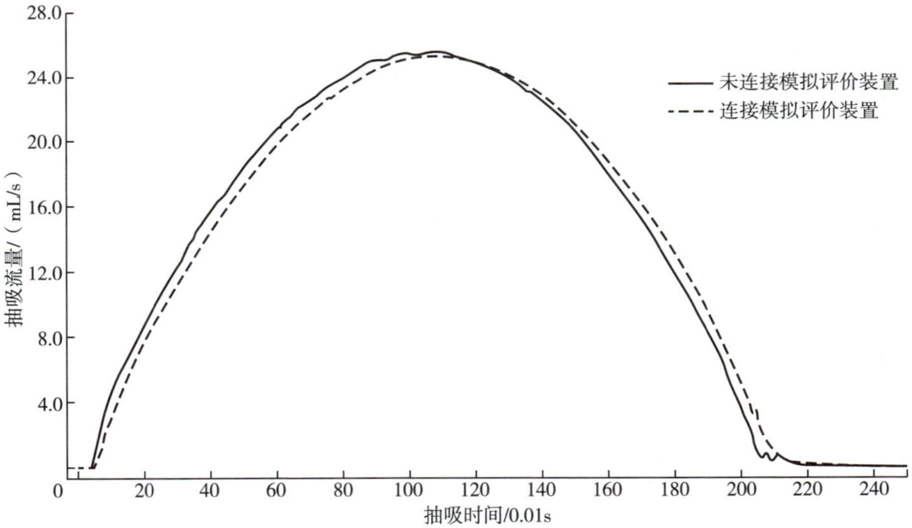

图 7-2 连接和未连接模拟评价装置吸烟机抽吸流量图比较

为了进一步考察模拟评价装置与吸烟机连接后对卷烟抽吸行为的影响，将模拟评价装置（内装脱活玻璃棉）与转盘式吸烟机，按照标准方法抽吸样品卷烟，同时在正常情况下（未连接模拟评价装置）抽吸样品卷烟，分别检测主流烟气中焦油、烟碱、一氧化碳的释放量，结果如表 7-2 所示。

表 7-2 模拟评价装置对卷烟抽吸行为的影响

试验编号	抽吸口数/（口/支）	总粒相物/（mg/支）	CO/（mg/支）	烟碱/（mg/支）	水分/（mg/支）	焦油/（mg/支）
卷烟 A-正常抽吸	6.9	11.7	12.7	0.9	1.7	9.1

续表

试验编号	抽吸口数/（口/支）	总粒相物/（mg/支）	CO/（mg/支）	烟碱/（mg/支）	水分/（mg/支）	焦油/（mg/支）
卷烟 A-连接模拟评价装置抽吸	7.0	11.3	12.4	0.9	1.7	8.7
卷烟 B-正常模拟抽吸	6.8	11.6	13.1	0.8	1.9	8.9
卷烟 B-连接模拟评价装置抽吸	6.8	11.4	12.7	0.8	1.8	8.8

与正常抽吸相比，连接模拟评价装置后卷烟的抽吸口数，烟碱和水分释放量基本上没有变化，总粒相物、焦油、CO 释放量虽略有降低，但与在正常抽吸测定结果间的差异小于 5%。表明模拟评价装置连接到吸烟机后，对吸烟机的抽吸行为影响很小，所测定的卷烟烟气常规化学成分释放量与正常抽吸测定结果基本一致。

三、模拟评价装置与实际卷烟测定结果比较

采用模拟评价装置方法和二元复合滤棒卷烟法测定了活性炭对卷烟烟气焦油、烟碱、CO 和 HCN 的降低性能（表 7-3）。

表 7-3　连接和未连接模拟评价装置测定的卷烟烟气常规有害成分和 HCN 释放量

卷烟	抽吸口数/（口/支）	总粒相物/（mg/支）	CO/（mg/支）	烟碱/（mg/支）	焦油/（mg/支）	水分/（mg/支）	HCN/（μg/支）	焦油降低率/%	HCN 降低率/%
0#	6.8	16.6	14.6	1.3	13.6	1.7	127.4	—	—
1#	7.0	13.0	13.8	1.0	10.0	1.8	75.1	26.5	40.9
0#-M	6.9	12.5	13.3	1.0	9.7	1.8	73.6	27.1	44.6

注：0# 和 1# 为对照卷烟和二元复合滤棒卷烟，烟支质量分别为 910mg/支、945mg/支，吸阻 1200Pa，1# 卷烟的吸附剂用量为 35mg/支；0#-M 表示对照卷烟与添加活性炭 35mg/支的模拟评价装置联用。

结果显示，与实际卷烟的测定结果相比，采用模拟评价装置方法测定的卷烟常规成分和 HCN 变化与上述试验结果相似，说明采用模拟评价装置方法能够反映吸附剂加入卷烟后的吸附效果。采用模拟评价装置法测定的焦油、HCN 降低率比二元复合滤棒卷烟分别高 0.6%和 3.5%，这可能是模拟评价方法中吸附剂与卷烟烟气的接触较二元复合滤棒更为充分，也可能是吸附剂在

滤棒成型过程中被三醋酸甘油酯部分覆盖引起。

上述研发的滤棒吸附剂减害性能模拟评价装置，可与吸烟机联用，且联用后对吸烟机的抽吸行为影响很小，能够较为真实地评价滤棒吸附剂的减害性能，可用于卷烟滤棒吸附剂的快速筛选。

第二节　碱性及络合材料降低烟气 HCN 技术

以选择性降低卷烟烟气中 HCN 释放量为研究目标，在充分考虑卷烟烟气复杂基质影响的基础上，针对 HCN 的化学特性，本节以功能性新材料研发及其应用方式研究为重点，通过对新型材料制备方法、减害性能、材料稳定性、材料安全性和卷烟应用集成技术等系统研究，形成了一套选择性高、稳定性好、工业适用性强的降低烟气 HCN 释放量减害技术。

一、碱性及络合材料制备与评价

利用 HCN 的弱酸性和 CN^- 易于络合的化学特性，以强碱性、弱碱性、过渡金属为功能基团，以无机和聚合物多孔材料为载体，制备了 5 种降低卷烟烟气中 HCN 释放量的新型材料[3-7]。通过模拟评价装置评价新型材料对卷烟烟气中 HCN 的吸附性能，以红外、元素分析、X 射线衍射（XRD）、比表面积测定、孔吸附测定等手段表征新型材料的物理化学性质，考察新型材料组成、结构与 HCN 吸附性能之间的关系，优化新型材料的制备方法。

（一）材料制备方法研究

1. 过渡金属功能基无机多孔材料

有序介孔材料是在传统分子筛基础上发展起来的，具有规则的孔道，孔径在 2~50nm，结构上的多孔性使其具有高的比表面积和独特的吸附催化性能。采用浸渍法制备无机微孔载体 HZSM－5 和无机介孔载体 MCM－41、MCM-48、KIT-6 及 SBA-15 负载过渡金属氧化物材料，XRD 结果表明，大部分过渡金属氧化物都在载体表面得到了良好的分散（图 7-3），低温 N_2 吸附-脱附结果表明，负载过渡金属氧化物后材料的表面结构未发生较大改变。卷烟添加剂模拟评价结果表明，有序介孔材料负载过渡金属及其氧化物对降低烟气中 HCN 释放量无明显效果。

对水热合成法制备的有序介孔氧化硅材料 MCM-41 进行碱性基团和过渡金属离子双功能化修饰，考察材料制备条件对吸附 HCN 性能的影响[3,4]。结

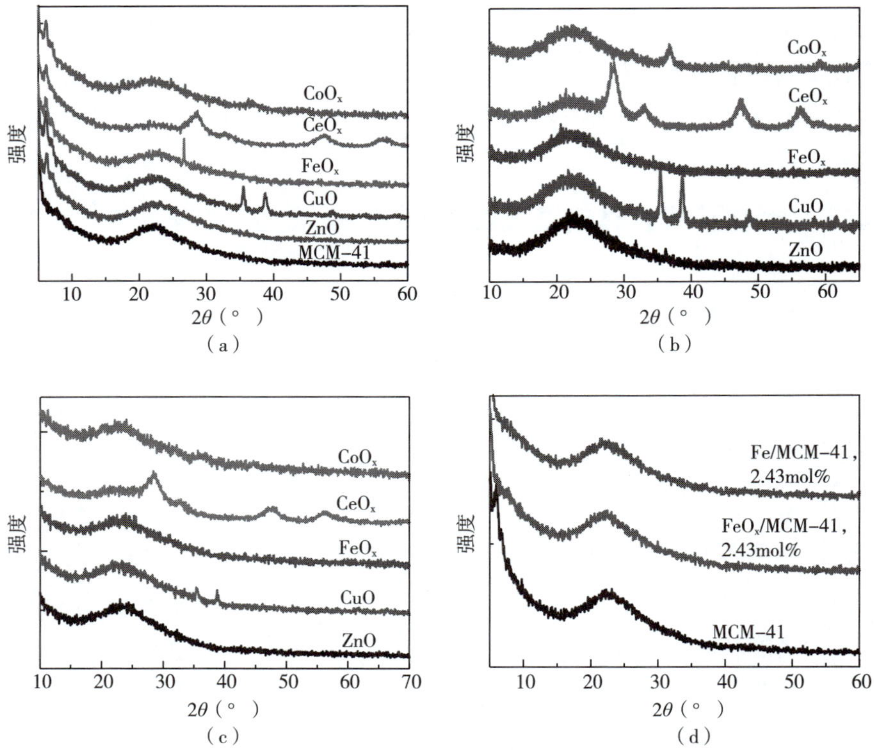

图 7-3 介孔载体负载过渡金属氧化物的 X 射线衍射图

果表明：采用*N*-（*β*-氨乙基）-*γ*-氨基丙基甲基二甲氧基硅烷（EPDMS）和过渡金属离子修饰后的 MCM-41 材料，仍保持了二维六方孔道结构以及较高的比表面积与孔体积；EPDMS 用量为 4mL/g（MCM-41）、金属离子为 Zn^{2+} 时，所制备材料的 HCN 吸附性能最好（表 7-4）；将其以二元复合滤棒的形式、20mg/支的添加量应用于卷烟后，主流烟气 HCN 选择性降低 31.2%。

表 7-4 M^{n+}/EPDMS/MCM-41 对卷烟烟气中 HCN 释放量的降低率

样 品	HCN 释放量/(μg/支)	HCN 降低率/%
空白对照①	153.7	—
MCM-41	134.2	11.7
Cu^{2+}/a-EPDMS/MCM-41②	118.3	23.0
Cu^{2+}/b-EPDMS/MCM-41	124.8	18.8

续表

样 品	HCN 释放量/(μg/支)	HCN 降低率/%
Cu^{2+}/c-EPDMS/MCM-41	122.5	20.3
Zn^{2+}/a-EPDMS/MCM-41	114.4	25.6
Zn^{2+}/b-EPDMS/MCM-41	109.7	28.6
Zn^{2+}/c-EPDMS/MCM-41	97.0	36.9
Co^{2+}/a-EPDMS/MCM-41	141.3	8.1
Co^{2+}/b-EPDMS/MCM-41	137.4	10.6
Co^{2+}/c-EPDMS/MCM-41	127.6	17.0
Fe^{3+}/a-EPDMS/MCM-41	131.7	14.3
Fe^{3+}/b-EPDMS/MCM-41	123.1	19.9
Fe^{3+}/c-EPDMS/MCM-41	120.0	21.9

注：①空白对照为模拟评价装置中不添加材料；②a、b、c 表示 EPDMS 用量依次为 1mL/g、2mL/g、4mL/g MCM-41。

2. 过渡金属功能基聚合物材料

螯合型离子交换树脂（Amberlite）IRC748 上的功能基—N（$CH_2COOH)_2$ 是三齿配体，1 个氨基 N 原子和 2 个羧基 O 原子作为电子供体，与过渡金属离子形成稳定的双五元环结构[5]（图 7-4），将过渡金属离子牢固地络合在树脂上，即使在处理过程中也不会流失。螯合树脂对金属离子的吸附不仅仅是静电作用，而是存在离子键与配位键。同时，IRC748 对水溶液中的 Zn（Ⅱ）、Cu（Ⅱ）、Ni（Ⅱ）等过渡金属离子有很高的吸附量，对其脱除率很高，而且没有二次污染，成本低，因此广泛应用于除去或回收废水及金属有机混合物

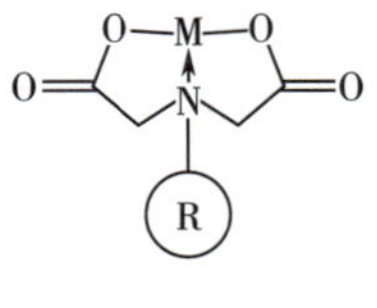

图 7-4　亚胺基二乙酸螯合型树脂与二价过渡金属离子络合结构示意图

R—亚胺基二乙酸螯合型树脂　M—过渡金属离子

中的过渡金属离子。因此，本部分以螯合型离子交换树脂 IRC748 为载体，分别与 Cu^{2+}、Co^{2+}、Zn^{2+} 及 Fe^{3+} 进行离子交换后，得到金属离子-树脂螯合物 M^{n+}-IRC748[6]，利用卷烟添加剂减害性能模拟装置评价材料对卷烟主流烟气中 HCN 的吸附效果，旨在得到对卷烟烟气中 HCN 具有高选择吸附性能的金属离子螯合物材料。

结果表明，IRC748 对不同金属离子的吸附量大小顺序为 $Cu^{2+} \geqslant Zn^{2+} > Co^{2+} \geqslant Fe^{3+}$，表明 Cu^{2+} 最易与 IRC748 螯合；模拟装置评价结果显示，不同金属离子制备的 M^{n+}-IRC748 对烟气中 HCN 均有一定的降低效果，其中 Cu^{2+}-IRC748 的 HCN 降低率最高可达 40.3%。卷烟应用结果表明，与对照卷烟相比，添加 Cu^{2+}-IRC748 材料的试验卷烟主流烟气中 HCN 的降低率可达 22.4%，而烟气常规成分释放量与对照卷烟基本一致，卷烟感官质量无明显差异。

3. 强碱性功能基聚合物材料

采用悬浮共聚法合成含酯基的大孔吸附树脂，将其分别与乙酰肼三甲基氯化铵（Girard's Reagent T）、（2-氯乙基）三甲基氯化铵等季胺基功能化试剂反应，合成含季胺碱基团的多孔吸附材料，通过强亲水性物质的担载对其进行亲水性改性，得到亲水性季胺基功能化多孔材料[7]。结果表明，材料具有多孔结构和较大的比表面积，季胺碱功能基成功修饰于材料表面（图 7-5）。

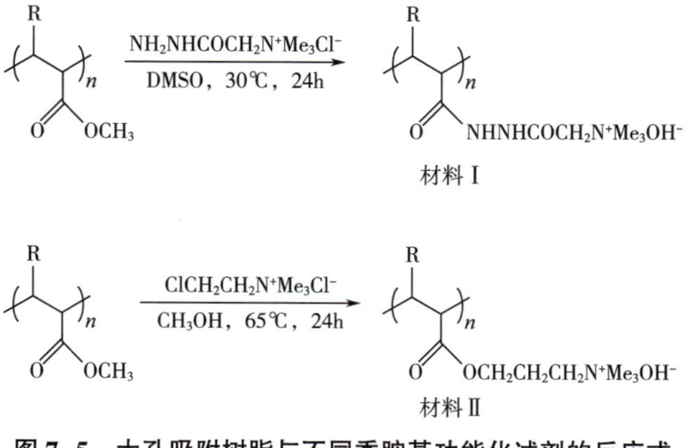

图 7-5　大孔吸附树脂与不同季胺基功能化试剂的反应式

模拟装置评价结果表明，采用季胺基对多孔材料进行功能化，能够有效增强材料去除 HCN 的性能，担载强亲水性物质改善了材料的吸水保水性能，进一步提高材料对 HCN 的去除性能，其中乙酰肼三甲基氯化铵为季胺基功能化试剂、1%聚乙烯醇（PVA）水溶液进行亲水性改性，得到的强碱性功能基聚合物材料对卷烟烟气 HCN 的降低性能最佳，HCN 降低率为 48.2%（表 7-5）。

表 7-5 担载聚乙烯醇材料的 HCN 释放量

样品名称	含水率（22℃，60%相对湿度）/%	HCN 降低率/%
材料Ⅰ	7.1	29.2
PVA 0.1%/材料Ⅰ	7.9	31.6
PVA 0.5%/材料Ⅰ	12.8	36.4
PVA 1%/材料Ⅰ	18.6	48.2
PVA 1.5%/材料Ⅰ	19.3	46.2
PVA 3%/材料Ⅰ	23.2	44.2

4. 弱碱性功能基聚合物材料

以丙烯酸酯为单体、二乙烯基苯为交联剂，在致孔剂存在下进行悬浮聚合，得到聚合物多孔吸附树脂。采用不同的弱碱性功能化试剂对其进行化学改性，得到含有弱碱性基团的多孔聚合物材料。

功能化前后材料的氮元素含量及孔结构结果如图 7-6 和表 7-6 所示。可见，聚合物多孔吸附树脂经弱碱性功能化试剂改性后，材料的氮元素含量增加，平均孔径、比表面积和孔体积均减小，其中乙二胺功能化后材料的氮元素含量最高、比表面积和孔体积下降最少。

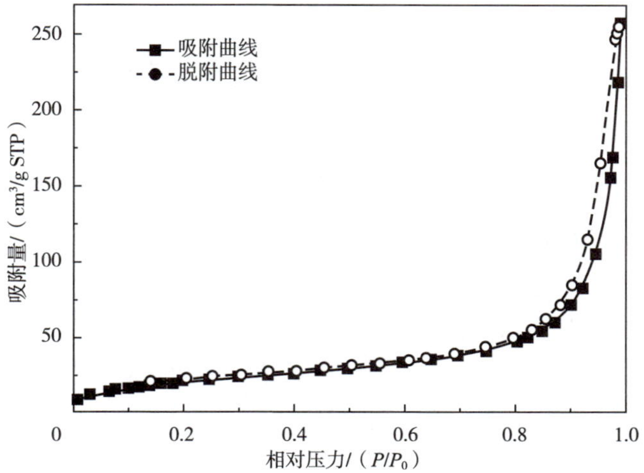

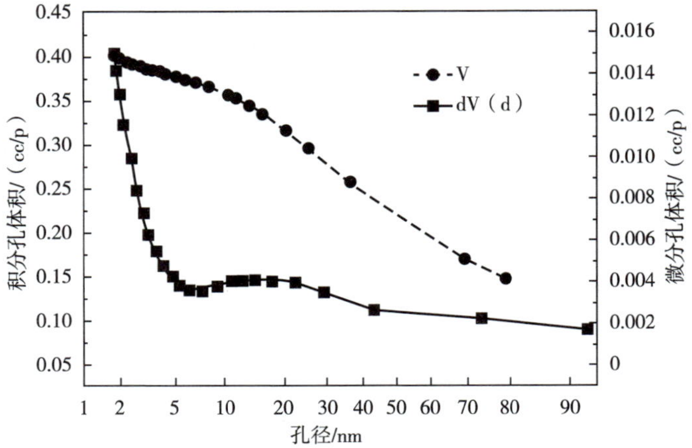

图 7-6　聚合物多孔吸附树脂的 N_2 吸附-脱附等温线及孔径分布图

表 7-6　　功能化后材料的氮元素含量及孔结构数据

功能化试剂	氮元素含量/%	比表面积/（m^2/g）	孔径/nm	孔体积/（cm^3/g）
未功能化聚合物树脂	0	73	21.69	0.397
乙二胺	5.23	60	20.80	0.378
二乙烯三胺	4.36	54	19.83	0.266
三乙烯四胺	4.25	51	20.17	0.256
四乙烯五胺	3.18	44	18.50	0.205
多乙烯多胺	1.82	42	17.72	0.185

利用卷烟添加剂减害性能模拟评价装置对材料的制备条件进行优化（表 7-7），确定该类材料的最佳制备条件：功能化试剂为乙二胺，反应温度为 120℃，反应时间为 12h，得到的弱碱性功能基聚合物材料对卷烟烟气中 HCN 释放量的降低率最高为 43.7%。

表 7-7　　不同反应条件下材料降低烟气 HCN 释放量

反应温度①/℃	HCN 降低率/%	氮元素含量/%	反应时间②/h	HCN 降低率/%	氮元素含量/%
载体 PY	13.4	0	2	15.8	2.18

续表

反应温度①/℃	HCN 降低率/%	氮元素含量/%	反应时间②/h	HCN 降低率/%	氮元素含量/%
40	15.3	2.32	4	24.8	3.46
60	19.5	2.65	6	35.8	3.99
80	24.6	3.08	8	37.9	4.13
100	36.2	3.74	10	39.7	4.62
120	43.7	5.23	12	43.7	5.23
150	43.4	5.39			

注：①反应时间固定 12h；②反应温度固定 120℃。

5. 碱性和过渡金属双功能基聚合物材料

以上述制备的弱碱性功能基聚合物材料 PZ 及商品化的 D301、D410 等为载体，进行过渡金属离子改性，得到碱性和过渡金属双功能基聚合物材料，旨在通过碱性功能基和金属功能基的协同作用，达到选择性降低卷烟烟气中 HCN 释放量的目的。

碱性和过渡金属双功能化改性载体后，过渡金属离子在材料上得到了良好的分散（图 7-7），材料的平均孔径、比表面积和孔体积均减小（表 7-8），材料在 260℃以下具有良好的热稳定性（图 7-8）。

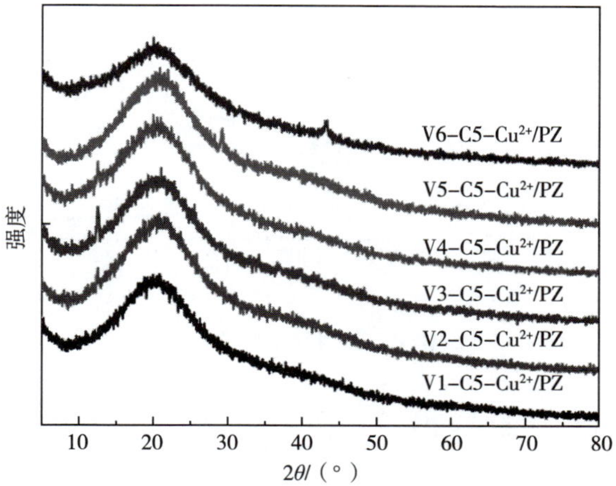

图 7-7　不同固液比时碱性和过渡金属双功能基聚合物材料的 X 射线衍射图

表 7-8　　　　载体及双功能化材料的比表面积及孔结构数据

材料名称	比表面积/（m^2/g）	孔径/nm	孔体积/（cm^3/g）
载体 PZ	60	20.8	0.378
双功能化 PZ	56	20.0	0.294
载体 D301	32	30.7	0.268
双功能化 D301	17	24.6	0.214
载体 D410	19	39.8	0.188
双功能化 D410	9	30.7	0.125

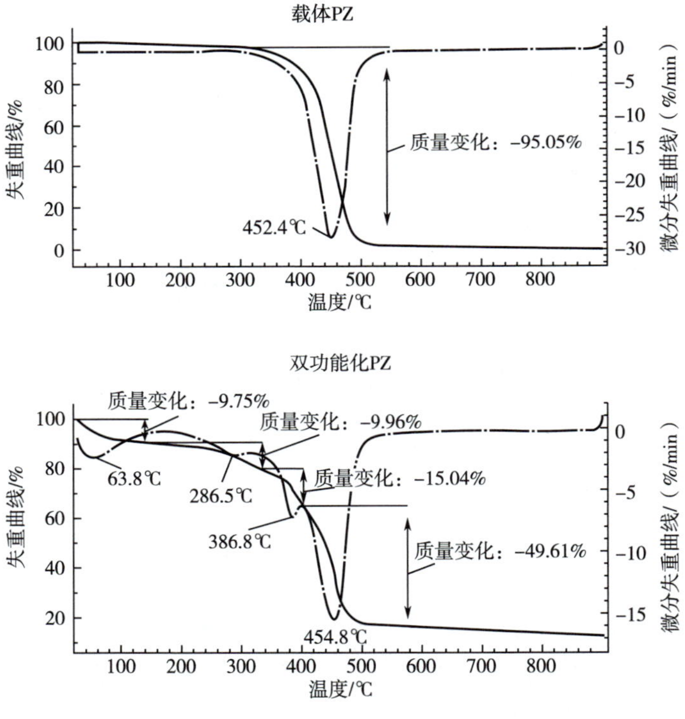

图 7-8　载体 PZ 及双功能化 PZ 的热重曲线

利用卷烟添加剂减害性能模拟评价装置对材料制备条件进行优化（表 7-9），乙二胺和 Cu^{2+} 共同改性聚合物多孔载体 PZ，得到的碱性和过渡金属双功能基聚合物材料对卷烟烟气 HCN 释放量的降低性能最好，HCN 降低率达 70.6%。

表 7-9　　材料降低烟气 HCN 释放量

金属离子种类	HCN /(μg/支)	HCN 降低率/%
空白对照	154.2	—
载体 PZ	86.7	43.7
Cu^{2+}/PZ	45.3	70.6
Fe^{3+}/PZ	116.1	24.7
Zn^{2+}/PZ	63.9	58.6
Co^{2+}/PZ	83.9	45.6

（二）材料稳定性研究

通过上述 5 类减害材料的制备条件优化研究，筛选出了 3 种 HCN 降低性能良好的材料（表 7-10），即强碱性功能基聚合物材料 PVA 1%/材料 I（H1）、弱碱性功能基聚合物材料 PZ（H2）及碱性和过渡金属双功能基聚合物材料 Cu^{2+}/PZ（H3）。应用卷烟添加剂减害性能模拟评价装置考察上述 3 种材料降低 HCN 的稳定性，每两个月对其减害效果评价 1 次，连续评价 3 次，不同放置时间下减害材料 HCN 释放量降低率变化如图 7-9 所示。

表 7-10　　5 类减害材料的 HCN 释放量降低效果

材料类型	样品编号	HCN 降低率/%
过渡金属功能基无机多孔材料	Zn^{2+}/c-EPDMS/MCM-41	36.9
过渡金属功能基聚合物材料	Cu^{2+}-IRC748	40.3
强碱性功能基聚合物材料	PVA 1%/材料 I（H1）	48.2
弱碱性功能基聚合物材料	PZ（H2）	43.7
碱性和过渡金属双功能基聚合物材料	Cu^{2+}/PZ（H3）	70.6

可以看到，3 种材料对烟气 HCN 的降低效果在 6 个月内基本保持稳定，其中碱性和过渡金属双功能基聚合物材料 H3 对 HCN 的降低率稳定在 70%以上。

（三）材料安全性评价

分别采用动物口服急性毒性试验、动物体内细胞微核率检测试验以及鼠伤寒沙门氏菌诱变性试验，对碱性和过渡金属双功能基聚合物材料 H3 的安全

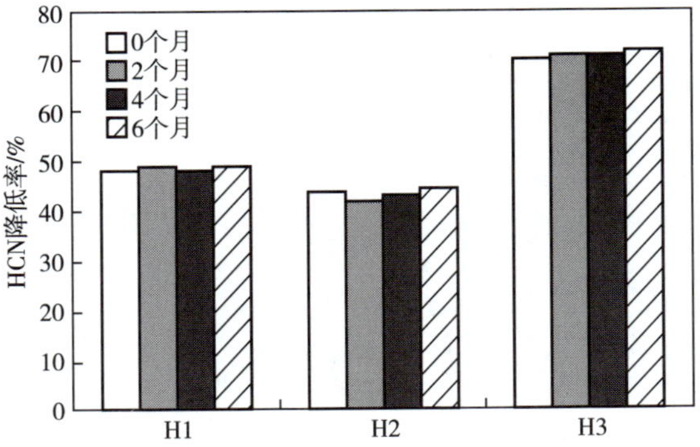

图 7-9 3 种减害材料放置不同时间 HCN 释放量降低率变化

性进行评价。

1. 动物口服急性毒性试验

试验动物给药后出现短暂运动减少，随后恢复。最大给药剂量（0.9mL/只）未出现死亡。

2. 动物体内细胞微核率检测试验

动物体内细胞微核结果表明，碱性和过渡金属双功能基聚合物材料 H3 诱发动物体内细胞微核率均与阴性对照无明显差异（表 7-11）。

表 7-11　　动物体内细胞微核率检测结果

样品名称	微核率/‰
阴性对照	3.88±0.56
环磷酰胺（50mg/kg）	37.14±4.82
材料 H3	3.83±0.77

3. 鼠伤寒沙门氏菌诱变性试验

鼠伤寒沙门氏菌诱变性试验结果表明，材料 H3 对鼠伤寒沙门氏菌（TA98 和 TA100）无明显诱变（表 7-12）。

表 7-12　　鼠伤寒沙门氏菌诱变性试验结果

样品名称	浓度/（CSC 为 $\times 10^{-3}$ 支烟/皿，材料为 μL/皿）	平均回变菌落数/（个/皿，$\bar{x}$±SD）	
		TA98	TA100
自发突变	—	33±4	134±5

续表

样品名称	浓度/（CSC 为×10^{-3} 支烟/皿，材料为 μL/皿）	平均回变菌落数/（个/皿，$\bar{x}$±SD）	
		TA98	TA100
溶剂	—	35±3	111±9
苯并［a］芘	1μg/皿	1710±32	707±56
材料 H3	15	31±2	129±3
	30	32±2	126±7
	60	34±5	140±2
	120	36±3	141±20

针对 HCN 的弱酸性及 CN^-的络合作用，开发具有强碱性、弱碱性、过渡金属等功能基的 5 种功能材料，其中碱性和过渡金属双功能基聚合物材料 HCN 降低率为 70.6%，且在 6 个月内保持稳定；安全性评价结果表明，在受试剂量下，未观察到动物口服急性毒性，动物体内细胞微核率较低，无明显的鼠伤寒沙门氏菌诱变性。该材料具有选择性高、稳定性好、安全的特点。

二、选择性降低卷烟烟气 HCN 应用技术研究

将优选的碱性和过渡金属双功能基聚合物材料进行卷烟应用技术研究，主要考察了卷烟纸涂布、沟槽滤棒用纤维素纸涂布、涂布纸-醋纤二元复合滤棒、醋纤加料二元复合滤棒 4 种方式对材料降低 HCN 性能的影响，并在多个卷烟中进行了卷烟适用性研究，对效果较好的卷烟进行了放置稳定性研究。

（一）卷烟应用方式研究

材料 4 种卷烟应用方式结果表明，涂布纸-醋纤二元复合滤棒、醋纤加料二元复合滤棒为材料较佳的应用方式。其中，涂布纸-醋纤二元复合滤棒用量为 3mg/支，卷烟主流烟气中 HCN 选择性降低率为 50.0%，而焦油和感官质量与对照卷烟无差异；醋纤加料二元复合滤棒应用方式，确定了材料在卷烟中的适宜添加量为 25mg/支，HCN 的选择性降低率为 74.7%，且焦油和感官质量基本不变（表 7-13）。

表 7-13　卷烟主流烟气 7 种有害成分释放量选择性降低率　单位：%

应用方式	材料用量/（mg/支）	CO	HCN	NNK	氨	苯并[a]芘	苯酚	巴豆醛
卷烟纸涂布	0.35	5.8	2.2	-2.7	-1.5	0.6	11.7	3.6

续表

应用方式	材料用量/(mg/支)	CO	HCN	NNK	氨	苯并[a]芘	苯酚	巴豆醛
沟槽滤棒用纤维素纸涂布	4.8	1.2	23.1	0.5	-4.7	4.9	10.3	4.3
醋纤加料二元复合滤棒	9.6	5.4	48.9	9.2	4.5	6.7	10.9	-7.9
	18.7	6.0	57.4	7.1	-2.9	6.7	-0.6	-5.6
	24.3	6.2	74.7	5.5	-2.3	-1.7	-2.5	-6.8
涂布纸-醋纤二元复合滤棒	2.3	3.3	38.5	-2.3	-4.7	-5.6	8.9	10.2
	2.9	4.4	50.0	-2.9	0	0	9.8	16.4
	3.6	1.2	58.1	-2.8	-1.3	-6.7	10.7	22.6

（二）卷烟工业适用性研究

选择涂布纸-醋纤二元复合滤棒和醋纤加料二元复合滤棒 2 种方式考察材料在卷烟中应用的工业适用性。

1. 涂布纸-醋纤二元复合滤棒

将涂布纸-醋纤二元复合滤棒技术在 3 个卷烟上进行应用，卷烟主流烟气有害成分释放量结果表明，试验卷烟主流烟气中焦油、烟碱释放量与对照卷烟基本一致，HCN 释放量显著降低，选择性降低率为 50.0%~62.7%，巴豆醛释放量亦有一定降低，其他 5 种成分释放量无明显变化，卷烟危害性指数（*H*）下降（表 7-14 和图 7-10）。

表 7-14　涂布纸-醋纤二元复合滤棒卷烟主流烟气有害成分释放量

卷烟样品	材料用量/(mg/支)	焦油/(mg/支)	H[①]	CO/(mg/支)	HCN/(μg/支)	NNK/(ng/支)	氨/(μg/支)	苯并[a]芘/(ng/支)	苯酚/(μg/支)	巴豆醛/(μg/支)	烟碱/(mg/支)
A 对照卷烟	—	8.7	7.1	8.7	100.2	3.3	6.1	6.8	15.9	14.2	0.7
A 试验卷烟	2.9	8.6	6.2	8.3	49.4	3.4	6.1	6.8	14.3	11.8	0.7
B 对照卷烟	—	9.9	8.2	10.4	133.9	4.0	6.8	7.9	15.4	17.6	0.8
B 试验卷烟	2.9	9.7	7.3	10.8	64.6	3.8	6.8	8.2	13.7	15.2	0.7

续表

卷烟样品	材料用量/(mg/支)	焦油/(mg/支)	H①	CO/(mg/支)	HCN/(μg/支)	NNK/(ng/支)	氨/(μg/支)	苯并[a]芘/(ng/支)	苯酚/(μg/支)	巴豆醛/(μg/支)	烟碱/(mg/支)
C 对照卷烟	—	5.2	5.7	5.5	90.9	4.0	3.2	5.8	13.1	10.2	0.5
C 试验卷烟	4.3	5.3	4.7	5.3	34.7	3.9	3.0	5.3	13.0	6.9	0.5

注：① $H=\left(\frac{X_{CO}}{C_{CO}}+\frac{X_{HCN}}{C_{HCN}}+\frac{X_{NNK}}{C_{NNK}}+\frac{X_{NH_3}}{C_{NH_3}}+\frac{X_{苯并[a]芘}}{C_{苯并[a]芘}}+\frac{X_{苯酚}}{C_{苯酚}}+\frac{X_{巴豆醛}}{C_{巴豆醛}}\right)\times\frac{10}{7}$

其中，C_{CO}、C_{HCN}、C_{NNK}、$C_{氨}$、$C_{苯并[a]芘}$、$C_{苯酚}$、$C_{巴豆醛}$分别为 2008 年度全国卷烟主流烟气中对应有害成分释放量加权平均值，具体数值分别为：14.2、146.3、5.5、8.1、10.9、17.4、18.6。

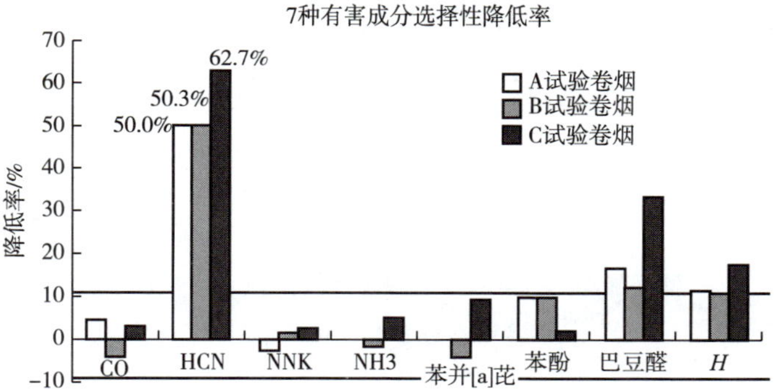

图 7-10 涂布纸-醋纤二元复合滤棒不同规格卷烟烟气 7 种有害成分选择性降低率

卷烟感官质量对比评吸表明，涂布后卷烟各项感官指标与对应对照卷烟基本一致，表明该技术具有较好的卷烟适用性。

2. 醋纤加料二元复合滤棒

将醋纤加料二元复合滤棒技术在 6 个卷烟上进行应用。烟气分析结果表明，材料添加量为 25mg/支左右的试验卷烟主流烟气中焦油、烟碱释放量与对照卷烟基本一致，HCN 释放量显著下降，HCN 选择性降低率为 52.8% ~ 74.7%，部分卷烟巴豆醛释放量下降，而其他 5 种有害成分释放量无明显变化，卷烟危害性指数下降（表 7-15、表 7-16）。

表 7-15　　醋纤加料二元复合滤棒卷烟主流烟气有害成分释放量

卷烟样品	材料用量/(mg/支)	焦油/(mg/支)	*H*	CO/(mg/支)	HCN/(μg/支)	NNK/(ng/支)	氨/(μg/支)	苯并[a]芘/(ng/支)	苯酚/(μg/支)	巴豆醛/(μg/支)	烟碱/(mg/支)
LZ 对照	—	9.1	7.8	11.1	98.6	4.3	7.7	7.5	8.8	20.1	0.7
LZ3	24.3	8.7	7.4	11.2	47.4	4.6	8.3	7.3	9.1	19.1	0.6
GD 对照	—	10.5	8.5	11.1	131.4	5.6	7.4	8.3	11.8	16.3	1.0
GD3	24.3	10.0	7.9	10.9	38.9	5.5	7.9	8.8	12.6	18.1	0.9
HB 对照	—	15.0	10.2	12.3	121.9	4.9	8.3	12.9	19.4	23.3	1.4
HB3	24.3	15.1	9.5	12.8	45.7	5.0	8.5	14.0	20.1	19.9	1.4
HN 对照	—	12.6	9.3	11.9	130.8	4.4	7.5	9.7	13.6	25.1	1.1
HN3	24.3	12.8	8.6	13.0	49.1	4.3	7.5	10.8	16.1	20.8	1.1
CY 对照	—	12.6	8.8	10.6	107.3	3.8	8.8	10.9	12.4	22.1	1.0
CY3	27.2	12.2	8.6	11.0	53.9	4.0	9.5	11.3	14.5	20.7	1.0
FJ 对照	—	14.0	9.4	11.5	107.7	5.2	9.3	11.9	12.0	21.9	1.1
FJ3	27.2	13.5	9.1	11.3	56.7	5.5	9.5	13.4	13.3	19.2	1.2

表 7-16　　醋纤加料二元复合滤棒卷烟主流烟气危害性指数、7 种有害成分选择性降低率　　单位：%

卷烟样品	CO	HCN	NNK	氨	苯并[a]芘	苯酚	巴豆醛	*H*
LZ3	-0.2	52.8	-5.7	-6.5	3.3	-2.7	5.5	5.8
GD3	6.2	74.7	5.5	-2.3	-1.7	-2.5	-6.8	11.2
HB3	3.0	69.6	5.1	4.7	-1.4	3.5	21.7	14.0
HN3	2.4	74.7	14.7	12.6	0.1	-5.9	29.6	19.7
CY3	5.7	59.0	2.9	1.6	5.2	-8.4	15.4	11.2
FJ3	12.3	57.3	3.3	8.1	-2.4	-0.7	22.3	13.3

卷烟感官质量对比评吸表明（表 7-17），与对照卷烟相比，添加碱性和过渡金属双功能基聚合物材料 H3 的试验卷烟无异味，其整体风格特征与对照卷烟一致，香气质和香气量基本不变。LZ3、HN3、CY3 和 FJ3 卷烟余味微有不适，总体质量基本一致，表明该技术具有较好的卷烟适用性。

表 7-17 卷烟感官质量对比评吸结果

卷烟样品	感官品质变化
LZ3	试验卷烟无异味，其整体风格特征与对照卷烟一致，余味微有不适。经对比，试验卷烟总体感官质量与对照卷烟一致
GD3	试验卷烟无异味，其整体风格特征与对照卷烟一致，卷烟香气量略有减少，刺激和杂气略有增加
HB3	试验卷烟无异味，其整体风格特征与对照卷烟一致，香气质和香气量与对照相同。经对比，试验卷烟总体感官质量与对照卷烟基本一致
HN3	试验卷烟无异味，其整体风格特征与对照卷烟一致，余味微有不适。经对比，试验卷烟总体感官质量与对照卷烟一致
CY3	试验卷烟无异味，其整体风格特征与对照卷烟一致，香气质和香气量与对照相同，余味微有不适。经对比，试验卷烟总体感官质量与对照卷烟基本一致
FJ3	试验卷烟无异味，其整体风格特征与对照卷烟一致，香气质和香气量相同，余味微有不适。经对比，试验卷烟总体感官质量与对照卷烟基本一致

（三）卷烟减害稳定性评价

1. 涂布纸-醋纤二元复合滤棒形式

将涂布双功能基聚合物材料的试验卷烟及对照卷烟均置于室温避光条件下，按 0、2、4、6 个月分别取样，考察 HCN 降低效果和感官质量的变化情况。结果表明，6 个月内对照及试验卷烟主流烟气中焦油、危害性指数 H、7 种有害成分及烟碱释放量相对标准偏差（RSD）均在 10%以内，对照卷烟和添加材料的试验卷烟 HCN 及其他 6 种有害成分释放量变化较小。与对照卷烟相比，试验卷烟主流烟气中 HCN 释放量的选择性降低率在 59.1%～66.8%，稳定在 50%以上。卷烟感官质量基本稳定，整体风格与对照卷烟无明显差异（表 7-18、表 7-19）。

表 7-18 卷烟主流烟气危害性指数及有害成分释放量的相对标准偏差 单位：%

卷烟样品	焦油	H	CO	HCN	NNK	氨	苯并[a]芘	苯酚	巴豆醛	烟碱
C 对照卷烟	3.7	2.0	4.0	5.1	8.0	4.7	5.6	3.5	6.6	9.1
C 试验卷烟	2.7	2.7	2.7	7.2	5.4	5.2	4.0	3.3	4.3	9.7

表 7-19 卷烟主流烟气危害性指数及 7 种有害成分选择性降低率 单位：%

放置时间	CO	HCN	NNK	氨	苯并[a]芘	苯酚	巴豆醛	H
0 个月	4.0	63.8	3.6	6.0	10.4	3.2	34.5	18.5

续表

放置时间	CO	HCN	NNK	氨	苯并[a]芘	苯酚	巴豆醛	*H*
2个月	8.5	63.9	2.9	6.3	9.4	7.4	38.4	19.9
4个月	5.7	66.8	7.7	1.0	0.0	-2.2	35.5	17.5
6个月	-2.4	59.1	-7.9	-8.9	2.4	-1.7	31.1	11.2

2. 醋纤加料二元复合滤棒形式

将降低 HCN 性能较佳的 HB3 卷烟放置 6 个月，卷烟主流烟气 HCN 及其他 6 种有害成分释放量变化较小。与对照卷烟相比，HB3 卷烟主流烟气中 HCN 释放量的选择性降低率在 51.5%～62.4%，稳定在 50%以上，且卷烟感官质量基本不变（表 7-20、表 7-21）。

表 7-20　HB3 卷烟主流烟气危害性指数及有害成分释放量的相对标准偏差

单位：%

卷烟样品	焦油	*H*	CO	HCN	NNK	氨	苯并[a]芘	苯酚	巴豆醛	烟碱
对照卷烟	2.4	3.6	2.0	3.9	5.3	9.2	4.6	4.5	4.7	4.0
HB3	2.5	3.0	2.7	8.7	3.5	7.3	3.9	4.0	9.4	3.5

表 7-21　HB3 卷烟主流烟气 7 种有害成分选择性降低率　　单位：%

放置时间	CO	HCN	NNK	氨	苯并[a]芘	苯酚	巴豆醛	*H*
0个月	-1.7	62.4	-3.5	0.7	-0.8	-2.9	15.3	8.5
2个月	-2.3	51.5	-2.9	-3.2	-7.0	-5.0	14.6	5.4
4个月	-2.2	56.5	1.4	-1.8	-2.8	-4.1	8.1	6.4
6个月	-0.7	52.3	5.2	1.4	2.2	-5.4	4.7	6.8

两种二元复合滤棒应用技术均具有良好的卷烟适用性和减害稳定性。涂布纸-醋纤二元复合滤棒应用技术在 3 个卷烟中均具有显著的 HCN 降低效果，与未涂布功能材料的对照卷烟相比，HCN 选择性降低率为 50.0%～62.7%，卷烟焦油和感官质量基本不变，且应用效果在 6 个月内稳定。醋纤加料二元复合滤棒应用技术在 6 个卷烟中均具有良好的适用性，与对照卷烟相比，HCN 选择性降低率为 52.8%～74.7%，卷烟焦油和感官质量基本不变，且应用效果在 6 个月内稳定。

三、卷烟应用

上述形成的选择性降低烟气 HCN 技术在河南中烟工业有限责任公司某规格卷烟中正式应用。卷制产品外观及质量、吸阻等各项指标合格（表 7-22、表 7-23）。

表 7-22　　滤棒参数

滤棒名称	质量/mg	压降/Pa	圆周/mm	硬度/%	长度/mm	15mm 纸段材料添加量/mg
应用前卷烟	791	2780	24.1	85.0	100	—
应用后卷烟	814	2703	24.1	84.2	100	4.3

表 7-23　　卷烟烟支物理参数

卷烟样品	质量/mg	吸阻/Pa	嘴通风/%	圆周/mm	烟支长度/mm	滤嘴长度/mm	接装纸长度/mm
应用前卷烟	910.3	878	41.3	24.4	84.2	25	32
应用后卷烟	915.8	870	41.5	24.4	84.2	25	32

应用后的卷烟烟气焦油、烟碱与应用前基本一致，HCN 释放量显著下降，HCN 选择性降低 58.6%；巴豆醛也有明显降低，巴豆醛选择性降低 33.3%；苯酚也有一定下降，这与采用的纸质滤棒中添加一定比例的醋纤有关。这 3 个指标的下降带动卷烟危害性指数降低 1.1（表 7-24、表 7-25）。同时，应用后卷烟感官质量各项指标基本不变，烟气细腻度提高，甜度明显增加。卷烟投放市场销售没有异常反应。

表 7-24　　卷烟主流烟气常规成分释放量结果

卷烟样品	总粒相物/（mg/支）	CO/（mg/支）	焦油/（mg/支）	烟碱/（mg/支）	水分/（mg/支）	抽吸口数
应用前卷烟	6.3	5.4	5.4	0.5	0.4	6.4
应用后卷烟	6.2	5.3	5.3	0.5	0.4	6.3

表 7-25　　卷烟主流烟气危害性指数及 7 种有害成分释放量结果

卷烟样品	CO/（mg/支）	HCN/（μg/支）	NNK/（ng/支）	氨/（μg/支）	苯并[a]芘/（ng/支）	苯酚/（μg/支）	巴豆醛/（μg/支）	*H*
应用前卷烟	5.4	87.8	4.1	3.0	5.7	14.7	10.6	5.8

续表

卷烟样品	CO/(mg/支)	HCN/(μg/支)	NNK/(ng/支)	氨/(μg/支)	苯并[a]芘/(ng/支)	苯酚/(μg/支)	巴豆醛/(μg/支)	*H*
应用后卷烟	5.3	34.7	3.9	3.0	5.3	13.0	6.9	4.7
降低率/%	0.1	60.5	4.3	-1.7	6.4	12.0	35.3	18.0
选择性降低率/%	-1.8	58.6	2.3	-3.7	4.4	10.1	33.3	16.0

在充分考虑卷烟烟气复杂基质影响的基础上，针对 HCN 的弱酸性以及 CN^-的络合作用，开发了 5 种具有自主知识产权的选择性降低烟气 HCN 释放量功能材料，其中碱性及过渡金属双功能基聚合物材料 HCN 降低率为 70.6%，具有选择性高、稳定性好、安全的特点。确定了涂布纸-醋纤二元复合滤棒和醋纤加料二元复合滤棒为较佳的应用方式，适宜的涂布纸量为 $7g/m^2$，醋纤加料适宜量为 25mg/支。卷烟适用性研究结果表明，两种应用方式 HCN 选择性降低率分别为 50.0%~62.7%和 52.8%~74.7%，且 6 个月内保持稳定，形成了选择性高、稳定性好、工业适用性强的 HCN 降低技术。2015 年 1 月在河南中烟工业有限责任公司某规格卷烟上以涂布纸-醋纤二元复合滤棒方式应用，应用后卷烟主流烟气中 HCN 释放量由 87.8μg/支降至 34.7μg/支，HCN 选择性降低 58.6%，卷烟危害性指数降低 1.1，焦油及感官质量基本不变。

第三节　亲核功能化材料降低烟气挥发性羰基化合物技术

基于巴豆醛等羰基化合物易与亲核功能基团发生化学反应的特性，本节以多孔材料的微孔效应能够截留烟气气相成分的机理为出发点，分别采用水热法、交联法和共聚法制备了富含亲核功能基的无机介孔材料和多孔聚合物材料，通过对新型材料制备方法、减害性能、材料稳定性、材料安全性和卷烟应用集成技术等系统研究，形成了一套选择性高、稳定性好、工业适用性强的降低烟气巴豆醛释放量原创性减害技术。

一、亲核功能化材料的制备与评价

（一）水热法制备富含亲核功能基的无机介孔材料

以硬脂酸（SA）、十二烷基苯磺酸钠（SDBS）等阴离子表面活性剂为模板，以正硅酸乙酯为硅源，以 3-氨基丙基三乙氧基硅烷为氨基化试剂，采用水热法制备富含亲核功能基的两种无机介孔硅材料。结果表明，所制备的材料具有多孔结构，同时有一定氨基功能基。

滤棒添加剂减害性能模拟评价结果表明，以 SA 和 SDBS 为模板制得的无机介孔硅材料可以降低卷烟烟气中挥发性羰基化合物，材料用量为 35mg/支时，烟气羰基化合物总量分别降低 22.4%和 14.9%，SA 样品性能优于 SDBS 样品，原因可能在于较高的比表面积和氨基含量（表 7-26）。

表 7-26　水热法制备介孔硅材料的性质及降低挥发性羰基化合物结果

卷烟样品	氮元素含量/%	羰基化合物总量/(μg/支)	羰基化合物降低率/%
对照	—	1085	—
SA	1.37	842	22.4
SDBS	0.98	923	14.9

（二）交联法制备富含亲核功能基的无机介孔材料

使用成本低廉的商品化无机多孔材料为载体，亲核功能基嫁接试剂，通过交联法制备富含亲核功能基的无机介孔材料（图 7-11）。

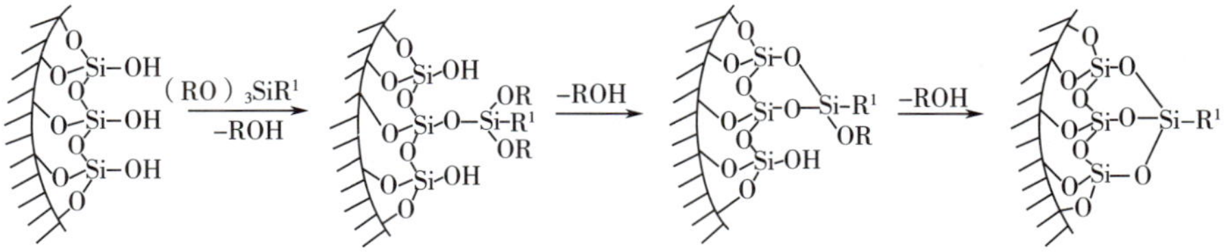

图 7-11　多孔硅羟基材料嫁接氨基化试剂反应路线

利用卷烟添加剂减害性能模拟评价装置对材料制备条件进行优化，考察多孔载体种类、氨基化试剂种类及用量对降低挥发性羰基化合物性能的影响，确定交联法制备富含亲核功能基的无机介孔材料的最佳制备条件为：载体为三氧化二铝、氨基化试剂为 3-氨基丙基三乙氧基硅烷（APTES），两者比例 5mmol APTES /1g 三氧化二铝，所得材料在 35mg/支用量下，卷烟烟气挥发性羰基化合物总量降低率为 28.7%。

将材料以醋纤加料二元复合滤棒形式添加于卷烟，进行卷烟验证。结果表明，与对照卷烟相比，添加材料的试验卷烟焦油和烟碱释放量基本不变，挥发性羰基化合物总量降低 22.3%，其中甲醛降低 55.2%、乙醛降低 25.0%、丙醛降低 20.8%、巴豆醛降低 18.0%，且卷烟总体感官质量与对照卷烟基本一致（表 7-27、表 7-28）。

表 7-27　交联法制备材料试验卷烟烟气常规有害成分结果　单位：mg/支

卷烟样品	材料添加量	CO	焦油	烟碱
对照卷烟	—	12.2	13.4	0.9
试验卷烟	30	11.7	13.5	0.9

表 7-28　交联法制备材料试验卷烟烟气挥发性羰基化合物分析结果　单位：μg/支

卷烟样品	甲醛	乙醛	丙酮	丙烯醛	丙醛	巴豆醛	2-丁酮	丁醛	总量
对照卷烟	129.1	616.9	219.2	67.8	49.5	21.7	49.1	37.4	1190.7
试验卷烟	57.8	462.8	211.9	57.2	39.2	17.8	47.0	31.9	925.7
降低率/%	55.2	25.0	3.3	15.6	20.8	18.0	4.3	14.7	22.3

（三）共聚法制备富含亲核功能基的多孔聚合物材料

以丙烯酸酯为单体、二乙烯基苯为交联剂，在致孔剂存在下采用悬浮聚合制备多孔聚合物材料载体，利用氨基化试剂进行亲核功能化改性，即得富含亲核功能基的多孔聚合物材料。

1. 材料制备条件优化

利用卷烟添加剂减害性能模拟评价装置对材料制备条件进行优化，分别考察载体结构、氨基化试剂种类及用量对材料降低羰基化合物性能的影响。

（1）载体结构　通过调整交联剂和致孔剂用量，得到了不同平均孔径和比表面积分布的一系列载体，载体 C1～C5 的平均孔径从 12.0nm 增加到 27.3nm，比表面积从 60.3m^2/g 降低至 37.2m^2/g。C3 载体对烟气挥发性羰基化合物的降低性能最佳，羰基化合物降低率为 56.4%（表 7-29）。

表 7-29　不同孔结构载体的羰基化合物总量降低结果

载体编号	比表面积/(m^2/g)	平均孔径/nm	羰基物总量降低率/%
4C.17	60.3	12.0	60.3
C2	50.5	19.2	45.8

续表

载体编号	比表面积/(m^2/g)	平均孔径/nm	羰基物总量降低率/%
C3	49.2	22.1	56.4
C4	46.7	25.2	52.1
C5	37.2	27.3	50.8

（2）氨基化试剂种类　采用C3载体，分别与乙二胺、二乙烯三胺、三乙烯四胺等氨基化试剂反应，结果表明，以乙二胺为氨基化试剂所得材料对烟气挥发性羰基化合物降低率达57.2%。

（3）氨基化试剂用量　以C3为载体、乙二胺为氨基化试剂，对氨基化试剂用量进行考察。结果表明，随着氨基化试剂用量增加，材料降低挥发性羰基化合物的性能逐渐增加后趋于稳定，当氨基化试剂与载体质量比达到4∶1时，材料性能达到最佳，挥发性羰基化合物最高降低59.4%，此时氨基功能基含量达到饱和（表7-30）。

表7-30　氨基化试剂用量的选择

氨基化试剂∶载体（质量比）	氮元素含量/%	羰基化合物总量/（μg/支）	羰基化合物降低率/%
—	—	1023	—
1∶1	6.83	679	33.6
2∶1	7.39	635	37.9
3∶1	7.64	516	49.6
4∶1	8.06	415	59.4
5∶1	8.15	420	58.9

通过上述试验，确定了共聚法制备富含亲核功能基的多孔聚合物材料的较佳条件，即以C3为载体，以乙二胺为氨基化试剂，其用量为载体的4倍，所得材料对烟气挥发性羰基化合物的降低效果最佳。

2. 卷烟验证

按照最佳条件制备材料样品，添加至二元复合滤棒并卷制试验卷烟，通过卷烟试验验证上述材料的性能。二元复合滤棒规格为120mm，添加材料段和不添加材料段各 10mm，材料用量为 30mg/支。卷烟样品烟气分析结果显示，与对照卷烟相比，试验卷烟巴豆醛降低 35.8%、甲醛降低 60.1%、乙醛降低 37.6%、丙醛降低 37.4%、总量下降了 34.5%，而烟碱、焦油和 CO 基本一致，说明应用新型材料的试验卷烟能够选择性降低卷烟主流烟气中挥发性羰基化合物（表 7-31、表 7-32）。

表 7-31　共聚法制备材料试验卷烟烟气常规有害成分分析结果　单位：mg/支

卷烟样品	材料用量	CO	焦油	烟碱
对照卷烟	—	15.0	11.4	0.8
试验卷烟	30	14.5	11.6	0.8

表 7-32　共聚法制备材料试验卷烟烟气挥发性羰基化合物分析结果

单位：μg/支

卷烟样品	甲醛	乙醛	丙酮	丙烯醛	丙醛	巴豆醛	2-丁酮	丁醛	总量
对照卷烟	107.5	651.1	261.1	59.3	48.9	20.1	47.0	36.0	1231.2
试验卷烟	42.9	406.5	205.1	43.3	30.6	12.9	38.1	27.1	806.5
降低率/%	60.1	37.6	21.4	27.1	37.4	35.8	18.9	24.8	34.5

卷烟感官质量评价结果表明，两种卷烟光泽、香气、刺激性和余味一致，试验卷烟协调和余味得分略有上升，总体评分试验卷烟略高于对照卷烟。试验卷烟总体风格特点和感官质量与对照卷烟一致。

（四）材料安全性评价

总结上述 3 类材料的制备条件优化研究（表 7-33），可见采用共聚法制备的富含亲核功能基多孔聚合物材料降低巴豆醛效果最佳，材料的添加对卷烟焦油和感官质量无明显负面影响，基于此进一步评价了富含亲核功能基多孔聚合物材料的安全性。

表 7-33　3 类材料对挥发性羰基化合物的降低率比较　单位：%

材料	甲醛	乙醛	丙酮	丙烯醛	丙醛	巴豆醛	2-丁酮	丁醛	总量
水热法	—	—	—	—	—	—	—	—	14.9~22.4
交联法	55.2	25.0	3.3	15.6	20.8	18.0	4.3	14.7	22.3
共聚法	60.1	37.6	21.4	27.1	37.4	35.8	18.9	24.8	34.5

分别采用动物口服急性毒性试验、动物体内细胞微核率检测试验以及鼠伤寒沙门氏菌诱变性试验，对富含亲核功能基的多孔聚合物材料的安全性进行评价。

1. 动物口服急性毒性试验

富含亲核功能基的多孔聚合物材料（1#白色材料），实验动物给药后出现短暂运动减少，随后恢复。最大给药剂量（0.9mL/只）未出现死亡。

2. 动物体内细胞微核率检测试验

表 7-34 动物体内细胞微核率检测结果

样品名称	微核率/‰
阴性对照	3.88±0.56
环磷酰胺（50mg/kg）	37.14±4.82
1#白色材料	6.23±1.26

动物体内细胞微核结果表明，富含亲核功能基的多孔聚合物材料（1#白色材料）诱发动物体内细胞微核率均与阴性对照无明显差异。

3. 鼠伤寒沙门氏菌诱变性试验

鼠伤寒沙门氏菌诱变性试验结果表明，富含亲核功能基的多孔聚合物材料对鼠伤寒沙门氏菌（TA98 和 TA100）无明显诱变。

表 7-35 鼠伤寒沙门氏菌诱变性试验结果

样品名称	浓度/（CSC 为$\times10^{-3}$ 支烟/皿，材料为 μL/皿）	平均回变菌落数/（个/皿，$\bar{x}\pm SD$）	
		TA98	TA100
自发突变	—	33±4	134±5
溶剂	—	35±3	111±9
苯并［a］芘	1μg/皿	1710±32	707±56
1#白色材料	15	34±4	144±23
	30	45±8	159±10
	60	56±4	112±23
	120	36±3	185±25

综上，富含亲核功能基多孔聚合物材料（1[#]白色材料）在受试剂量下，未观察到动物口服急性毒性，动物体内细胞微核率较低，无明显的鼠伤寒沙门氏菌诱变性。

二、卷烟应用研究

利用工业生产设备制备100kg左右的材料，将其以不同方式应用于卷烟，具体有醋纤加料二元复合滤棒、卷烟纸涂布和沟槽滤棒用纤维素纸涂布，考察最佳的材料卷烟应用方式。选择最佳的应用方式分别在6个卷烟品牌中进行卷烟应用试验，考察材料卷烟应用效果。通过不同时间对试验卷烟样品进行化学分析和感官质量评价，考察试验卷烟的放置稳定性。

（一）卷烟应用方式研究

研究醋纤加料二元复合滤棒、卷烟纸涂布和沟槽滤棒用纤维素纸涂布3种卷烟应用方式。依据卷烟主流烟气挥发性羰基化合物释放量分析结果，确定醋纤加料二元复合滤棒为材料的最佳卷烟应用方式，最佳用量为30mg/支，可选择性降低巴豆醛39.2%（表7-36）。

表7-36　卷烟烟气中挥发性羰基化合物选择性降低率结果　单位：%

应用方式	材料用量/（mg/支）	甲醛	乙醛	丙酮	丙烯醛	丙醛	巴豆醛	2-丁酮	丁醛	总量
卷烟纸涂布	0.61	-5.6	1.6	3.1	-8.9	2.9	1.2	5.3	3.2	1.1
沟槽滤棒用纤维素纸涂布	5.1	23.0	6.4	4.7	8.6	6.2	4.3	2.4	4.9	7.3
醋纤加料二元复合滤棒	11.8	33.5	7.7	-10.9	-4.8	4.3	15.9	-8.1	0.5	5.5
	21.4	58.9	23.1	-5.6	11.6	16.4	26.3	-5.3	10.0	19.1
	28.4	64.6	41.8	2.4	24.1	32.8	39.2	3.7	24.7	33.1

同时，材料以醋纤加料二元复合滤棒形式应用于卷烟时，不同用量的试验卷烟7种有害成分释放量结果显示，与对照卷烟相比，随材料用量增加，试验卷烟主流烟气中巴豆醛的选择性降低率逐渐升高，其余6种有害成分释放量无明显差异，卷烟危害性指数逐渐下降（表7-37）。评吸结果表明（表7-38），低、中、高三种不同用量的卷烟样品与对照卷烟相比，整体感官质量接近，香气风格差异较小，感官质量基本一致，通过工艺和配方上的微调后，应能保证感官质量稳定。

表 7-37 卷烟主流烟气危害性指数、7 种有害成分释放量选择性降低率结果 单位：%

应用方式	材料用量/(mg/支)	*H*	CO	HCN	NNK	氨	苯并[a]芘	苯酚	巴豆醛
醋纤加料二元复合滤棒	11.8	-0.6	-4.4	-9.7	-0.7	-6.1	-3.6	2.7	15.9
	21.4	2.6	-2.2	-7.9	-2.5	-6.6	-2.4	13.1	26.3
	28.4	5.0	-1.7	-6.2	-2.8	-6.3	-1.3	12.1	39.2

表 7-38 不同用量卷烟感官品质变化

应用方式	材料用量/(mg/支)	感官品质变化
醋纤加料二元复合滤棒	11.8	卷烟整体感官质量差异不大，香气风格接近
	21.4	卷烟整体感官质量差异不明显，香气风格接近，在香气和圆润感上略有欠缺
	28.4	卷烟香气量明显减少，刺激感和杂气略有增加

(二) 卷烟工业适用性研究

将醋纤加料二元复合滤棒技术在 6 个卷烟规格上进行应用。卷烟主流烟气有害成分释放量结果表明，材料用量为 30mg/支左右的试验卷烟主流烟气中挥发性羰基化合物释放量显著下降，降低率依次为甲醛>乙醛>巴豆醛、丙醛、丙烯醛和丁醛>丙酮和 2-丁酮。与对照卷烟相比，试验卷烟的巴豆醛的选择性降低率在 31.6%~52.3%，甲醛的选择性降低率在 66.2%~74.9%，乙醛的选择性降低率在 44.3%~52.4%，丙酮的选择性降低率在 6.1%~15.6%，丙烯醛的选择性降低率在 22.2%~37.8%，丙醛的选择性降低率在 34.4%~42.9%，2-丁酮的选择性降低率在 3.1%~19.6%，丁醛的选择性降低率在 24.7%~35.6%，总量的选择性降低率在 35.1%~43.0%（表 7-39）。

同时，试验卷烟巴豆醛外的其余成分释放量与对照卷烟基本一致，试验卷烟总体质量与对照卷烟基本一致（表 7-40）。

表 7-39 卷烟烟气中挥发性羰基化合物选择性降低率 单位：%

卷烟样品	甲醛	乙醛	丙酮	丙烯醛	丙醛	巴豆醛	2-丁酮	丁醛	总量
HB1	66.2	46.9	14.1	34.2	38.7	41.7	14.5	31.0	39.1
GD1	70.1	50.6	10.2	33.3	40.5	38.2	3.1	31.2	40.0

续表

卷烟样品	甲醛	乙醛	丙酮	丙烯醛	丙醛	巴豆醛	2-丁酮	丁醛	总量
LZ1	73.8	45.3	14.4	37.8	35.8	31.6	11.2	30.1	37.4
HN1	68.0	45.7	12.8	26.0	36.2	43.9	19.6	28.1	37.0
CY1	74.8	52.4	15.6	37.3	42.9	52.3	18.5	35.6	43.0
FJ1	74.9	44.3	6.1	22.2	34.4	41.8	11.6	24.7	35.1

表 7-40 卷烟主流烟气危害性指数、有害成分释放量

卷烟样品	材料用量/(mg/支)	焦油/(mg/支)	*H*	CO/(mg/支)	HCN/(μg/支)	NNK/(ng/支)	氨/(μg/支)	苯并[a]芘/(ng/支)	苯酚/(μg/支)	巴豆醛/(μg/支)	烟碱/(mg/支)
HB 对照	—	14.7	10.2	12.3	121.9	4.9	8.3	12.9	19.4	23.3	1.4
HB1	28.4	15.4	10.0	13.0	129.5	5.1	9.2	14.3	17.6	14.7	1.4
GD 对照	—	9.6	8.5	11.1	131.4	5.6	7.4	8.3	11.8	16.3	0.9
GD1	28.4	9.9	8.0	10.3	120.6	5.6	7.9	8.7	12.5	10.6	0.9
LZ 对照	—	8.7	7.8	11.1	98.6	4.3	7.7	7.5	8.8	20.1	0.6
LZ1	28.4	9.1	7.7	11.3	106.7	4.4	8.2	7.3	9.7	14.8	0.7
HN 对照	—	12.4	9.4	11.9	130.8	4.4	7.5	9.7	15.6	25.1	1.0
HN1	28.4	12.8	9.0	12.8	126.7	4.5	8.2	10.7	15.5	14.9	1.1
CY 对照	—	12.1	8.8	10.6	107.3	3.8	8.8	10.9	12.4	22.1	1.1
CY1	26.5	12.4	8.3	10.6	115.2	4.0	10.0	11.1	12.5	11.1	1.0
FJ 对照	—	13.3	9.4	11.5	107.7	5.2	9.3	11.9	12.0	21.9	1.1
FJ1	26.5	13.4	9.2	12.1	120.2	5.3	10.3	12.5	11.5	12.9	1.1

上述结果表明多孔聚合物材料对卷烟烟气中挥发性羰基化合物具有显著的选择性降低性能，且具有广泛的适用性。

（三）卷烟减害稳定性评价

将 HB1 试验卷烟置于室温避光条件下，按 0、2、4、6 个月分别取样，进行卷烟主流烟气中主要有害成分释放量分析和感官评吸，考察材料对挥发性羰基化合物释放量和感官质量的变化影响。结果表明，6 个月内对照及试验卷烟主流烟气中挥发性羰基化合物、焦油、危害性指数、7 种主要有害成分及烟碱释放量相对标准偏差均在10%以内，表明对照卷烟和添加材料的试验卷烟烟气有害成分释放量变化较小。与对照卷烟相比，HB1卷烟主流烟气中挥发性羰基化合物总量和巴豆醛的选择性降低率均稳定在30%以上（表7-41~表7-44）。

表7-41　卷烟烟气中挥发性羰基化合物释放量相对标准偏差　单位：%

卷烟样品	甲醛	乙醛	丙酮	丙烯醛	丙醛	巴豆醛	2-丁酮	丁醛	总量
对照	2.6	1.7	6.5	2.6	4.4	4.7	6.8	6.7	1.8
HB1	2.9	3.4	4.3	5.4	7.4	8.4	5.1	5.9	3.2

表7-42　卷烟主流烟气危害性指数及有害成分释放量相对标准偏差　单位：%

卷烟样品	焦油	*H*	CO	HCN	NNK	氨	苯并[a]芘	苯酚	巴豆醛	烟碱
对照	2.4	3.6	2.0	3.9	5.3	9.2	4.6	4.5	4.7	4.0
HB1	2.7	4.5	2.4	6.4	2.1	8.0	5.6	6.1	8.4	5.8

表7-43　不同放置时间卷烟主流烟气挥发性羰基化合物释放量　单位：μg/支

放置时间	卷烟样品	甲醛	乙醛	丙酮	丙烯醛	丙醛	巴豆醛	2-丁酮	丁醛	总量
0个月	对照	164.6	695.2	276.7	78.5	60.8	23.3	65.1	34.4	1398.6
	HB1	62.2	421.3	276.6	61.5	42.3	14.7	64.2	26.7	969.5
2个月	对照	157.6	687.9	263.0	73.7	57.8	21.6	61.8	31.4	1354.8
	HB1	60.1	406.8	259.0	56.5	39.3	13.6	62.4	25.0	922.8
4个月	对照	163.0	713.6	258.8	75.1	59.9	23.0	62.5	30.8	1386.6
	HB1	64.4	403.7	286.9	62.3	43.9	14.7	68.9	28.4	973.2
6个月	对照	155.7	690.4	298.3	76.0	64.2	24.2	71.5	35.3	1415.4
	HB1	63.2	434.8	280.8	56.3	46.9	16.6	69.1	28.2	995.9

表7-44　不同放置时间卷烟主流烟气危害性指数及有害成分释放量

放置时间	卷烟样品	焦油/(mg/支)	*H*	CO/(mg/支)	HCN/(μg/支)	NNK/(ng/支)	氨/(μg/支)	苯并[a]芘/(ng/支)	苯酚/(μg/支)	巴豆醛/(μg/支)	烟碱/(mg/支)
0个月	对照	15.1	10.4	12.5	119.3	4.8	8.5	13.8	19.4	23.3	1.5
	HB1	15.4	10.0	13.0	129.5	5.1	9.2	14.3	17.6	14.7	1.4

续表

放置时间	卷烟样品	焦油/(mg/支)	*H*	CO/(mg/支)	HCN/(μg/支)	NNK/(ng/支)	氨/(μg/支)	苯并[a]芘/(ng/支)	苯酚/(μg/支)	巴豆醛/(μg/支)	烟碱/(mg/支)
2个月	对照	14.7	9.8	12.4	116.5	4.5	8.0	12.7	18.5	21.6	1.4
	HB1	15.0	9.3	12.8	115.3	4.9	8.4	13.2	16.3	13.6	1.4
4个月	对照	15.5	10.6	12.8	126.0	5.0	8.3	14.2	20.5	23.0	1.5
	HB1	15.6	10.2	13.1	134.5	5.1	9.3	14.7	18.8	14.7	1.5
6个月	对照	14.8	10.6	12.2	115.8	5.1	9.8	13.7	18.9	24.2	1.4
	HB1	14.7	10.3	12.4	126.4	5.2	10.2	15.0	17.0	16.6	1.3

卷烟感官评价结果表明，卷烟放置6个月，与对照卷烟相比，HB1卷烟光泽、香气、协调、刺激性未发生变化，杂气和余味略有波动，说明HB1卷烟的感官质量基本稳定，整体风格与对照卷烟差异不大，香气风格一致（表7-45）。

表7-45　　不同放置时间卷烟感官质量变化　　单位：分值

放置时间	卷烟样品	光泽 5	香气 32	协调 6	杂气 12	刺激性 20	余味 25	合计
0个月	对照	5.0	30.0	5.0	11.2	17.4	23.2	91.8
	HB1	5.0	30.0	5.0	11.0	17.4	23.0	91.4
2个月	对照	5.0	30.0	5.0	10.9	17.4	23.0	91.3
	HB1	5.0	30.0	5.0	10.7	17.2	23.0	90.9
4个月	对照	5.0	30.0	5.0	11.3	17.6	22.8	91.7
	HB1	5.0	30.0	5.0	11.2	17.6	22.7	91.5
6个月	对照	5.0	30.0	5.0	11.0	17.0	23.0	91.0
	HB1	5.0	30.0	5.0	10.9	17.0	22.9	90.8

利用巴豆醛等羰基化合物易与亲核功能基团发生化学反应的特性，制备富含亲核功能基的三类材料，最终确定具有亲核功能基的多孔聚合物材料降低巴豆醛等羰基化合物效果最佳，以降低巴豆醛效果为导向优化材料的制备

条件。研究醋纤加料二元复合滤棒、卷烟纸涂布和沟槽滤棒用纤维素纸涂布 3 种卷烟应用方式，结果表明二元复合滤棒为材料的最佳卷烟应用方式，最佳用量为 30mg/支。采用醋纤加料二元复合滤棒研究了多孔聚合物材料在 6 种卷烟中的减害集成应用技术。结果表明，卷烟烟气危害性指数 H 下降 0.1~0.5，挥发性羰基化合物总量选择性降低率在 35.1%~43.0%，巴豆醛选择性降低率在 31.6%~52.3%，甲醛选择性降低 66.2%~74.9%，乙醛选择性降低 44.3%~52.4%，而其余 6 种成分释放量变化较小，卷烟总体感官质量与对照卷烟基本一致，具有广泛的适用性和优良的减害稳定性。

第四节　氢键功能基多孔材料降低烟气苯酚技术

针对苯酚的化学特性——苯环之间的 π-π 相互作用和酚羟基的氢键作用，在充分考虑卷烟烟气复杂基质影响的基础上，研发了能有效选择性降低卷烟烟气中苯酚释放量的新型氢键功能基多孔材料。在此基础上通过应用技术研究，形成了一套选择性高、稳定性好、工业实用性强的选择性降低卷烟烟气中苯酚的技术。

一、氢键功能基多孔材料制备与评价

（一）材料制备方法研究

利用多孔材料的结构、苯酚中苯环和酚羟基的特性，即苯环和具有共轭系统的苯环之间产生 π-π 相互作用，酚羟基和醚基、氨基、羟基、酯基等产生的氢键作用，设计制备了 4 类材料：苯环功能基多孔材料、酯基功能基多孔材料[8]、羟基功能基多孔材料和环氧功能基多孔材料[9,10]。

环氧基由于其三元环结构使各原子的轨道不能正面充分重叠，而是以弯曲键相互连结，分子中存在一种张力使其易于和多种物质反应，把环打开。选用的环氧基单体中还含有醚基，醚基与苯酚之间存在氢键作用，可以将烟气中的苯酚吸附到材料中，随后通过环氧基与苯酚发生反应起到降低烟气中苯酚释放量的目的。环氧功能基多孔材料与苯酚发生如下反应。

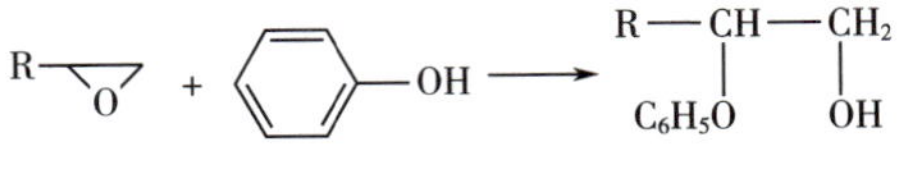

制备的环氧功能基多孔材料扫描电子显微镜（SEM）如图 7-12 所示。可

以看出，材料形成了互通多孔结构，泡孔孔径和窗孔孔径均在 μm 级。

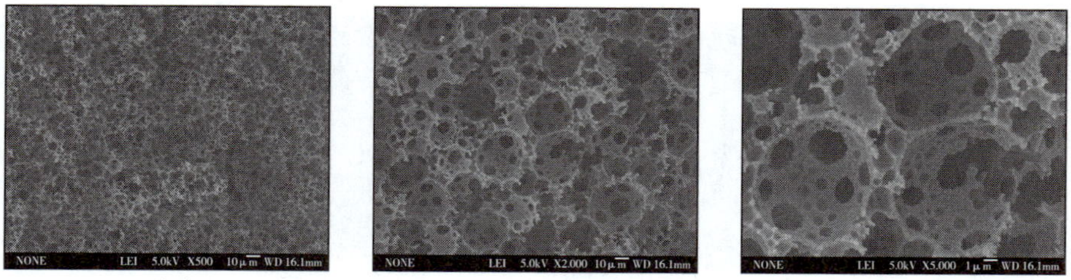

（a）（b）（c）

图 7-12 环氧功能基多孔材料的 SEM 图

不同条件下制备得到的环氧功能基多孔材料的孔结构数据及其对烟气苯酚降低结果如图 7-13 和表 7-46 所示。可以看到，当乳化剂用量从 0.5g（HYX-1）增加至 1.5g（HYX-3）时，材料比表面积增加，烟气苯酚与材料活性功能基接触更充分，苯酚降低率升高。当交联度从 20%（HYX-4）增加至 40%（HYX-5）时，苯酚降低率从 50.2%降低至 30.4%，主要受活性功能基数量下降的影响，此时材料的比表面积从 80.1m^2/g 增加至 318.6m^2/g，但孔径从 18.9nm 减小到 10.3nm，不利于烟气与材料充分接触。当水相体积分数从 80%（HYX-6）增加至 88%（HYX-7）时，苯酚降低率从 18.2%增加至 36.0%，可能与材料的比表面积及孔径增加使其与烟气接触更为充分有关。

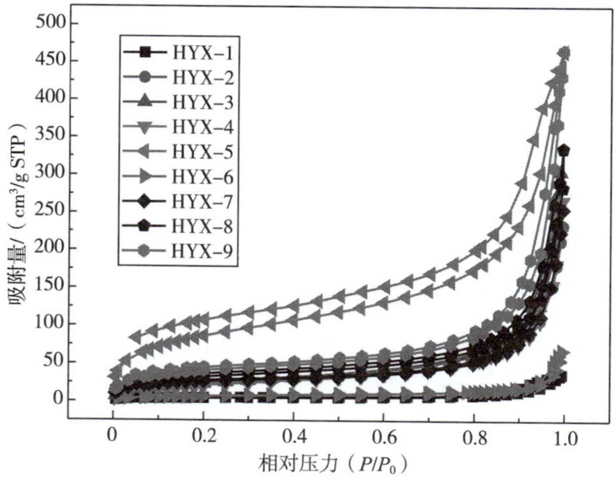

图 7-13 不同反应条件下环氧基互通材料的 N_2 吸附-脱附曲线

当致孔剂用量从5mL（HYX-2）增加至9mL（HYX-9）时，苯酚降低率从35.2%增加至62.8%，同样与材料比表面积及孔径增加有关。

表7-46　环氧功能基多孔材料的孔结构及烟气苯酚降低率

反应条件		材料编号	比表面积/(m^2/g)	平均孔径/nm	苯酚降低率/%	苯酚/总粒相物降低率/%
乳化剂用量/g	0.5	HYX-1	15.3	20.3	24.5	16.1
	1.0	HYX-2	87.3	18.2	35.2	22.8
	1.5	HYX-3	90.8	18.4	36.0	23.2
交联度/%	20	HYX-4	80.1	18.9	50.2	15.2
	30	HYX-2	87.3	18.2	35.2	22.8
	40	HYX-5	318.6	10.3	30.4	17.6
水相体积分数/%	80	HYX-6	24.1	17.5	18.2	9.0
	85	HYX-2	87.3	18.2	22.8	22.8
	88	HYX-7	96.5	23.0	36.0	23.6
致孔剂用量/mL	5	HYX-2	87.3	18.2	35.2	22.8
	7	HYX-8	119.5	17.3	51.8	29.3
	9	HYX-9	150.4	23.5	62.8	28.6

通过上述反应条件的优选，结合材料对烟气总粒相物的影响，确定环氧功能基多孔材料的最佳制备条件为：乳化剂用量为1g、交联度30%、致孔剂用量7mL。此时材料的苯酚降低率达到50%以上，单位总粒相物中苯酚降低率可达29.3%。

本节通过悬浮法合成了苯环功能基多孔材料、酯基功能基多孔材料和羟基功能基多孔材料，通过高内相乳液法合成了环氧功能基多孔材料，通过卷烟添加剂性能模拟评价装置对材料的减害性能进行了初步评价，结果表明环氧功能基多孔材料对苯酚的降低效果最佳（表7-47）。

表7-47　四类材料降低苯酚效果

样品名称	苯酚降低率/%	苯酚/总粒相物降低率/%
苯环功能基多孔材料	28.3	23.5

续表

样品名称	苯酚降低率/%	苯酚/总粒相物降低率/%
酯基功能基多孔材料	29.6	25.8
羟基功能基多孔材料	28.1	24.8
环氧功能基多孔材料	51.8	29.3

（二）材料减害稳定性评价

选择苯酚降低效果最佳的环氧功能基多孔材料，考察材料在 6 个月内的放置稳定性。材料 HYX-8 在 6 个月的放置期内材料的组成及结构保持稳定（表 7-48）。

表 7-48　环氧功能基多孔材料不同放置时间的比表面积和孔径

放置时间	比表面积/（m^2/g）	孔径/nm
0 月	119.5	17.3
6 月	121.2	17.2

利用卷烟添加剂性能模拟评价装置，评价环氧功能基多孔材料在 6 个月内的减害性能。结果表明，6 个月内，环氧功能基多孔材料的苯酚降低率和单位总粒相物中苯酚的降低率基本没有变化，材料减害性能保持稳定（表 7-49）。

表 7-49　放置时间对环氧功能基多孔材料降低苯酚释放量的影响

样品名称	总粒相物/（mg/支）	苯酚/（μg/支）	苯酚降低率/%	苯酚/总粒相物降低率/%
对照	18.6	25.3	—	—
0 个月	12.7	12.2	51.8	29.3
3 个月	12.8	12.6	50.2	27.6
6 个月	12.7	12.3	51.4	28.8

（三）材料安全性评价

分别采用动物口服急性毒性试验、动物体内细胞微核率检测试验以及鼠伤寒沙门氏菌诱变性试验，对环氧功能基多孔材料和添加该材料的卷烟进行安全性评价。结果表明环氧功能基多孔材料在受试剂量下，未观察到动物口服急性毒性，动物体内细胞微核率较低，也不引起细菌突变增加。添加该材料的试验卷烟烟气冷凝物的动物体内细胞微核率及鼠伤寒沙门氏菌诱变性与对照近似，细胞毒性低于对照卷烟。

二、卷烟应用研究

通过实验室材料的开发研究，确定了高内相乳液法制备的环氧功能基多孔材料为最佳材料，因此，选择该材料进行卷烟应用研究。以不同方式应用于卷烟，包括二元复合滤棒和卷烟纸涂布，考察最佳的材料卷烟应用方式。选择最佳的应用方式在多个卷烟进行应用试验，考察材料在卷烟中的应用效果。

（一）卷烟应用方式研究

将降低苯酚效果最好的环氧功能基多孔材料分别以二元复合滤棒和纸涂布方式应用于卷烟，结果表明，二元复合滤棒为材料的最佳卷烟应用方式，最佳用量分别为 5.3mg/支（表 7-50）。

表 7-50　两种应用方式卷烟主流烟气 7 种有害成分释放量选择性降低率 单位：%

应用方式	材料用量/（mg/支）	CO	HCN	NNK	氨	苯并[a]芘	苯酚	巴豆醛
卷烟纸涂布	0.25	-1.8	-2.6	2.5	14.0	5.0	5.5	-4.2
	0.48	7.8	3.3	-0.8	5.7	6.5	9.2	8.8
二元复合滤棒	2.5	-3.3	3.4	-2.1	0.8	4.2	17.2	3.8
	5.3	-6.5	0.2	-4.0	-5.3	1.7	23.9	2.4
	6.3	-12.9	-2.9	-11.2	-13.7	-2.0	23.2	-2.7

（二）卷烟工业适用性研究

根据上述研究成果，选择二元复合滤棒添加方式进行卷烟工业适用性研究。分别在 8 种卷烟中进行材料的卷烟应用试验，卷烟烟气危害性指数及有害成分释放量、选择性降低率结果如表 7-51、表 7-52 所示。

表 7-51　不同规格卷烟主流烟气危害性指数及有害成分释放量

卷烟样品	焦油/（mg/支）	*H*	CO/（mg/支）	HCN/（μg/支）	NNK/（ng/支）	氨/（μg/支）	苯并[a]芘（ng/支）	苯酚/（μg/支）	巴豆醛/（μg/支）
对照	12.6	8.3	12.2	110.7	4.2	7.3	8.2	10.7	21.0
JZ	11.3	7.6	12.1	103.5	4.0	7.0	7.0	6.9	20.6

续表

卷烟样品	焦油/(mg/支)	*H*	CO/(mg/支)	HCN/(μg/支)	NNK/(ng/支)	氨/(μg/支)	苯并[a]芘(ng/支)	苯酚/(μg/支)	巴豆醛/(μg/支)
对照	12.2	8.5	11.6	97.8	3.6	6.9	9.8	12.5	24.7
FRW	11.7	7.8	11.2	94.8	3.8	6.6	9.3	9.1	21.3
对照	11.4	7.7	9.8	99.9	4.3	6.5	7.9	11.6	19.4
YY	10.9	7.1	9.3	84.4	4.4	6.5	7.4	8.6	18.5
对照	10.4	8.8	10.6	121.2	5.7	7.6	9.3	13.4	18.4
SX	10.1	8.3	10.9	114.5	5.6	7.9	8.6	10.1	16.2
对照	9.4	8.2	11.0	107.8	4.4	8.2	7.7	10.6	21.1
LZ	8.9	7.7	11.1	96.7	4.4	8.2	7.7	7.6	18.4
对照	12.5	9.7	10.9	135.3	4.4	7.8	10.0	18.2	25.3
BS	11.7	8.9	11.4	129.1	4.1	7.3	9.4	13.3	23.9
对照	13.5	9.3	13.7	125.7	3.8	9.3	10.0	13.3	21.4
HHL	13.1	9.1	13.4	128.2	4.0	8.8	10.7	10.2	21.1
对照	10.1	7.2	10.2	80.8	3.9	6.9	5.7	9.5	20.7
TS	9.8	6.7	10.3	78.6	3.6	7.0	5.7	7.1	17.9

表 7-52　不同规格卷烟主流烟气危害性指数及有害成分释放量选择性降低率　单位：%

卷烟样品	*H*	CO/%	HCN/%	NNK/%	氨/%	苯并[a]芘	苯酚/%	巴豆醛/%
JZ	-1.9	-9.5	-3.8	-5.6	-6.2	4.3	25.2	-8.4
FRW	4.1	-0.7	-1.0	-9.7	0.2	1.0	23.1	9.7
YY	3.4	0.7	11.1	-6.7	-4.4	1.9	21.5	0.3
SX	2.8	-5.7	2.6	-1.1	-6.8	4.6	21.7	9.1
LZ	0.8	-6.2	5.0	-5.3	-5.3	-5.3	23.0	7.5
BS	1.8	-11.0	-1.8	0.4	0.0	-0.4	20.5	-0.9
HHL	-0.8	-0.8	-5.0	-8.2	2.4	-10.0	20.3	-1.6
TS	4.0	-4.0	-0.2	4.7	-4.4	-3.0	22.3	10.6

卷烟主流烟气有害成分释放量结果表明，与对照卷烟相比，添加环氧功能基多孔材料试验卷烟主流烟气苯酚的选择性降低率为 20.3%~25.2%，而其余有害成分释放量无明显差异。

卷烟感官评吸结果表明，添加环氧功能基多孔材料的试验卷烟无异味，其整体风格特征与对照一致。经对比，试验卷烟总体感官质量与对照卷烟基本一致。

（三）卷烟减害稳定性评价

在 0、3、6 个月分别测试卷烟的常规成分和苯酚释放量，结果如表 7-53 所示。可以看到，在 6 个月内，材料对烟气苯酚降低率及苯酚选择性降低率基本保持稳定。经卷烟感官对比评吸，在 6 个月内，样品卷烟在香气质、香气量、杂气、刺激和余味等方面与对照卷烟无明显差异，感官风格特征与对照一致。

表 7-53 不同放置时间卷烟主流烟气常规有害成分及苯酚释放量

放置时间	样品名称	焦油/（mg/支）	烟碱/（mg/支）	水分/（mg/支）	苯酚/（μg/支）	苯酚降低率/%	苯酚选择性降低率/%
0 个月	对照卷烟	12.5	1.1	2.1	12.2	—	—
	试验卷烟	12.0	1.1	1.9	8.8	27.9	23.9
3 个月	对照卷烟	12.8	1.0	2.0	12.5	—	—
	试验卷烟	12.2	0.9	1.9	9.0	28.0	23.3
6 个月	对照卷烟	12.7	1.1	2.0	12.6	—	—
	试验卷烟	12.2	1.0	2.0	8.9	29.4	25.5

本节制备了 4 种有效降低卷烟烟气中苯酚释放量的新型材料，其中环氧功能基多孔材料效果最佳，具有选择性高、稳定性好、安全无毒的特点。确定了二元复合滤棒为较佳的应用方式，并在多个卷烟品牌上进行了适用性研究，苯酚选择性降低率在 20%以上，且 6 个月内保持稳定，形成了一套减害稳定性好、工业适用性强的选择性降低烟气中苯酚释放量技术。

参考文献

[1] 聂聪，李钢成，赵乐，等．滤棒吸附剂减害降焦性能模拟评价装置评价［J］．烟草

科技，2009，(1)：47-49，53.

[2] 聂聪，赵乐，彭斌，等．卷烟滤嘴添加剂减害性能模拟评价装置［P］：200982968. 2007-11-28.

[3] 孙学辉，朱静，王宜鹏，等．介孔材料的双功能化修饰及降低卷烟烟气中氰化氢的性能［J］．烟草科技，2015，48（6）：27-33.

[4] Nie Cong，Sun Xuehui，Wang Mingfeng，et al. Preparation of dual functional mesoporous MCM-41 containing both alkaline and transition metal groups for selective removal hydrogen cyanide from cigarette smoke［C］. CORESTA，2012.

[5] 朱静，颜学武，孙学辉，等．Amberlite IRC748 螯合过渡金属离子降低卷烟烟气中 HCN 研究［J］．烟草科技，2011（05）：53-58，65.

[6] Harju L，Krook T. Determination of equilibrium constants of alkaline earth metal ion chelates with Dowex A-1 chelating resin［J］. Talanta，1995，42，3：431-436.

[7] Sun Xuehui，Zhao Le，Peng Bin，et al. Study on hydrophilic quaternary ammonium functionalized porous materials for selective removal hydrogen cyanide from cigarette smoke［C］. CORESTA，2011.

[8] 杨松，聂聪，孙学辉，等．聚醋酸乙烯酯大孔吸附树脂选择性降低烟气中苯酚研究［J］．中国烟草学报，2013，19（1）：1-4.

[9] Song Yang，Lai Zeng，Yipeng Wang，et al. Facile approach to glycidyl methacrylate-based polyHIPE monoliths with high epoxy-group content［J］. Colloid and polymer science，2014，292：2563-2570.

[10] 杨松，聂聪，孙学辉，等．聚甲基丙烯酸缩水甘油酯互通多孔材料选择性降低卷烟烟气中的苯酚［J］．烟草科技，2012（08）：44-48.